教育部高等学校航空航天类专业教学指导委员会推荐教材

南京航空航天大学"十四五"规划教材

全球卫星导航原理及应用

曾庆化 许睿 李荣冰 赵伟 张且且 编著

科学出版社

北京

内 容 简 介

本书采用较为通俗的语言介绍全球卫星导航系统的发展现状、基本原理,以及提高卫星导航精度的常用技术手段,同时引入有关卫星导航的一些新成果、新发展、新应用,使本书紧跟技术发展的步伐。全书共7章,包括全球卫星导航系统概述、GNSS坐标系及运动基础知识、GNSS信号构成及接收、观测量及观测量处理、GNSS导航解算原理、GNSS增强技术及GNSS的各类应用。

本书可作为自动化专业、导航工程专业、电子信息专业以及其他航空航天类专业本科生课程教材,也可作为导航、制导与控制专业研究生、广大航空航天领域科技工作者、工程技术人员的参考用书。

图书在版编目(CIP)数据

全球卫星导航原理及应用 / 曾庆化等编著. -- 北京 : 科学出版社, 2025. 7. -- ISBN 978-7-03-082131-7

Ⅰ. P228.4

中国国家版本馆 CIP 数据核字第 20250CT166 号

责任编辑:胡文治 / 责任校对:谭宏宇
责任印制:黄晓鸣 / 封面设计:义和文创

科学出版社 出版
北京东黄城根北街16号
邮政编码:100717
http://www.sciencep.com

南京展望文化发展有限公司排版
广东虎彩云印刷有限公司印刷
科学出版社发行 各地新华书店经销

*

2025年7月第 一 版 开本:787×1092 1/16
2025年7月第一次印刷 印张:12 1/4
字数:261 000

定价:70.00元

(如有印装质量问题,我社负责调换)

前 言

全球卫星导航系统是中国北斗卫星导航系统、美国 GPS、欧洲 GALILEO、俄罗斯 GLONASS 等全球性卫星系统和日本 QZSS 等区域性卫星系统和其他增强性卫星系统的统称。GNSS 提供的定位导航授时服务，已成为支撑社会经济、保障国家安全和推动科技进步的重要时空底座。

全球卫星导航技术是导航技术的重要分支，是一门学科高度融合交叉的综合技术。它融合了数学、物理、电子、通信、计算机等众多学科的知识，为海、陆、空、天各载体顺利完成导航任务提供了重要保障。

本教材内容起源于袁信、俞济祥、陈哲三位教授编著的《导航系统》教材（1993 年版），发展于刘建业教授主编的《导航系统理论与应用》教材（2010 年版），丰富于曾庆化教授主编的《全球导航卫星系统》（2014 年版），结合了南京航空航天大学导航研究中心团队开展的本科生及研究生国际化培养教学中的系列实践经验，同时及时吸纳了教学和科研团队在卫星导航相关领域的研究成果。

本教材旨在为学生提供全面、系统的全球卫星导航原理与应用指南。在编写过程中，充分考虑了学生的知识背景和学习特点，将复杂的理论知识用深入浅出的方式呈现，使学生能够更好地理解和掌握全球卫星导航系统的原理技术、实现方法和应用领域。

本教材共 7 章，每章主要内容如下：

第 1 章，全球卫星导航系统概述：介绍了全球卫星导航系统的概念和基本组成，简要介绍了我国北斗卫星导航系统、美国 GPS、俄罗斯 GLONASS、欧洲伽利略卫星导航系统，以及日本、印度等区域增强系统的发展与现状。

第 2 章，GNSS 坐标系及运动基础知识：针对全球卫星导航系统所涉及的基础知识，重点介绍了时、空坐标系及不同坐标系间的转换，介绍了卫星运动理论与卫星位置、速度的解算方法。

第 3 章，GNSS 信号构成及接收：聚焦导航信息的获取思路，从整体到个体介绍了卫星导航信号的构成与特点，并介绍了接收机对卫星信号的处理流程。

第 4 章，观测量及观测量处理：对全球卫星导航系统观测量细节及其误差影响因素进行介绍，并对观测量的组合进行阐述。

第 5 章，GNSS 导航解算原理：介绍了利用卫星导航观测量实现载体定位、测速、定向、测姿与授时的基本原理，为精确描述载体运动状态，实现时空定位与导航功能奠定基础。

第 6 章，GNSS 增强技术：介绍了差分定位原理、完好性监测技术、伪卫星增强技术、惯性组合导航技术等多种类型的全球卫星导航增强技术，极大地拓展了卫星导航系统的应用范围。

第 7 章，GNSS 的各类应用：介绍了全球卫星导航系统的代表性应用，包括军事、民航、航海、交通、电力、大地测量及其他领域应用情况。

希望通过本教材的学习，学生能够理解北斗精神，掌握全球卫星导航系统的基本理论和技术方法，培养创新思维和实践能力，为今后从事相关领域的研究工作打下坚实的基础。相信在全球卫星导航技术的推动下，人类将能够更好地探索未知、创造未来。

在编写本教材过程中，我们得到了许多专家、同行以及导航研究中心师生的大力支持和帮助，在此表示衷心的感谢。同时，非常感谢出版社的编辑为教材出版付出的辛勤劳动。由于全球卫星导航技术发展极其迅速，教材难免存在不足之处，恳请广大读者批评指正。

作者

2025 年 1 月

目 录

第1章 全球卫星导航系统概述

“导航”是获取运动物体的位置、速度、姿态等状态参数的过程。指南车、记里鼓车、指南针、牵星板就是我国古代导航技术的典型代表。随着科学技术的不断进步，导航技术的应用对象逐步从陆地、海洋的载体扩展至飞机、导弹、飞船等航空航天载体。现代全球卫星导航系统(global navigation satellite system, GNSS)①的出现和使用对于提高载体的导航精度，保障载体/人员的安全起到了重要作用，促进了导航技术及其精度的跨越式发展。

1.1 GNSS

如今，全球卫星导航系统(GNSS)不仅在军用领域大放异彩，在日常生活也随处可见它的身影，从点外卖、无人机表演、自动驾驶智能车，到智能电网、智慧城市无一不需要全球卫星导航系统提供精确的位置、速度与时间信息。GNSS 作为重大空间和信息化基础设施与战略威慑基础资源，能够体现现代化国家的综合国力，是国家经济安全、国防安全、国土资源安全和国家公共安全的重大技术支撑系统。由于具有广泛的产业关联度，并与通信产业具有固有的融合度，GNSS 能有效地渗透到国民经济的诸多领域和人们日常生活中，有助于服务广大人民群众、提升国民的生活质量。

1.1.1 什么是“GNSS”

全球卫星导航系统是一个能在地球表面或近地空间的任何地点为其用户提供全天候、全天时的精确三维位置、速度及时间(position, velocity and timing, PVT)信息的天基无线电定位系统。

从狭义上讲，全球卫星导航系统(GNSS)能够在全球范围内提供时间/空间基准以及与定位有关的实时信息，具体包括美国全球定位系统(global positioning system, GPS)、俄罗斯格洛纳斯导航卫星系统(global navigation satellite system, GLONASS)、中国北斗卫星

① 全球卫星导航系统(global navigation satellite system, GNSS)，直译也称全球导航卫星系统。

导航系统(BeiDou navigation satellite system, BDS)与欧洲伽利略导航卫星系统(Galileo navigation satellite system, GALILEO)。

随着卫星导航技术以及增强技术的发展,及其对国家安全等领域与日俱增的重要性,全球主要经济体竞相发展其独立自主的卫星导航系统,包括区域卫星导航系统和增强系统,这使得 GNSS 的范畴不断扩大。

从广义上讲,除全球性的四大卫星导航系统外,GNSS 还包括区域卫星导航系统和增强系统。例如,区域卫星增强系统——日本准天顶卫星系统(Quasi-Zenith satellite system, QZSS)用于增加日本本土可见导航卫星数量,区域卫星导航系统——印度区域导航卫星系统(navigation Indian constellation/Indian regional navigation satellite system, NAVIC/IRNSS)① 为印度本土及周边大约 1 500 km 范围内的区域提供导航服务。增强系统通过地球静止同步轨道卫星或地面设施播发导航增强信息,前者形成星基增强系统,后者形成地基增强系统。主要的星基增强系统如美国广域增强系统(wide area augmentation system, WAAS)、欧洲地球静止导航重叠服务(European geostationary navigation overlay service, EGNOS)、俄罗斯差分校正与监测系统(system for differential correction and monitoring, SDCM)等。地基增强系统服务范围较为灵活,可以服务一个国家,也可只服务一个城市,国家级别的地基增强系统如美国区域增强系统(local area augmentation system, LAAS)和全国差分全球定位系统(nationwide differential global positioning system, NDGPS)。表 1-1 列出了目前部分卫星导航系统与星基、地基增强系统及其所属国家。我国的北斗卫星导航系统自身具有星基增强与地基增强服务。本书主要围绕四大全球卫星导航系统展开,为减少歧义,GNSS 一般指全球性的卫星导航系统,对于区域导航系统以及增强系统会在独立章节进行介绍。

表 1-1　卫星导航系统与星基、地基增强系统及其所属国家(部分)

国家/地区	全球卫星导航系统	区域卫星导航(增强)系统	星基增强系统	地基增强系统
中国	北斗卫星导航系统(BDS)		卫星导航增强系统(satellite navigation augmentation system, SNAS)、BDS	BDS
美国	全球定位系统(GPS)		广域增强系统(WAAS)	区域增强系统(LAAS)、全国差分全球定位系统(NDGPS)
俄罗斯	格洛纳斯导航卫星系统(GLONASS)		差分校正与监测系统(SDCM)	LCCS-A-2000
欧洲	伽利略导航卫星系统(GALILEO)		欧洲地球静止导航重叠服务(EGNOS)	

① 印度区域导航卫星系统英文名称从 IRNSS 改为 NAVIC,但中文名称并未对应修改,为阅读方便 NAVIC 与 IRNSS 均表示印度区域导航卫星系统。

续　表

国家/地区	全球卫星导航系统	区域卫星导航（增强）系统	星基增强系统	地基增强系统
日本		准天顶卫星系统（QZSS）	多功能卫星增强系统（multi-functional satellite augmentation system，MSAS）	
印度		区域卫星导航系统（NAVIC）	GPS 辅助型静地轨道增强导航（GPS - aided GEO augmented navigation，GAGAN）	
韩国			韩国卫星导航增强系统（Korea augmentation satellite system，KASS）	
加拿大			加拿大广域增强系统（Canadian wide area augmentation system，CWAAS）	
澳大利亚			南方定位增强网络（southern positioning augmentation network，SouthPAN）	
南美			加勒比、中美洲和南美洲增强服务	
非洲			星基增强系统（satellite based augmentation systems，SBAS）	

1.1.2　GNSS 系统结构

全球卫星导航系统需要有相应的设施与设备实现三边测量法，虽然不同的卫星导航系统在系统结构的名称上和划分上有所差别，但大致都可以分为三个部分：空间段、地面控制段和用户段。这三个部分有机整合、共同作用，实现用户的三维定位、测速、授时等功能。图 1－1 为全球卫星导航系统基本组成结构的示意图。

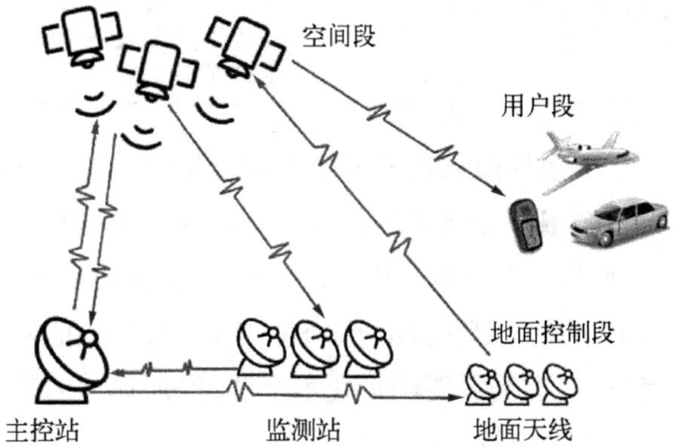

图 1－1　全球卫星导航系统基本组成结构示意图

1. 空间段

卫星导航系统的空间段由导航卫星构成。与其他卫星类似，每颗导航卫星都包括通用平台与有效载荷两部分。通用平台用于维持卫星在轨的基本操作，是任何一种卫星均需要配备的系统。一般地，通用平台又细分为电源部分、姿态与速度控制部分、遥测跟踪与指令部分、温控部分、结构部分和推进部分六个部分；而有效载荷则是根据卫星的功能而专门搭载的具有某种任务功能的系统，若卫星具有多种功能，相应地需要搭载多个有效载荷。导航卫星基本组成及功能如表 1－2 所示。

表 1－2　导航卫星基本组成及功能

平台	名　　称	组成及功能
通用平台	电源部分	由太阳能电池、蓄电池、电源调节装置、分流器、耗散器等组成。 当卫星在非阴影区时，太阳能电池提供能源并为蓄电池充电；当卫星进入阴影区时，由蓄电池供电
	姿态与速度控制部分	由被动制动装置、自旋稳定装置、反作用飞轮三轴稳定装置，以及传感卫星姿态的关键部件等组成，主要是感知卫星姿态、消除卫星的自旋，并通过反作用喷气装置进行三轴稳定控制。同时还采用对日定向控制系统，使卫星帆板始终指向太阳
	遥测跟踪与指令部分	由具有通信、测距功能的设备组成，提供卫星测距、指令、控制与测量功能
	温控部分	由百叶窗与电热器等器件组成，调节温度使卫星内部温度保持在要求的范围内，主要包括绝缘/涂层等被动式温控以及电热器等主动式温控
	结构部分	GPS 卫星采用铝蜂窝结构和翼状帆板式太阳能电池，主要满足卫星部件的安放，并具备承受发射应力、重复过载、热变形的能力
	反作用控制变轨发动机（推进）部分	由众多的推力器和发动机喷管构成，主要用于卫星运行轨道的调节、卫星自旋稳定时姿态调整、初始转移轨道的调速，以及卫星三轴稳定控制和卫星正常位置保持
有效载荷	导航部分	由微处理机、伪随机噪声码发生器、导航电文存储器、高稳定度原子频标、L 频段发射机和信号发播天线构成，是导航卫星的心脏，它可以存储地面控制站的星历数据，并将其转换成导航电文发给用户。星载原子钟是整个导航部分的核心，为导航系统测量提供同步时间，协调卫星和地面站的工作

卫星导航系统若要实现用户端的定位，需要用户同时可以观测到足够数量的卫星，因此每个卫星导航系统都需要有足够多的卫星，这些卫星按照一定的规则分布构成导航卫星网，即空间星座，覆盖全球范围，确保地面用户在任意时间、任意地点都可以观察到足够多的卫星。GPS、GLONASS、GALILEO 和北斗卫星导航系统卫星星座虽然有所差别、各有特点，但均需要满足覆盖全球，保证观测的基本要求。

2. 地面控制段

卫星在远离地面的宇宙空间运行，工作环境极为恶劣，发生故障的概率很大；此外，卫星并非飞行在真空中，仍受稀薄的空气阻力、地球引力等外部影响，其飞行轨道可能会发生改变。因此在卫星工作寿命的全过程里，都需要对卫星的工作状态和飞行状态进行跟踪，并控制卫星做各种调整，这就需要借助地面系统完成。

全球卫星导航系统的地面控制段主要工作可以概括为跟踪、测量和预报卫星轨道并对卫星上设备工作进行控制管理，通常包括跟踪站、遥测站、计算中心、注入站及时间统一系统等部分。跟踪站用于跟踪和测量卫星的位置坐标。遥测站接收卫星发来的遥测数据，以供地面监视和分析卫星上设备的工作情况。计算中心根据这些信息计算卫星的轨道，预报下一段时间内的轨道参数，确定需要传输给卫星的导航信息，并由注入站向卫星发送。

3. 用户段

用户段一般指用户设备，即 GNSS 接收机，主要任务是接收 GNSS 卫星发射的信号，获得必要的导航/定位解算模型参数，以及观测量信息，并经微处理器处理上述信息求解位置等导航参数。接收机硬件构成包含天线、信号与数据处理单元、显示装置与存储单元等输出设备，以及电源模块，如图 1－2 所示。

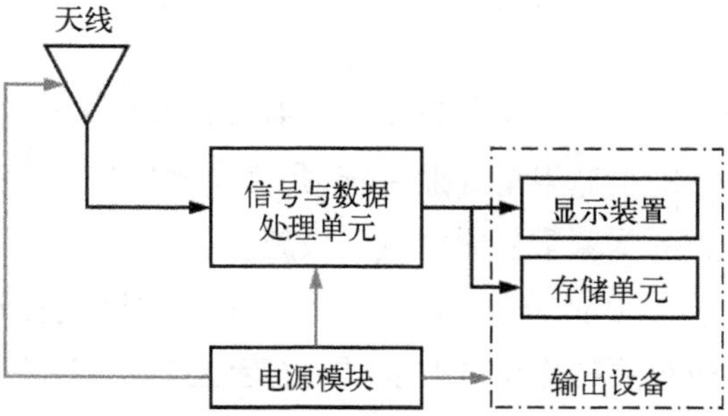

图 1－2　GNSS 接收机基本硬件构成

（1）天线：天线是接收机的输入设备和信号采集单元，用于接收 GPS 卫星信号，要求灵敏度高和抗干扰性能强，一般为密封一体的天线及前置放大器。

（2）信号与数据处理单元：接收来自天线的信号，经过中频放大，滤波和信号处理，实现对信号的跟踪、锁定、测量，由跟踪环路重建载波解码得到广播电文并获得伪距信息，继而求解出位置、速度、时间结果，由硬件和软件组成，是接收机的核心单元。

（3）输出设备：以显示装置与存储单元为典型代表。显示装置可以提供屏幕便于接收机显示自检以及三维坐标、速度等信息，也可显示人机对话过程，便于对接收机进行人工设置和控制。存储单元主要有 GPS 接收机的内存硬盘或记录卡等，记录 GPS 接收机的解算结果以及相关的导航参量。

（4）电源模块：为 GPS 接收机各个功能模块提供正常工作的直流供电，可以采用锂电池，亦可外接蓄电池或其他供电模块。

图 1－3　测量型、车载导航型及手持 GNSS 接收机

GNSS 接收机应用领域和方式极其广泛。按授权情况，分为军用接收机与民用接收机。按用途可以分为导航型接收机、测量型接收机和授时型接收机。导航型接收机主要为动态目标，如飞机、导弹、舰艇、战车以及野外作战人员，提供定位与测速服务；测量型接收机广泛应用于交通、大地测量、勘探和地球物理等领域，提供高精度静态或低速定位信息，如图 1－3 所示；授时型接收机则主要提供时间信息，用于时钟同步或授时系统。按支持信号频点,接收机又可以分为单频接收机、双频接收机和多频接收机。按支持的卫星导航系统数量,又可分为单模接收机、双模接收机和多模接收机。按载体分类,分为弹载、机载、车载、手持等。

1.2 北斗卫星导航系统

北斗卫星导航系统(BDS)是我国着眼于国家安全和经济社会发展需要,自主建设运行的全球卫星导航系统,是为全球用户提供全天候、全天时、高精度的定位、导航和授时服务的国家重要时空基础设施。

20 世纪 80 年代,卫星导航技术迅速发展,其在国民经济发展和现代战争中发挥越来越重要的作用,因此我国决定建立一个独立自主的卫星导航系统,并于 1994 年启动建设,经过 26 年的建设与发展,2020 年 7 月 31 日,北斗三号全球卫星导航系统正式开通,成为继 GPS、GLONASS 之后,能够独立提供全球导航服务的卫星导航系统,中国也成为联合国有关机构认定的全球卫星导航定位四大核心供应商之一。

北斗卫星导航系统经历北斗一号系统到北斗三号系统的发展,随着北斗三号系统建设完成,北斗系统服务由北斗二号系统和北斗三号系统共同提供,逐步过渡为由北斗三号系统为主提供。

1.2.1 北斗卫星导航系统的发展

北斗卫星导航系统的建设遵循开放性、独立性、兼容性、渐进性的原则,在建设过程中逐步形成了三步走发展战略。

第一步: 1994 年至 2000 年,建设北斗一号系统,向中国提供服务。

第二步: 2004 年至 2012 年,建设北斗二号系统,向亚太地区提供服务。

第三步: 2009 年至 2020 年,建设北斗三号系统,向全球提供服务。

1. 北斗一号系统

北斗一号系统即“北斗双星系统”,也是我国建设的全球性卫星导航系统的验证系统,并于 1994 年启动建设。2000 年,发射 2 颗地球静止轨道(geostationary earth orbit, GEO)卫星,建成系统并投入使用;2003 年,发射备用的第 3 颗地球静止轨道卫星,进一步增强系统性能。北斗一号系统采用有源定位方式,通过双向短报文通信功能创造性地设计并实现了通(信)导(航)一体化,为中国用户提供定位、授时、广域差分和短报文通信服务。平面定位精度达 20 m(1σ)(不设标校机区域为 100 m),高程定位精度为 10 m(1σ);单向授时精度为 100 ns,双向授时精度为 20 ns;短报文通信能力为 120 个汉字。

作为卫星导航系统建设探索性的第一步,北斗一号系统初步满足中国及周边区域的定位、导航和授时需求,改变了我国长期缺少高精度、实时定位卫星的局面,打破了美国和俄罗斯在这一领域的垄断地位，填补了我国卫星导航定位系统领域的空白，也使我国成为继美、俄之后第三个拥有卫星导航系统的国家。

2. 北斗二号系统

北斗一号系统有诸多的局限，2004 年，我国启动北斗二号系统建设；2012 年，完成 14 颗北斗卫星的发射组网。北斗二号系统在兼容北斗一号技术体制基础上，增加无源定位体制，为亚太地区提供定位、测速、授时和短报文通信服务。北斗二号系统发播 B1I 和 B2a 公开服务信号，免费向亚太地区提供公开服务。服务区为南北纬 55°、东经 55°~180° 区域，定位精度优于 10 m，测速精度优于 0.2 m/s，授时精度优于 50 ns。

北斗二号系统的空间部分采用中高轨混合星座架构，共 14 颗卫星，其中 5 颗地球静止轨道（GEO）卫星、5 颗倾斜地球同步轨道（inclined geosynchronous Orbit, IGSO）卫星和 4 颗中圆地球轨道（medium earth orbit, MEO）卫星。北斗二号系统的中高轨混合星座架构是又一个北斗创造，为全世界卫星导航系统发展提出了新的中国方案。

此外，星载原子钟是导航卫星的核心部件，关系到整个卫星导航系统的定位与授时精度，在北斗二号建设初期，受国外技术封锁，用了不到两年的时间攻关，实现了国产高精度原子钟从无到有，打破了国外垄断。在 2007 年，装载有国产原子钟的首颗北斗二号卫星，顺利发射成功。随后发射的北斗三号卫星更是采用了更高性能铷原子钟，性能较之前提高了 10 倍，达到 300 万年差 1 秒的精度，达到世界先进水平。

3. 北斗三号系统

北斗二号系统是一个区域定位系统，2009 年，北斗三号系统建设启动；2017 年发射第一颗北斗三号卫星；2018 年，完成 18 颗 MEO 卫星的发射、基本系统建设和 1 颗 GEO 卫星发射，开通全球服务；至 2020 年，完成全部的 35 颗北斗三号卫星的发射组网，全面建成北斗三号系统。北斗三号系统继承了前两代系统的特点，包含有源服务和无源服务两种技术体制，服务区域扩大至全球范围，能够为全球用户提供定位、测速和授时服务、全球短报文通信和国际搜救服务，同时可为中国及周边地区用户提供区域短报文通信、星基增强和精密单点定位等服务。

北斗“三步走”的发展战略，是在结合我国国情和不同阶段技术经济发展实际提出的发展路线，北斗系统的成功实践，走出了在区域快速形成服务能力、不断扩展为全球服务，具有中国特色的卫星导航发展道路，丰富了世界卫星导航的发展模式和发展路径。

1.2.2　北斗卫星导航系统组成

作为典型的全球卫星导航系统，北斗系统由空间段、地面段和用户段三部分组成。空间段由若干颗地球静止轨道卫星、倾斜地球同步轨道卫星和中圆地球轨道卫星等组成。地面段包括主控站、时间同步/注入站和监测站等若干地面站，以及星间链路运行管理设施。用户段包括北斗及兼容其他卫星导航系统的芯片、模块、天线等基础产品，以及终端设备、应用系统与应用服务等。

1.2.2.1 北斗卫星导航系统空间段

北斗卫星导航系统(BDS)——北斗三号,标称的基础空间星座由30颗卫星构成,采用中高轨混合星座架构,包含3颗地球静止轨道(GEO)卫星、3颗倾斜地球同步轨道(IGSO)卫星和24颗中圆地球轨道(MEO)卫星;此外,还包含若干备用卫星,如图1-4所示。

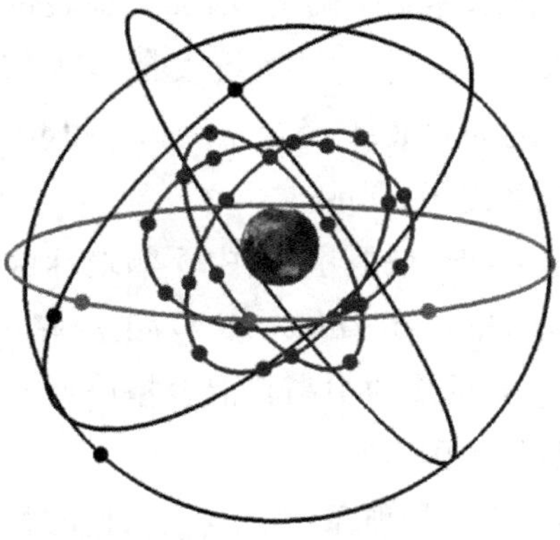

图1-4 北斗卫星星座构型示意图

GEO卫星轨道高度约35 786 km,轨道倾角为0°。3颗卫星相对地球静止,分别定点于东经80°、东经110.5°和东经140°,可覆盖亚太大部分地区。

IGSO卫星轨道高度约35 786 km,轨道倾角55°,轨道周期与地球自转同步,3颗卫星分别位于三条倾斜地球同步轨道上,升交点地理经度分别为东经95°、东经112°和东经118°,每颗卫星星下点轨迹呈8字,向亚太地区提供服务。

MEO卫星轨道高度约21 528 km,轨道倾角55°,24颗卫星分布于3个轨道平面,每条轨道运行8颗卫星,为Walker24/3/1星座。

由于当前北斗卫星导航系统处于北斗二号与北斗三号系统同时提供服务阶段,在轨卫星星数达44颗(2025年6月28日数据)。

1.2.2.2 北斗卫星导航系统地面段

地面控制段负责系统导航任务的运行控制,主要由主控站、时间同步/注入站、监测站等组成。

主控站是北斗系统的运行控制中心,主要任务包括:

(1) 收集各时间同步/注入站、监测站的导航信号监测数据,进行数据处理,生成并注入导航电文等;

(2) 负责任务规划与调度和系统运行管理与控制;

(3) 负责星地时间观测比对;

(4) 卫星有效载荷监测和异常情况分析等。

时间同步/注入站主要负责完成星地时间同步测量,向卫星注入导航电文参数。

监测站对卫星导航信号进行连续监测,为主控站提供实时观测数据。

1.2.3 北斗卫星导航系统服务

北斗三号系统提供3种全球服务:卫星无线电导航服务(radio navigation satellite service, RNSS)、全球短报文通信(global short message communication, GSMC)和国际搜救(search and rescue, SAR)服务,以及4种面向我国及周边地区的服务:星基增强系统(satellite-based augmentation system, SBAS)、地基增强系统(ground augmentation system,

GAS)、精密单点定位(precise point positioning, PPP)和区域短报文通信(regional short message communication, RSMC)服务。北斗卫星导航系统服务规划如表 1-3 所示。

表 1-3　北斗卫星导航系统服务规划

服务类型		信　号	播发卫星
全球	定位导航授时	B1C、B2a、B2b、B1I、B3I	标称空间星座全部卫星
	全球短报文通信	上行: L 下行: GSMC-B2b	上行: 14 MEO 下行: 3 IGSO+24 MEO
	国际搜救	上行/下行: 406 MHz 返向链路: B2b	上行: 6 MEO 下行: 3 IGSO+24 MEO
中国及周边区域: 东经 75°~135° 北纬 10°~55°	PPP	PPP-B2b	3 GEO
	SBAS	BDSBAS-B1C、BDSBAS-B2a	3 GEO
	区域短报文	上行: L(1 610.0~1 626.5 MHz) 下行: S(2 483.5~2 500 MHz)	3 GEO
中国及周边移动通信覆盖区域	GAS	2G、3G、4G、5G 通信信号	移动通信网络

1. 定位导航授时(RNSS)服务

定位导航授时服务通过北斗系统空间星座中卫星的 B1C、B2a、B2b 和 B1I、B3I 信号提供,用户通过该服务可确定自己的位置、速度和时间。定位导航授时服务目前由北斗二号和北斗三号星座联合,向全球范围地球表面及其向空中扩展 1 000 km 高度的近地区域的用户提供。

2. 精密单点定位(PPP)服务

精密单点定位服务通过北斗三号标称空间星座中 3 颗 GEO 卫星播发的 PPP-B2b 信号提供,用户可通过该服务实现高精度定位。服务区域为中国及周边地区东经 75°~135°,北纬 10°~55°的区域。

3. 地基增强系统(GAS)服务

地基增强系统服务由北斗卫星导航系统通过移动通信向用户提供,用户可通过该服务实现实时米级、分米级、厘米级和事后毫米级的高精度定位,服务区域为中国及周边地区移动通信覆盖区域。

4. 星基增强系统(SBAS)服务

星基增强系统服务将由北斗卫星导航系统标称星座的 3 颗 GEO 卫星向用户提供,向中国及周边地区用户提供符合国际民航组织标准的单频增强和双频多星座增强免费服务，旨在实现一类垂直引导进近指标和一类精密进近指标。

该服务利用 GEO 卫星播发差分修正、完好性信息及其他信息，以大范围提高卫星导航用户精度及其他性能的增强系统。系统按照国际民航组织标准建设，支持单频及双频多星座两种增强服务模式，满足国际民航组织相关性能要求。

北斗卫星导航系统 RNSS、PPP 与 GAS 服务性能指标如表 1－4 所示。

表 1－4　北斗卫星导航系统 RNSS、PPP 与 GAS 服务性能指标

性能特征＼服务		RNSS	PPP	GAS				
		全球平均	单系统	单频伪距	单频载波	双频载波	双频载波（网络 RTK①）	后处理相对基线测量
定位精度/m	水平	≤9	≤0.3	≤1.2	≤0.8	≤0.3	≤0.04	≤0.004
	高度	≤10	≤0.6	≤2.5	≤1.6	≤0.6	≤0.08	≤0.008
收敛时间/min		—	≤30	—	≤15	≤30	≤0.75	—
测速精度/（m/s）		0.2	—	—	—	—	—	—
授时精度/ns		≤20	—	—	—	—	—	—
可用性/%		≥99	—	—	—	—	—	—

① 实时动态（real time kinematic，RTK）。

5. 国际搜救（SAR）服务

北斗卫星导航系统通过符合全球卫星搜救系统（COSPAS－SARSAT）标准的 406 MHz 信号和北斗系统的 B2b 信号，提供具有返向链路的 SAR 服务。服务区域为全球范围地球表面及其向空中扩展 50 km 高度的近地区域内，信标运动速度小于 $Ma=1$ 的所有用户。服务性能指标如表 1－5 所示。

表 1－5　北斗卫星导航系统搜救服务性能指标

性 能 特 征	指　　标
定位精度	≤5 km
检测概率	≥99%
可用性	≥99%
返向链路时延	≤2 min
返向链路成功率	≥95%

该服务中，北斗卫星导航系统与其他中轨卫星搜救系统共同组成全球中轨卫星搜救

系统，为全球用户提供遇险报警服务，并通过返向链路提供遇险报警确认服务。其中，SAR 服务由北斗三号标称空间星座中 6 颗搭载有搜救载荷的 MEO 卫星提供，用户上行报警信号与搜救载荷下行信号均为 406 MHz 频段信号；返向链路由北斗三号标称空间星座中全部 MEO 卫星和 3 颗 IGSO 卫星播发的 B2b 信号支持。

此外，北斗系统 SAR 服务还需地面段的配合，为此，地面控制段还包括中轨卫星搜救本地用户终端站、任务控制中心和北斗返向链路信息处理系统等。

6. 区域短报文通信(RSMC)服务

区域短报文通信服务通过北斗三号标称空间星座中 3 颗 GEO 卫星的 L 频段(发射频段 1 610. 0~1 626. 5 MHz)和 S 频段(接收频段 2 483. 5~2 500 MHz)信号提供。用户完成申请注册后，可获取点播、组播、通播等模式的短消息通信服务。服务区域与 PPP 服务相同，为中国及周边地区东经 75°~135°，北纬 10°~55°的区域。该服务性能指标如表 1-6 所示。

表 1-6　北斗卫星导航系统区域短报文通信服务性能指标

性能特征	区域短报文
服务成功率	≥95%
服务延时(平均)	≤2 s
服务频度(平均)	1 次/30 s
单词报文最大长度	≤14 000 bit

7. 全球短报文通信(GSMC)

北斗卫星导航系统利用 24 颗 MEO 卫星及 3 颗 IGSO 卫星，通过 L 波段(上行)与 GSME-B2b(下行)信号，向特许用户提供全球短报文通信服务。服务性能方面，规划的单次短报文最大长度为 560 bit(约 40 汉字)，响应时间优于 60 s。

1.3　其他全球卫星导航系统概况

除我国北斗卫星导航系统外，能够在全球范围提供导航服务的卫星系统还包括美国 GPS、俄罗斯 GLONASS 和欧洲伽利略系统。

1.3.1　美国 GPS 概况

美国 GPS 的全称是导航星测时和测距全球定位系统(navigation satellite timing and

ranging global position system)，简称全球定位系统(global positioning system, GPS)，可以实现地球表面附近范围的全天候三维位置等信息的获取，其具有实时性好、精确度高的优点，是当前世界发展最完善、应用最广泛的全球卫星导航系统。

GPS 同时在 L1(1 575.42 MHz)与 L2(1 227.60 MHz)两个频点上播发信号，其中，在 L1 频点播放开放的 C/A(coarse/acquisition)码信号，为全球民用用户免费提供标准定位服务(standard positioning service, SPS)，在 L1 与 L2 频点上播发加密的 P(Y)信号，为军用用户或其他高精度应用需求用户提供精度更高的授权服务——精确定位服务(precise positioning service, PPS)。

1.3.1.1 GPS 的发展

1957 年 10 月 4 日，苏联发射了世界上第一颗人造地球卫星，美国约翰斯·霍普金斯(Hopkins)大学应用物理实验室研究人员通过跟踪该卫星发射的无线电信号，获得卫星信号多普勒频率曲线，拟通过一个地面位置已知点观测的多普勒频移确定卫星轨道，但意外验证了其“反命题”，即在卫星轨道已知或可预知的情况下，通过卫星无线电信号的多普勒频移，估计出观测点的位置。

1958 年 12 月，根据该原理，美国海军和约翰斯·霍普金斯大学联合研究海军导航卫星系统(navy navigation satellite system, NNSS)——子午仪(Transit)系统，以解决北极星核潜艇在深海航行和执行军事任务的精确定位问题。子午仪系统是世界上最早研制并试验成功的导航卫星系统，首次实现了全球、全天候的二维(经纬度)定位和计时服务，同时具有远程无线电导航系统覆盖范围广和近程无线电导航系统定位精度高的优点，是导航技术中革命性的突破。

然而，子午仪系统采用多普勒定位原理，系统观测卫星/解算导航参数的时间长，无法实时连续三维导航，不能满足高动态载体(飞机、导弹等)的高精度导航需求。20 世纪 60 年代中期，美国海军提出“定时/导航”(time navigation, Timation)卫星系统方案，在卫星载荷中使用更高稳定性的铯钟代替晶振，获得高精度时钟同步，利用测距定位代替了多普勒定位；空军开展“621B”计划，提出并验证了伪随机码测距的理念和技术。然而，“Timation”方案无法满足空军的飞机/导弹的高动态、连续、实时定位要求，“621B”计划则存在设站和极区覆盖不全，无法实现安全可靠的自主运行。

1973 年，美国国防部决定在前述两个方案的基础上，发展各军种共同使用、能实时连续提供三维位置/速度和精确时间的全球卫星导航系统，GPS 应运而生。

GPS 的研制分为三个阶段。

第一阶段(1973~1978 年)：方案论证阶段，美国共发射 4 颗第一代 GPS 试验卫星，研制地面 GPS 接收机，建立了地面跟踪网，完成了系统的软硬件试验，结果表明系统性能令人满意。

第二阶段(1979~1985 年)：工程研制和系统试验阶段，美国发射了第一代 Block I 试验卫星，研制了各种导航型接收机和测地型接收机，GPS C/A 码定位精度远远超过了设计指标,GPS 计划实施成功。

第三阶段:改善系统性能阶段,整个系统投入使用。1989~1994 年,美国共发射了 28 颗 GPS 第二代卫星,研制了更高精度的导航型接收机、利用载波相位定位的高精度接收机和采用相位差分的姿态测量接收机。1993 年 12 月,GPS 达到初始运行能力,1995 年 4 月达到全运行能力。

1.3.1.2　GPS 的组成

构成 GPS 的三大部分称为空间星座部分、地面监控部分和用户设备部分,以下对空间星座部分与地面监控部分进行简要说明。

1. GPS 的空间星座部分

GPS 的基础卫星星数 24 颗,备用星若干,共同分布在 6 个等间距轨道平面,如图 1-5 所示,各轨道面相对地球赤道面倾角为 55°,各轨道平面升交点的赤经相差 60°,相邻轨道上卫星的升交点赤经间隔 30°。卫星轨道平均高度约 20 200 km,运行周期约 11 h 58 min。这样的星座布局,使得同时位于地平线以上的卫星数目虽受用户具体位置与时间影响,但总数介于 6 至 11 颗,可以满足定位的基本要求。

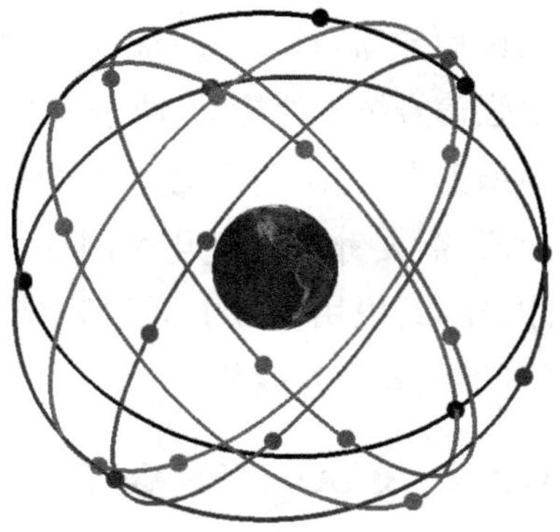

图 1-5　GPS 卫星星座构型示意图

2. GPS 的地面监控部分

GPS 的地面监控部分由遍布全球的地面站网络组成,这些地面站负责跟踪 GPS 卫星,监测卫星信号传输、分析卫星情况,并向卫星发射命令或数据。目前,GPS 地面监控部分包含 1 个主控站、1 个备用主控站、11 个注入站和 16 个监测站。

GPS 的主控站设在美国的科罗拉多斯普林斯(Colorado Springs),备份站设在马里兰州的盖瑟斯堡(Gaithersburg),负责协调和管理所有地面监控系统的整体工作,同时还负责提供 GPS 时间基准,估计星历、卫星钟差和大气层等修正参数,调整偏离轨道的卫星,启用备用卫星等。

注入站的主要任务是在主控站的控制下,向卫星发送命令、上传导航数据和加载处理器程序,收集遥测信息。

监测站是主控站直接控制下的数据自动采集中心,负责跟踪 GPS 卫星信号,采集数据和监测卫星的工作状况。同时,收集当地有关的气象数据。

1.3.1.3　GPS 现代化

"GPS 现代化"是 GPS 生存发展中的重要一环,在 1999 年 1 月 25 日美国副总统以文告形式提出了 GPS 现代化;2000 年 5 月,美国政府关闭 GPS 选择可用性(selective availability,SA)标志着"GPS 现代化计划"迈出第一步,时至今日该计划仍在进行。

1. "GPS 现代化"内涵

"GPS 现代化"计划的实质是加强 GPS 对美军现代化战争中的支撑,并保持 GPS 在全

球民用导航领域中的领导地位,具体包括:

(1) 保护美军和友军的使用,发展并强化军码的保密性能和抗干扰能力;

(2) 阻挠敌方对 GPS 的有效利用,通过施加干扰等形式实现;

(3) 保持威胁地区以外的民用用户对 GPS 的安全可靠使用。

2. "GPS 现代化"措施

"GPS 现代化"涉及一系列 GPS 空间段、地面控制段与用户段的改进措施。空间段的改进措施集中在卫星的更迭与信号的改进,具体包括:使用新一代卫星(Block IIR - M、IIF、III)代替旧卫星,新增 L2C、L5 与 L1C 三个民用信号,以及在民用信号中应用更灵活的民用导航(civil navigation, CNAV)电文代替传统导航(legacy navigation, LNAV)电文,增强信号抗干扰能力,改进星载原子钟以及延长卫星寿命等。对应地,为指挥与控制这些新型卫星,提高监测卫星信号的能力,GPS 地面控制段也进行了一系列相应的改进。在用户段,需要针对现代化民用信号升级用户接收机,在 L2C 民用信号上开发不同的商业应用、在 L5 民用信号上通过频带保护保障生命安全(L5)以及在 L1C 民用信号上发展多 GNSS 的兼容接收机。

1.3.2 GLONASS 概况

GLONASS 是俄语"全球导航卫星系统"的简称,是俄罗斯构建的全球卫星无线电导航系统,也是继美国 GPS 之后,第二个可以实现全天候、高精度的全球卫星导航系统。与美国 GPS 类似,GLONASS 也为用户提供两种类型的服务:标准精度服务和高精度服务,标准精度服务向国内外民用用户免费提供。

1.3.2.1 GLONASS 的发展

1982 年苏联开始筹建 GLONASS,于同年 10 月发射了第一颗 GLONASS 卫星。在 1982 年至 1987 年间,苏联接连发射了数颗 GLONASS 试验卫星,皆因电子设计水平落后、电子设备寿命短等原因,使得 GLONASS 试验卫星在短期内出现故障而无法正常使用。1988 年开始,苏联实现了改进版本的 GLONASS 卫星,但是其寿命只有 3 年左右。

1991 年,苏联解体,GLONASS 的研发由俄罗斯接手。1993 年,俄罗斯总统叶利钦正式确定 GLONASS 是俄罗斯无线导航规划的基础,为俄罗斯武库的重要组成部分。其后,又宣布 GLONASS 将全面免费为国防与民用服务,且不采用类似于美国的选择可用性(selective availability, SA)技术。1996 年 1 月,俄罗斯完成了 GLONASS 全星座的组建,正式具备了完整的全球导航工作能力。

随后几年,由于俄罗斯内部经济严重下滑,俄罗斯政府对 GLONASS 的财政支出严重受限,整个 GLONASS 卫星网的补射工作以及每年巨额的卫星系统维护费用难以维持,使得 GLONASS 一度陷入了"荒废期"。星座卫星数量最少时,仅有 6 颗 GLONASS 卫星在轨工作,无法独立为用户提供导航、定位和授时功能。

2000 年后,俄罗斯政府又重新重视了 GLONASS 的建设,考虑到国家安全战略,俄方制定了分阶段的“拯救 GLONASS”计划。

第一阶段：补充 GLONASS 星座的工作卫星，最低限度地保持 GLONASS 星座的工作能力。

第二阶段：升级 GLONASS 的导航卫星，延长导航卫星的工作寿命，转换和改进卫星的导航频率，并引入第二民用导航频率。

第三阶段：利用新型的、寿命为 10 年的 GLONASS－K 型导航卫星进行星座升级，减小卫星重量以实现一箭多星的发射，升级进行地面控制部分，扩展第三民用导航信号，提高卫星导航的整体性能。

1.3.2.2　GLONASS 组成

GLONASS 由空间星座部分、地基控制部分、用户设备部分三大部分组成，但在某些细节方面又具有自己的特点。以下对空间星座部分与地基控制部分进行简要说明。

1. GLONASS 的空间星座部分

GLONASS 的空间星座由 21 颗工作卫星和 3 颗备用卫星组成，它们分布在 3 个等间隔的椭圆轨道面内，每个轨道面上分布有 8 颗卫星，同一轨道面上的卫星间隔 45°，每个轨道面的升交点赤经相差 120°，卫星轨道面相对地球赤道面的倾角为 64.8°，如图 1－6 所示。导航卫星平均高度为 19 100 km，运行周期为 11 h 15 min，地迹重复周期为 8 天，轨道同步周期为 7 圈。

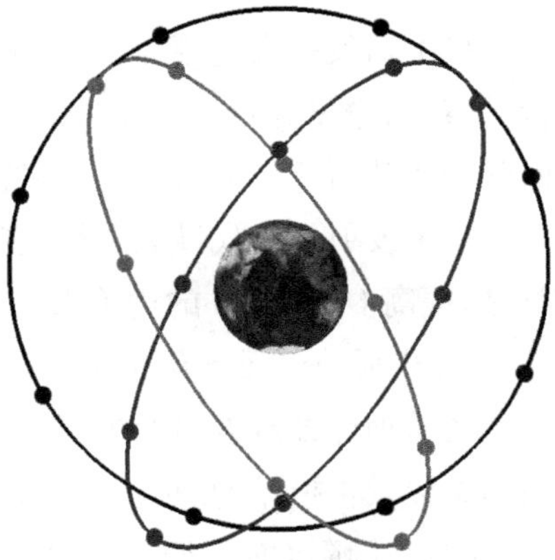

图 1－6　GLONASS 卫星星座构型示意图

GLONASS 卫星轨道面倾角比 GPS 的轨道面倾角大 10°左右，在高纬度地区可见星多，能够更好地覆盖处于高纬度地区的俄罗斯。

2. GLONASS 的地基控制部分

GLONASS 的地基控制部分主要由地面控制中心、指令测量站、激光测量站和对应监测网组成，绝大部分分布在俄罗斯境内，由俄罗斯军方管理。

地面控制中心的主要任务是接收处理来自各指令测量站和激光测量站的数据，完成精密轨道计算，产生导航电文，提供坐标时间保障，并发送卫星数据注入和遥控指令，实现对整个导航卫星系统的管理和控制。

指令测量站跟踪 GLONASS 卫星，接收 GLONASS 卫星的遥测数据，并将所测得的数据送往地面控制中心处理。同时，指令测量站接收地面控制中心的遥控指令和导航电文，并将其转发至 GLONASS 卫星。

激光测量站跟踪 GLONASS 卫星，并将所测得的数据送往地面控制中心进行处理，主要用于提供坐标时间保障和校正轨道计算模型。由于激光观测站的测量精度较高，因此在 GLONASS 中具有重要的作用。

GLONASS 地基控制部分还包括独立工作的监测网，主要用于监测 GPS/GLONASS 的工作状态和完好性。

1.3.2.3 GLONASS 现代化

1997 年，GLONASS 星座中可用卫星下降到 16 颗，并于 2001 年下降到最低点 6 颗，这使得 GLONASS 覆盖率明显变差，正是这种情况促使 GLONASS 着手进行现代化改造，其现代化计划包括卫星现代化、地面控制区段现代化等。

1. 卫星现代化

2003 年 12 月 10 日，第一颗 GLONASS－M 卫星成功入轨，并于 2004 年 12 月 8 日开始向广大用户发送导航定位信号，这标志着 GLONASS 的卫星现代化进程迈出了坚实的一步。GLONASS 的卫星现代化包括：

（1）提高卫星设计寿命、卫星时钟稳定度以及电源供电量，降低导航载荷质量及功耗，增发 L2 民用信号；

（2）研发并发射第三代 GLONASS 卫星，并在 2011 年 2 月发射升空，进一步增加卫星设计寿命，增发针对生命安全服务的 L3 第三民用信号，增加完好性信息、全球差分星历和时间校正值，提高用户精度，提供搜索救援服务；

（3）发射新一代导航卫星，进一步增强 GLONASS 的整体功能，扩大 GLONASS 的应用领域，提高 GLONASS 的竞争力。

2. 地面控制区段现代化

改善地面控制设施的主要措施是扩展与 GPS 相类似的接收监测站网络，改进现代化地面站以及主控站的通信网络和应用软件，优化处理监测站产生的测距码和载波相位测量数据；与国际 GNSS 服务组织（International GNSS Service，IGS）合作，在一定程度上克服测站范围在俄罗斯版图内的局限；提高卫星时钟的稳定度，改善 GLONASS 卫星的动力学模型以及卫星经过掩蔽区时的算法，提高控制系统对 GLONASS 卫星的姿态控制精度等。

1.3.3 欧洲伽利略卫星导航系统概况

欧洲伽利略卫星导航系统，是一个由欧洲控制的、独立的全球卫星导航系统，为全球民用用户提供高度精确和高可靠的导航服务。2016 年 12 月 15 日开始提供初始服务，可以独立提供开放服务、高精度服务、公共监管服务和搜救服务。

1.3.3.1 伽利略系统发展

20 世纪 90 年代，欧盟便意识到欧洲有必要拥有自己的全球卫星导航系统，遂与欧洲航天局联手建立伽利略系统。2000 年 6 月，在世界无线电通信大会上，获得了实施伽利略计划所需要的 L 频段频率资源，为伽利略计划的进一步推进创造了必要条件。

伽利略系统的建设可以分为三个主要阶段：在轨验证阶段、初始运行能力阶段和全面运行能力阶段。

（1）在轨验证阶段，伽利略系统完成了小型星座及相关地面基础设施的测试，至 2014

年，实现了在轨验证，“伽利略系统可以运行，而且运行良好”。

（2）初始运行能力阶段，2014～2015 年，主要进行地面基础设施和空间星座部分的调试，以及提供开放服务、搜救服务和公共监管服务。该阶段新发射 14 颗工作卫星，完成了卫星发射及所需的任务，以及控制地面基础设施、系统支持服务和相应操作。

（3）全面运行能力阶段，完成整个系统的部署，完成 30 颗卫星星座的组网，建设控制中心、全球监测站和上行链路站网络。2018 年 7 月 25 日，最后的四颗伽利略卫星被送入卫星轨道，标志着伽利略系统空间部分建设完成。2020 年，伽利略系统形成全面运行能力，实际信号质量优于预期。

1.3.3.2　伽利略系统组成

与其他卫星导航系统类似，伽利略系统的基础设施可以分为空间段和地面段设施，用户接收机补充构成用户段。以下对空间段与地面段进行简要说明。

1. 空间段

全面运行的伽利略系统卫星星座构型如图 1－7 所示，采用 Walker 24/3/1 星座构型，有 30 颗卫星（24 颗基础卫星与 6 颗备用卫星），分布在 3 个中圆地球轨道（MEO）上，轨道高度约为 23 222 km，轨道倾角为 56°，轨道周期约 14 h 22 min。每条轨道上 10 颗卫星，其中 8 颗基础卫星均匀地分布在轨道上。

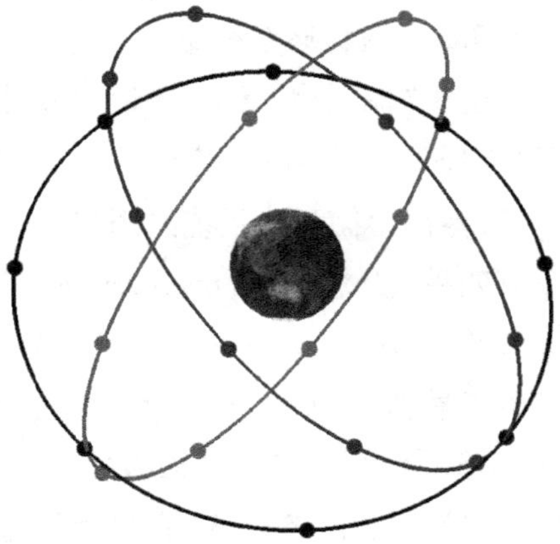

图 1－7　伽利略系统卫星星座构型示意图

2. 地面段

伽利略系统地面段包含五部分设施：两个控制中心、伽利略传感器站、上行链路站、遥测/跟踪/控制站以及额外的核心基础设施。

两个控制中心分别设立在德国和意大利，各自包含地面控制部分与地面任务部分两方面责任。

地面控制部分负责伽利略系统的“控制”，处理航天器内务和星座维护，以地面控制中心为核心，还包含 5 个遥测跟踪站。遥测跟踪站组成全球网络，地面控制中心通过它们实现与所有伽利略卫星定期、不定期、长期以及应急通信。

地面任务部分负责“任务”功能，处理导航系统控制，以地面控制中心为核心，还包含由 30 个伽利略传感器站和 5 个上行链路站。地面任务部分负责确定和上行所需的导航数据信息，以提供导航和定时数据；伽利略传感器站主要是参考接收机，由众多传感器站组成的全球监测网络用于持续监测伽利略卫星的导航信号；上行链路站与伽利略卫星进行通信。

额外的核心基础设施用于支持伽利略系统的各服务，包含如下。

（1）欧洲 GNSS 服务中心：提供开放服务及高精度服务用户群与伽利略系统之间的接口，位于西班牙。

（2）大地测量参考服务中心：确保伽利略控制中心提供的大地测量参考系与国际大地参考框架保持一致。

（3）时间服务供应商：确保伽利略控制中心提供的伽利略系统时间与协调世界时保持一致。

（4）伽利略安全监测中心：负责监测系统安全，位于法国和西班牙。

（5）SAR/GALILEO 数据服务中心：负责协调与搜救服务有关业务的实体，位于法国。

（6）伽利略参考中心：负责监测和评估伽利略服务的性能，其运作完全独立于伽利略其他核心基础设施，位于荷兰。

1.3.3.3 伽利略系统服务

由于“伽利略”系统建设之初主要针对民用市场，与美国 GPS、中国北斗和俄罗斯 GLONASS 卫星导航系统显著的服务军事目的不同，伽利略卫星导航系统是一个商业化的系统，旨在为伽利略系统的用户在全球范围内提供有保障的服务，系统可以独立提供的服务有四种：开放服务(open service, OS)、高精度服务(high accuracy service, HAS)、公共监管服务(public regulated service, PRS)和搜救服务(search and rescue service, SAR)。伽利略系统最初计划提供生命安全服务(safety-of-life service, SoL)，重新规划后该服务是 EGNOS 系统提供的主要服务之一。

（1）开放服务(OS)是向大众提供定位、导航和定时应用领域的免费服务，与 GPS 信号保持兼容，能提供的水平方向和垂直方向定位精度分别为 4 m 和 8 m，无完备性信息。

（2）高精度服务(HAS)，也是早期的商业服务(commercial service, CS)，在开放服务的基础上，在不同频段提供附加导航信号和增值服务，实现亚米级定位。

（3）公共监管服务(PRS)仅限于政府授权用户使用，面向需要高可靠性和连续性的敏感应用场景。其目的是在干扰情况下改善空间信号的连续性，满足相关用户的需求。

（4）搜救服务(SAR)是伽利略系统与现有国际卫星搜救系统共同构建，利用伽利略卫星转发搜救信号到专门的地面站，通过救援协调中心为求救者提供反馈信号。

1.4 其他重要的区域卫星增强/导航系统

除了前面介绍的四大全球卫星导航系统以外，还存在其他形式的导航卫星系统，以日本区域增强系统与印度的区域导航系统为典型代表。

1.4.1 日本准天顶卫星系统

准天顶卫星系统(QZSS)是日本政府委托研制的一种区域卫星导航系统，也是一项国家空间开发计划,在 2011 年确定为日本空间政策的首要任务。

1.4.1.1　准天顶卫星系统的发展

日本东京等地区密集的高楼大厦形成的城市峡谷使得 GPS 接收机视野内的卫星数量极少、信号质量下降,导航定位服务不稳定,不能满足日本用户的需要。为了开发出一种可以在日本地区任何时候都能稳定使用的卫星定位服务,2002 年日本政府综合科学技术会议正式决定开发建立国家项目“准天顶卫星系统”,使之成为导航定位与新一代移动通信的重要技术手段。

准天顶卫星系统的初始阶段始于 2010 年 9 月,以第一颗准天顶卫星(QZS－1)发射成功为标志,至 2011 年完成卫星和地面部分所有功能的确认,确认 QZSS 能够提高 GPS 导航的连续性,获得位置的时间提高了 10%以上,最高达到 40%。

2011 年,日本政府加快 QZSS 部署,于 2018 年 11 月建设完成由 4 颗卫星构成的 QZSS 空间星座,并进行地面控制系统的设计和建造、验证和维护。使其辅助 GPS,确保 QZSS 服务区域内有足够数量的导航卫星进行稳定、高精度的定位,此时的 QZSS 系统尚不具备独立定位的能力。

日本政府计划将空间星座的卫星数量扩展至 7 颗,使其具有独立的定位、导航、授时(positioning, navigation, timing, PNT)功能,双频码相位水平定位误差 1.0 m,具有导航信息验证的开放服务,具有双向测距(地面-卫星)和卫星间测距以提高精确度、可用性和完整性,以及为所有亚太地区提供增强服务和灾害与危机管理报告。

1.4.1.2　日本准天顶卫星系统结构

目前的 QZSS 服务区域覆盖东亚和大洋洲地区,QZSS 以其他全球卫星导航系统为平台,不需要以独立的模式工作,而是与其他 GNSS 卫星的数据一起工作。

1. QZSS 的空间部分

QZSS 四星星座的空间部分由 3 颗高椭圆轨道(high elliptical orbit, HEO)卫星与 1 颗地球静止轨道卫星构成,如图 1－8 所示。对于 HEO 卫星,近地点高度约为 32 000 km,远地点高度约为 40 000 km,所有的卫星都将经过同一地轨,因此从亚洲-大洋洲地区的地点都能看到它们。QZSS 的设计是使三颗卫星中至少有一颗卫星存在于日本上空的天顶附近。考虑到它的轨道,每颗卫星在大部分时间内几乎都出现在头顶上(即每天有 12 小时以上的时间,卫星高度角超过 70°),这就产生了“准天顶”的效果,系统也因此得名。

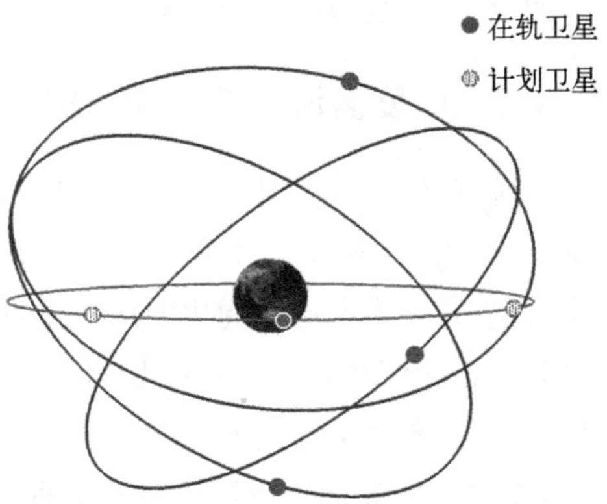

图 1－8　QZSS 星座构型示意图

日本计划于 2026 年完成 QZSS 的星座的升级,总星数达 7 颗,包括 3 颗地球静止轨道卫星和 4 颗高椭圆轨道,成为可以独立工作的区域导航系统。

2. QZSS 的地面部分

地面部分由一个主控站(main control station, MCS)、跟踪控制站、若干激光测距站和监测站组成。监测站网络覆盖东亚和大洋洲地区,在日本、印度、澳大利亚、泰国、美国均建有站点。主控站负责生成导航信息,通过设在冲绳的跟踪控制站上行到准天顶卫星。

1.4.1.3 准天顶卫星系统服务

QZSS 支持八种服务,服务范围为经度接近日本的亚洲-大洋洲地区。这些服务包括:卫星定位、导航和授时服务,亚米级增强服务,厘米级增强服务,定位技术验证服务,灾害和危机管理卫星报告服务,QZSS 安全确认服务,公共监管服务及 SBAS 传输服务。

(1) 卫星定位、导航和授时服务与 GPS 综合使用,增加可见卫星数量,改善精度衰减因子(dilution of precision, DOP)。

(2) 亚米级增强服务通过在 L1S 信号中传输与 GPS L1 C/A 信号相同的亚米级增强数据,实现对静止或低速运动载体的亚米级定位。

(3) 厘米级增强服务使用高精度卫星位置、电离层校正数等增强信息,增强用户导航定位精度,时延为 10~20 s,主要在有限地区或以辅助方式使用。

(4) 定位技术验证服务,机构通过 QZSS 卫星播发测试信号,以测试新定位技术。

(5) 灾害和危机管理卫星报告服务以 4 s 间隔传输政府组织的危机管理信息到用户移动设备或固定的街道广播设施。

(6) QZSS 安全确认服务尚在讨论中,拟在灾难中发送有关疏散场所的位置和开放情况、疏散者数量和疏散场所的情况等信息。

(7) 公共监管服务仅面向授权用户,使用隐蔽、加密的信号,防止信号干扰和欺骗,确保导航安全。

(8) SBAS 传输服务向民航飞机发送包括测距误差修正数和导航卫星异常等信息在内的增强信息,以提高卫星导航的精度和完好性。

1.4.2 印度区域卫星导航系统(NAVIC/IRNSS)

印度区域卫星导航系统(NAVIC/IRNSS)是由印度空间研究组织(Indian Space Research Organisation, ISRO)及其商业部门 ANTRIX 开发的一个独立自主的区域导航卫星系统,旨在为印度及周边的用户提供不依赖 GPS 的、准确的实时定位和授时服务,其主服务区为印度及其边界延伸 1 500 km 范围,扩展服务区为主服务区外南纬 30°~北纬 50°、东经 30°~东经 130°的矩形区域。

1.4.2.1 印度区域卫星导航系统的发展

印度区域卫星导航系统空间星座初步由 7 颗卫星组成,第一颗卫星 IRNSS-1A 于 2013 年 7 月 1 日成功发射,是构成整个星座的三颗地球同步卫星之一。2013 年 7 月 18 日,印度空间研究组织(ISRO)宣布,该卫星成功地到达了规定的倾斜地球同步轨道,同年 7 月 23 日,德国宇航中心能够接收到 IRSNSS-1A 卫星在 L5 频段传输的信号。根据对接收到的信号的分析，德国宇航中心的研究人员得出结论，该信号结构与 ISRO 宣布的 IRNSS 信号计划一致。之后至 2015 年 3 月底，印度空间研究组织大约每半年发射一颗 IRNSS 卫星，相继完成了 IRNSS－1B、IRNSS－1C 和 IRNSS－1D 三颗卫星的发射。2016 年加快了星座建设，完成最后三颗卫星的发射，实现 NAVIC 的空间星座组网。

随着该星座建设到达最后阶段，2016 年 4 月，IRNSS 被印度总理重新命名为“印度导航星座”（navigation with Indian constellation, NAVIC）。2020 年，NAVIC 被确认为国际海事组织世界无线电导航系统的一个组成部分，商船可以使用 NAVIC 获取位置信息。

1.4.2.2　印度区域卫星导航系统的结构

IRNSS 有 7 颗卫星，并配合适当的地面基础设施。按照 GNSS 的传统结构，NAVIC 同样具有空间段、地面段和用户段三个部分。以下对空间段与地面段进行简要说明。

1. IRNSS 的空间段

为了利用最少的卫星，尽量减少最差 DOP 以及便于印度本土控制站保持连续的可视性，IRNSS 的空间部分采用了如图 1－9 所示基于 7 颗卫星的空间星座构型。其中，3 颗地球静止轨道（GEO）卫星，分别位于东经 32.5°、东经 83°和东经 131.5°；4 颗倾斜地球同步轨道（IGSO）卫星，其轨道远地点为 24 000 km，近地点为 250 km，轨道倾角为 29°。一个倾斜地球同步轨道在东经 55°穿过赤道，另外一个在东经 111.75°穿过赤道，每条轨道有两颗卫星。地球静止轨道卫星的设计寿命为 9.5 年，倾斜地球同步轨道卫星的设计寿命为 11 年。

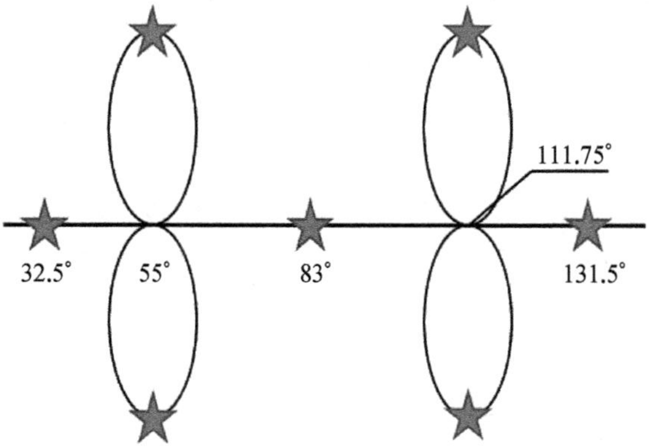

图 1－9　印度区域卫星导航系统星座构型示意图

2. IRNSS 的地面段

IRNSS 的地面部分负责估计和预测卫星位置，计算完整性、电离层和时钟校正以及运行导航软件，包括空间卫星控制中心、监测站、测控注入站、时间中心、码分多址（code division multiple access, CDMA）测距站、激光测距站、导航控制中心和数据链路。

监测站主要功能为接收导航卫星数据，同时对这些卫星的测距值进行修正，并将原始数据和测距修正值传送到导航控制中心。

导航控制中心主要功能为计算卫星星历、卫星钟差改正数、电离层误差改正数以及相应的完好性信息，并将计算结果传送给上行注入站，然后通过导航卫星广播给用户。

空间卫星控制中心，主要负责对空间卫星正常工作的管理、控制和维护。

CDMA 测距站和激光测距站负责采集 IRNSS 卫星测距信息，并进行修正后传送到导航控制中心。

1.4.2.3 印度区域卫星导航系统服务

IRNSS 将提供两种类型的服务，即向所有用户提供的标准定位服务（SPS）和仅向授权用户提供的加密的授权服务（restricted service，RS）。在主服务区，标准定位服务精度有望优于 20 m。导航卫星采用 3 个波段作为载波：C 波段、S 波段和 L 波段。C 波段频率主要用于测控，S 波段和 L 波段为用户提供导航定位服务，标准定位服务（SPS）信息调制在 S 波段和 L 波段（L5）上，授权服务信息仅调制在 L5 频率上。

思 考 题

1. 全球卫星导航系统有着相似的系统结构，简述其三大组成部分及其作用？
2. 总结并比较 BDS、GPS、GLONASS 与 GALILEO 的特点。
3. 搜索最新的 GNSS 导航卫星情况，了解当前各个系统的实现进展。
4. 结合各种区域定位系统情况，讨论其未来发展思路。

第2章 GNSS坐标系及运动基础知识

GNSS 最基本的任务是确定用户在空间中的位置,用户位置的求取依靠 GNSS 导航卫星的位置、速度等参量,需要构建 GNSS 时空参考坐标系,分析 GNSS 卫星轨道、星座细节以及 GNSS 卫星在宇宙空间运动的基本原理。

2.1 空间坐标系及其变换

在卫星导航过程中,导航卫星绕地心旋转与地球自转无关,需要构建不随地球自转的坐标系;GNSS 用户大多在地球表面空间,与地球自转紧密相关,需要采用与地球固联的坐标系;导航卫星状态最终需要和地面用户的状态相互作用,才能够最终实现用导航星求取用户状态的目的,为此,需要构建不同的坐标系以直观描述卫星与用户的运动状态,方便导航解算,并且还需要明确不同坐标系之间的转换关系。常见坐标系包括天球坐标系、地球坐标系、地理坐标系、航迹坐标系以及载体坐标系。其中,天球坐标系与地球坐标系又常有两种描述形式,即球面坐标系与空间直角坐标系。

2.1.1 常用天球坐标系

天球坐标系是用于确定天体位置的坐标系,不随地球自转、满足牛顿力学定律的惯性坐标系。卫星绕地球运动,描述卫星位置的天球坐标系,往往是以地球为圆心的天球坐标系,如图 2－1 所示。

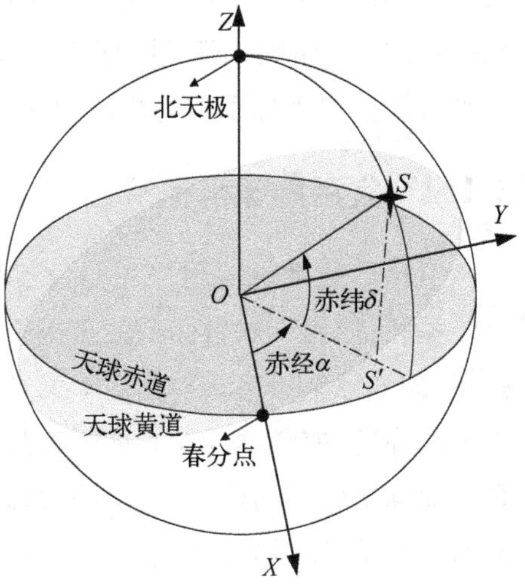

图 2－1 天球坐标系(含空间直角坐标系与球面坐标系)

卫星在天球坐标系中的位置可以采用球面坐标或天球直角坐标,但两者等价,坐标原点、基本平面与主方向均一致。

在天球直角坐标系中,若卫星坐标表示为 (X, Y, Z),天球直角坐标系 $O-XYZ$ 定义如下:

原点——地球质心；

Z 轴——地心指向北天极方向；

X 轴——天球赤道面内质心指向春分点的方向；

Y 轴——满足右手笛卡儿坐标系。

在天球球面坐标系中，卫星 S 的坐标用赤经 α 和赤纬 δ 表示。赤经 α 是由春分点起算沿天球赤道到 S 点子午面与天赤道的交点的球面角距，即 OS 在天球赤道平面的投影 OS' 与 X 轴的夹角。赤纬 δ 是由 S 点子午面与天赤道的交点到天体 S 点的球面角距，即 OS 与 OS' 的夹角。赤经 α、赤纬 δ 与 (X, Y, Z) 单位矢量的关系如下：

$$\begin{bmatrix} X \\ Y \\ Z \end{bmatrix} = \begin{bmatrix} \cos\alpha\cos\delta \\ \sin\alpha\cos\delta \\ \sin\delta \end{bmatrix} \tag{2-1}$$

从天球坐标系的定义可以看到，与天轴垂直的天球赤道平面是建立坐标系的重要基准面，春分点是建立空间坐标系的重要方向基准点，而赤道面与春分点的定义与地球的自转、公转息息相关。然而，由于地球围绕太阳的公转并非均速直线运动，地球并非均质体，又受月球等其他天体的引力作用，使得地球自转轴的空间方向与春分点位置并非固定不变，在空间做着复杂的运动，以章动与岁差影响最为显著。此外，地球自转轴在地球内部也会发生变化，即极移现象，使得天球坐标系 Z 轴与赤道面也会不断变化。

为了更加细致地表示这些变化，天球坐标系定义了平天球赤道坐标系和瞬时天球赤道坐标系，分别对应“平(均)”和“瞬时”两种赤道和春分点定义。平天球赤道坐标系是选定某一时刻为标准历元时刻 t，此时的瞬时春分点、瞬时地轴等构建瞬时天球赤道坐标系，再经过章动和岁差改正，成为标准历元 t 的平天球坐标系，也称为协议天球坐标系或协议惯性坐标系。为了有一个相对固定的参考标准，国际上约定从 1984 年起，以标准历元时刻(J2000.0 对应于儒略日 JD2451545.0，太阳系质心力学时 2000 年 1 月 1.5 日)所定义的平天球赤道坐标系称为协议天球系。

2.1.2 常用地球坐标系

卫星导航系统的用户主要分布在地球表面及其一定范围的空域中，用户运动与地球自转关联，使用天球坐标系就显得极为不便，因此需要一个与地球固联，随地球运动的坐标系，即地球坐标系。与建立天球坐标系类似，地球坐标系也采用直角坐标描述和相应的极坐标描述，前者称为地心地固直角坐标系，后者称为大地坐标系，也被称为经纬高坐标系。地球坐标系的建立以及坐标系之间的转换都与地球形状和物理参数相关，因此定义地球坐标系，还首先需要建立地球模型。

2.1.2.1 地球参考椭球

地球是一个不规则的扁球体，无法用数学模型表达，也难以应用到导航计算中，因此需要建立一个吻合地球几何的平滑椭球体代替真实地球。这个椭球体称为基准椭球或者参考椭球，满足：

（1）椭球质量等于地球质量，两者的旋转角速度相等；

（2）椭球体积与大地体积相等，表面与大地水准面之间的距离差的平方和最小；

（3）椭球中心与地球质心重合，椭球短轴与地球自转轴重合。

全球四大卫星导航系统采用了不同的参考椭球，不仅定义了地球参考椭球基本参数，还包括了地球重力场模型参数、基本大地参数等。各系统采用的地球椭球基本参数如表 2－1 所示。

表 2－1　BDS、GPS、GLONASS 与 GALILEO 采用的地球椭球基本参数

参　数	BDS	GPS	GALILEO	GLONASS
长半轴/m	6 378 137	6 378 137	6 378 136. 55	6 378 136
地球引力场强度 /($\times 10^{14}$ m^3/s^2)	3. 986 004 418	3. 986 005	3. 986 004 418	3. 986 004 418
地球角速度 /($\times 10^{5}$ rad/s)	7. 292 115	7. 292 115 146 7	7. 292 115 146 7	7. 292 115
椭球扁率	1/298. 257 222 101	1/298. 257 223 563	1/298. 257 223 565	1/298. 257 84
真空光速/(m/s)	299 792 458			

2.1.2.2　协议地球坐标系

地球坐标系是以地球自转轴或者与自转轴垂直的赤道平面为基准，然而地球自转轴在地球内部绕行，造成南北极在地球表面上的位置发生改变，这一现象称为极移，导致地球坐标系随着极轴的变化而发生变化。1967 年，国际天文学联合会、国际大地测量与地球物理学联合会将 1900～1905 年的平均地极位置作为基准点，也称为协议地极，相应的赤道面称为协议赤道面。以此定义的地球坐标系称为协议地球坐标系，可以建立地心地固空间直角坐标和地心地固大地坐标系。卫星导航系统采用的坐标系本质上也是协议地球坐标系，不仅定义了地心地固空间直角坐标系，也定义了相应的地心大地坐标系，两者关系如图 2－2 所示。

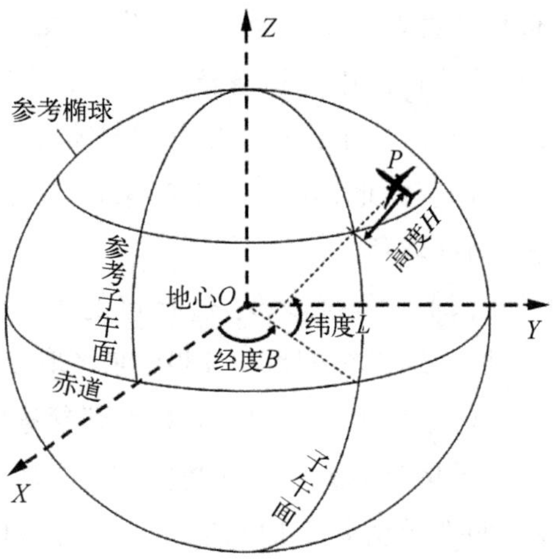

图 2－2　地心地固空间直角坐标系与大地坐标系

1. 地心地固空间直角坐标系

地心地固空间直角坐标系通常以地球质心为坐标原点，Z 轴指向某协议地极，X 轴指向地球赤道与某参考子午面交点，参考子午面一般选格林尼治子午面，Y 轴与 X 轴、Z 轴构成右手直角坐标系，如图 2－2 所示。我国北斗卫星导航系统采用 2000 国家大地坐标系（China geodetic coordinate system 2000，CGCS2000），美国 GPS 采用 1984 国际大地测量系统（world geodetic system－84，WGS－84），欧盟伽利略系统采用伽利略地球参考框架（Galileo terrestrial reference frame，GTRF），俄罗斯 GLONASS 采用 PZ－90（parametry zemli 1990）大地坐标系，其空间直角坐标系定义如表 2－2 所示。

表 2－2　全球卫星导航系统的空间坐标系定义

GNSS	BDS	GPS	GALILEO	GLONASS
坐标系	CGCS2000	WGS－84	GTRF	PZ－90
原点	地球质心			
Z 轴	指向 IERS① 参考极方向	指向 BIH② 1984.0 协议地极方向	指向 IERS 参考极方向	指向 IERS 参考极方向
X 轴	IERS 参考子午面与通过原点且同 Z 轴正交的赤道面的交线	BIH1984.0 参考子午面与赤道面的交线	IERS 参考子午面与赤道面的交线	IERS 参考子午面与赤道面的交线
Y 轴	与 Z、X 轴构成右手直角坐标系			

① 国际地球自转服务组织（International Earth Rotation and Reference Systems Service，IERS）。
② 国际时间局（Bureau International de I'Heure，BIH）。

2. 大地坐标系

大地坐标系也是地心地固的，能够给出载体的大地纬度、大地经度和大地高度，故又被称为经纬高坐标系。大地坐标系对载体在地球上的位置描述更为直观，应用也更为广泛，往往在使用时省略坐标系三个分量的“大地”二字，直接称为纬度、经度与高度，如图 2－2 所示。对于位于 P 点的载体，其大地坐标系表示为（L，B，H）。

（1）大地纬度 L：参考椭球过 P 点的法线与赤道面的夹角，取值在－90°～90°，北纬取正，南纬取负。

（2）大地经度 B：过 P 点的子午面（参考椭球过 P 点的法切面）与参考子午面的夹角，取值通常在－180°～180°，东经取正，西经取负。

（3）大地高度 H：从 P 点到参考椭球面的法线距离，椭球面外为正，椭球面内为负。

严格意义上讲大地高度与通常所说的海拔并不同，海拔是指 P 点到水准面的法线距离，两者差值是大地水准面与参考椭球的法线距离差，该距离差随 P 点经纬度变化而改变。一般导航使用时，由于参考椭球是大地水准面的最优近似，在精度允许的情况下，也可以将大地高度与海拔近似。

2.1.3　其他常用坐标系

除天球坐标系和地球坐标系外，导航中还经常使用许多其他便于描述载体状态的坐标系，如地理坐标系、航迹坐标系和载体坐标系。

2.1.3.1　地理坐标系（g 系）

地理坐标系以运载体质心为原点，一个坐标轴垂直于大地参考椭球面（沿当地地理垂线方向），另外两个坐标轴在当地水平面内沿经线和纬线切线方向，形成右手正交坐标系。地面运载体经常采用东、北、天（*ENU*）正交坐标系，即坐标系 *X* 轴沿纬线切线向东，*Y* 坐标轴沿经线切线指向北，*Z* 坐标轴沿当地地理垂线指向天，如图 2－3 所示。地理坐标系也可以是北－东－地正交坐标系。对于静止的系统，该地理坐标系也被称为站心坐标系。

地固地心空间直角坐标系的 *X*、*Y*、*Z* 轴线与地面水平距离以及高度不能建立直观联系，而大地坐标系采用的角度尺度也与人们日常的空间距离认知习惯有较大差异，而地理坐标系能够直观地给出两载体相对位置，如运载体相对某固定点（如起、止位置点）的位置变化以及自身的位移等，这样的描述更贴近人们日常的空间认知习惯，更加直观和容易理解。因此，地理坐标系在描述载体相对位移、不同载体相对位置矢量时具有重要作用。

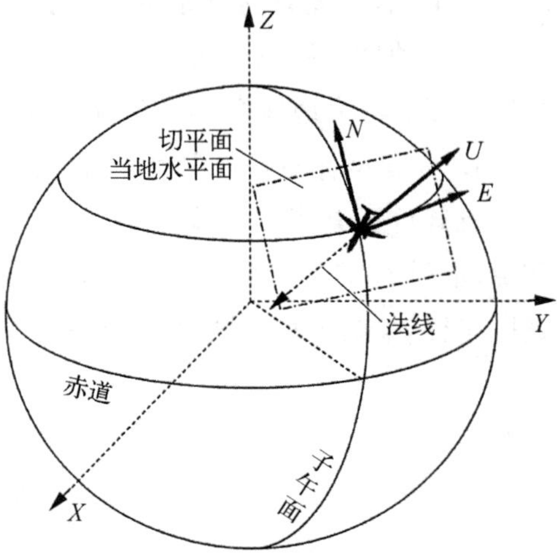

图 2－3　地理坐标系

2.1.3.2　航迹坐标系（t 系）

航迹坐标系以运载体质心为原点，*Z* 坐标轴沿轨迹法线方向，另外两个坐标轴在其切平面上，*Y* 轴沿轨迹切线方向，向前为正，即 *Y* 轴与速度同方向，三轴形成右手正交坐标系，如图 2－4 所示。

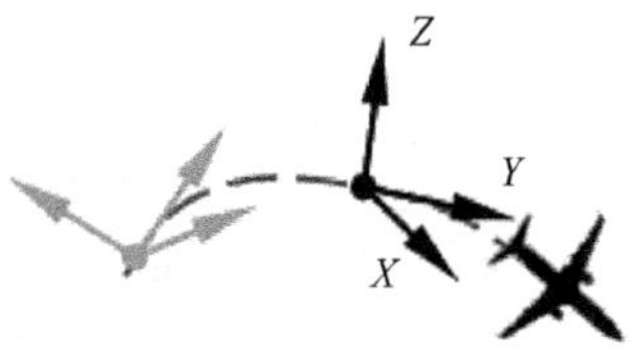

图 2－4　航迹坐标系

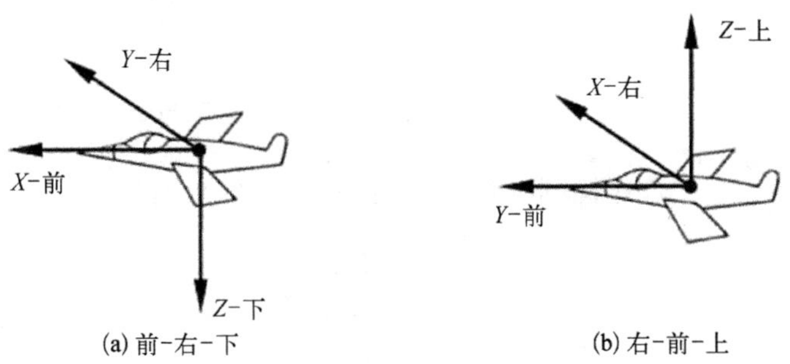

图 2－5　载体坐标系

2.1.3.3　载体坐标系（b 系）

载体坐标系以运载体质心为原点，根据载体特征进行定义，常用载体坐标系有“前－右－

下”坐标系和“右-前-上”坐标系，如图 2-5 所示。以飞行器常用典型载体坐标系“右-前-上”正交坐标系为例，该坐标系原点为飞行器质心，Y 轴沿载体纵向指向前方，Z 轴指向载体上方，X 轴沿载体横滚轴指向载体右方，三轴形成右手正交坐标系。

2.1.4 空间坐标系的变换

为了工程使用和测试比对，需要将各个坐标系之间的坐标进行互相转化，为此需要讨论各种坐标系之间的转化关系。本节主要介绍卫星导航中最常用的三种坐标系转换，包括同一地球坐标系大地坐标与空间直角坐标之间的转换、不同地球坐标系之间的变换、地理坐标系与地球坐标系间的转换。

2.1.4.1 同一地球坐标系中大地坐标与空间直角坐标的转换

同一地球坐标系中大地坐标与空间直角坐标的转换，就是将地固地心直角坐标系 (X, Y, Z) 与大地坐标 (L, B, H) 进行转换，属于空间直角坐标系与球坐标系的转换。

1. 大地坐标转换为空间直角坐标

已知位置 P 点的大地坐标为 (L, B, H)，过 P 点作地球椭球面的法线与椭球面交于 P' 点，取过 P' 的子午面 $X'OZ$，如图 2-6 所示，O' 是 PP' 延长线与 Z 轴交点，$O'P$ 长度为卯酉圈半径 R_h 与大地高度 H 的和。

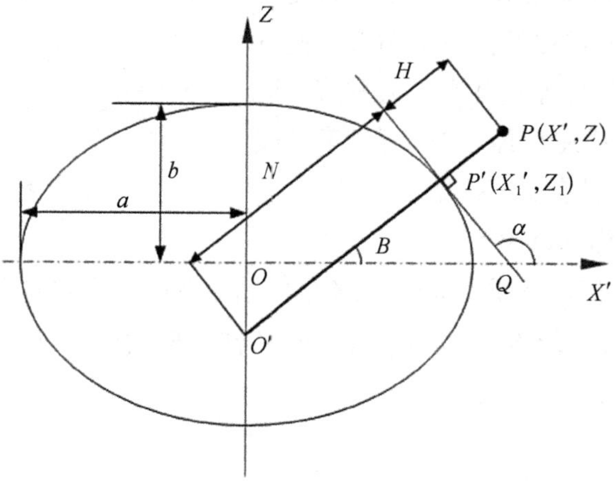

图 2-6 参考椭球与子午面直角坐标系

过 P' 点作椭圆的切线与横轴交于 Q 点，有

$$\begin{cases} \dfrac{X_1'^2}{a^2} + \dfrac{Z_1^2}{b^2} = 1 \\ \tan\alpha = -\cot B = -\dfrac{b^2}{a^2}\dfrac{X_1'}{Z_1} \end{cases} \tag{2-2}$$

式中，a、b 分别表示地球参考椭圆长半轴与短半轴。将卯酉圈半径 $R_h = a/\sqrt{1-e^2\sin^2 B}$

代入上式，得

$$Z_1 = N(1 - e^2)\sin B \tag{2-3}$$

因此，P 点坐标为

$$\begin{cases} X' = X_1' + H\cos B = (N + H)\cos B \\ Z = Z_1 + H\cos B = [N(1 - e^2) + H]\sin B \end{cases} \tag{2-4}$$

最后再考虑经度影响，将横坐标 X' 分别投影至地心地固坐标系的 X 轴和 Y 轴，则可得大地坐标（L, B, H）与空间直角坐标（X, Y, Z）的转换关系：

$$\begin{cases} X = (R_h + H)\cos B\cos L \\ Y = (R_h + H)\cos B\sin L \\ Z = [R_h(1 - e^2) + H]\sin B \end{cases} \tag{2-5}$$

式中，e 表示椭球第一偏心率。a、b 与 e 根据具体选用的参考椭球设定，可参阅表 2-1 获得。

2. 空间直角坐标转换为大地坐标

空间直角坐标转换为大地坐标可以分为迭代法和直接法两种算法。

1）迭代法

迭代法由式(2-2)获得，其中大地纬度的计算需要经过迭代完成，有

$$\begin{cases} L = \arctan \dfrac{Y}{X} \\ B = \arctan\left\{\dfrac{1}{\sqrt{X^2 + Y^2}}\left[Z + \dfrac{ae^2\tan B}{\sqrt{1 + (1 - e^2)\tan^2 B}}\right]\right\} \\ H = \dfrac{\sqrt{X^2 + Y^2}}{\cos B} - R_h \end{cases} \tag{2-6}$$

2）直接法（高度小于 1 000 km）

直接法在高度小于 1 000 km 时，可提供优于厘米级的精度，与迭代法在大地经度与大地高度的计算上一致，对大地纬度的计算需要计算辅助量：

$$\theta = \arctan \frac{aZ}{b\sqrt{X^2 + Y^2}} \tag{2-7}$$

再利用辅助量计算大地纬度，与大地经度、高度联立得

$$\begin{cases} L = \arctan \dfrac{Y}{X} \\ B = \arctan \dfrac{Z + be'^2\sin^3\theta}{\sqrt{X^2 + Y^2} - ae^2\cos^3\theta} \\ H = \dfrac{\sqrt{X^2 + Y^2}}{\cos B} - R_h \end{cases} \tag{2-8}$$

式中，e' 为椭球第二偏心率。

2.1.4.2 不同地球坐标系之间的变换

不同地球坐标系之间的变换，是对不同的空间直角坐标系进行变换。对于任意的两个空间直角坐标系，总可以通过平移、旋转和尺度转换将其变换到另一个坐标系，如图 2-7 所示。相应地，在某一个坐标系下表达的点的位置坐标，可以方便地转换到另一个坐标系中表达。

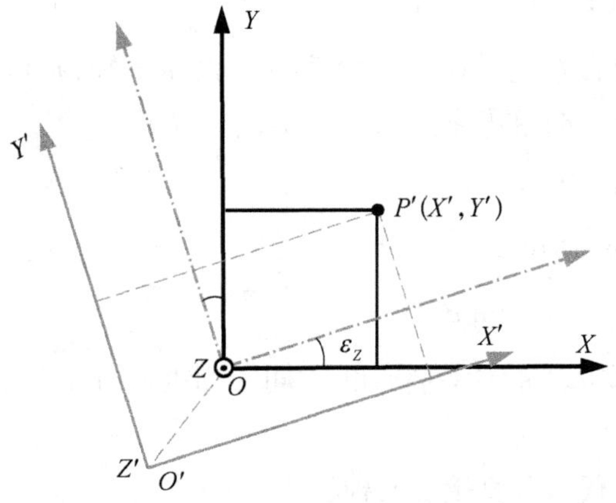

图 2-7 坐标转换示意图

设 $\boldsymbol{P}=[X,\ Y,\ Z]^{\mathrm{T}}$ 和 $\boldsymbol{P}'=[X',\ Y',\ Z']^{\mathrm{T}}$ 分别为载体在 $O-XYZ$ 与 $O'-X'Y'Z'$ 系下的坐标，由布尔莎模型可知：

$$\boldsymbol{P}=\Delta\boldsymbol{P}+(1+k)\boldsymbol{R}(\varepsilon_x,\ \varepsilon_y,\ \varepsilon_z)\boldsymbol{P}' \tag{2-9}$$

式中，$\Delta\boldsymbol{P}=[\Delta X,\ \Delta Y,\ \Delta Z]^{\mathrm{T}}$ 是平移参数矩阵；k 是尺度变化参数；$\boldsymbol{R}(\varepsilon_x,\ \varepsilon_y,\ \varepsilon_z)$ 是旋转矩阵，表示依次绕 X 轴、Y 轴与 Z 轴旋转 ε_x、ε_y 与 ε_z 角度，具体计算如下：

$$\boldsymbol{R}(\varepsilon_z,\ \varepsilon_y,\ \varepsilon_x)=\boldsymbol{R}_Z(\varepsilon_z)\boldsymbol{R}_Y(\varepsilon_y)\boldsymbol{R}_X(\varepsilon_x) \tag{2-10}$$

式中，

$$\boldsymbol{R}_Z(\varepsilon_z)=\begin{bmatrix}\cos\varepsilon_z & \sin\varepsilon_z & 0\\ -\sin\varepsilon_z & \cos\varepsilon_z & 0\\ 0 & 0 & 1\end{bmatrix} \tag{2-11}$$

$$\boldsymbol{R}_Y(\varepsilon_y)=\begin{bmatrix}\cos\varepsilon_y & 0 & -\sin\varepsilon_y\\ 0 & 1 & 0\\ \sin\varepsilon_y & 0 & \cos\varepsilon_y\end{bmatrix} \tag{2-12}$$

$$\boldsymbol{R}_X(\varepsilon_x)=\begin{bmatrix}1 & 0 & 0\\ 0 & \cos\varepsilon_x & \sin\varepsilon_x\\ 0 & -\sin\varepsilon_x & \cos\varepsilon_x\end{bmatrix} \tag{2-13}$$

分别为绕 Z、Y、X 轴的标准旋转矩阵，注意多次旋转产生的标准旋转矩阵在合成总旋转矩阵时，采用矩阵左乘算法。

为了简化计算，当 k、ε_x、ε_y 与 ε_z 为微小量时，有 $\cos\varepsilon\approx 1$，$\sin\varepsilon\approx\varepsilon$，忽略二阶项，

则上述模型可简化为

$$\begin{bmatrix} X \\ Y \\ Z \end{bmatrix} = \begin{bmatrix} \Delta X \\ \Delta Y \\ \Delta Z \end{bmatrix} + (1+k)\begin{bmatrix} 1 & \varepsilon_z & -\varepsilon_y \\ -\varepsilon_z & 1 & \varepsilon_x \\ \varepsilon_y & -\varepsilon_x & 1 \end{bmatrix}\begin{bmatrix} X' \\ Y' \\ Z' \end{bmatrix} \tag{2-14}$$

也可写作：

$$\begin{bmatrix} X \\ Y \\ Z \end{bmatrix} = \begin{bmatrix} \Delta X \\ \Delta Y \\ \Delta Z \end{bmatrix} + (1+k)\begin{bmatrix} X' \\ Y' \\ Z' \end{bmatrix} + \begin{bmatrix} 0 & \varepsilon_z & -\varepsilon_y \\ -\varepsilon_z & 0 & \varepsilon_x \\ \varepsilon_y & -\varepsilon_x & 0 \end{bmatrix}\begin{bmatrix} X' \\ Y' \\ Z' \end{bmatrix} \tag{2-15}$$

通常将 ΔX、ΔY、ΔZ、k、ε_x、ε_y 与 ε_z 称为坐标系间的转换参数，应用布尔莎模型进行坐标转换时，需要首先获得这 7 个参数。在无参数信息的情况下，可以通过 3 个或以上基准点在两套坐标系中的坐标值，采用平差等方法求解出转换参数。

目前 CGCS2000、WGS－84 与 GTRF 之间的差异非常小，在一般非高精度需求场合，可以不考虑坐标系之间的变换，但对高精度定位场合仍需要选择一套适合的坐标转换参数。但 PZ－90 与其他坐标系需要进行转换，具体转换参数会根据测量有所差异，表 2－3 给出一种 PZ－90 向 WGS－84 坐标的转换参数。

表 2－3　PZ－90 向 WGS－84 坐标的转换参数

参数	ΔX	ΔY	ΔZ	k	ε_x	ε_y	ε_z
取值	−0.47	−0.51	−1.56	2.2×10^{-8}	1.728×10^{-6}	1.7×10^{-8}	7.6×10^{-8}

2.1.4.3　地理坐标系与地球坐标系间的转换

地理坐标系常用于描述相对位置，如载体相对于起始点在东向、北向和天向的位置变化。它与地固地心直角坐标系均系直角坐标系，两者之间的转换也可通过坐标系旋转、平移、尺度变换实现，但由于地理坐标更能直观展示载体的位置变化，因此通常是对位移矢量进行地固地心坐标系向地理坐标系的变换，包括地理坐标系与地固地心直角坐标系、大地坐标系间的转换。

1. 地理坐标系与地固地心直角坐标系间的转换

地理坐标系与地固地心直角坐标系间的关系如图 2－8 所示，假设载体从 $\boldsymbol{P}_0$ 位置运行到 $\boldsymbol{P}_1$ 位置，以 $\boldsymbol{P}_0$ 为参考点，地理坐标系 E 轴方向沿当地卯酉圈切线方向，与 XOY 平面平行，将地固地心直角坐标系绕 Z 轴逆时针旋转 $B+90°$后，X 轴与 E 轴方向重合，B 为 $\boldsymbol{P}_0$ 处经度。旋转后，YOZ 平面与 EP_0U 平面必然平行，Z 轴与 U 轴夹角为 $90°-L$，L 为 $\boldsymbol{P}_0$ 处纬度，因此再绕 X 轴逆时针旋转 $90°-L$ 后，两坐标系的坐标轴方向一致。图 2－8 给出了假设两坐标系共原点时的两次旋转变换。

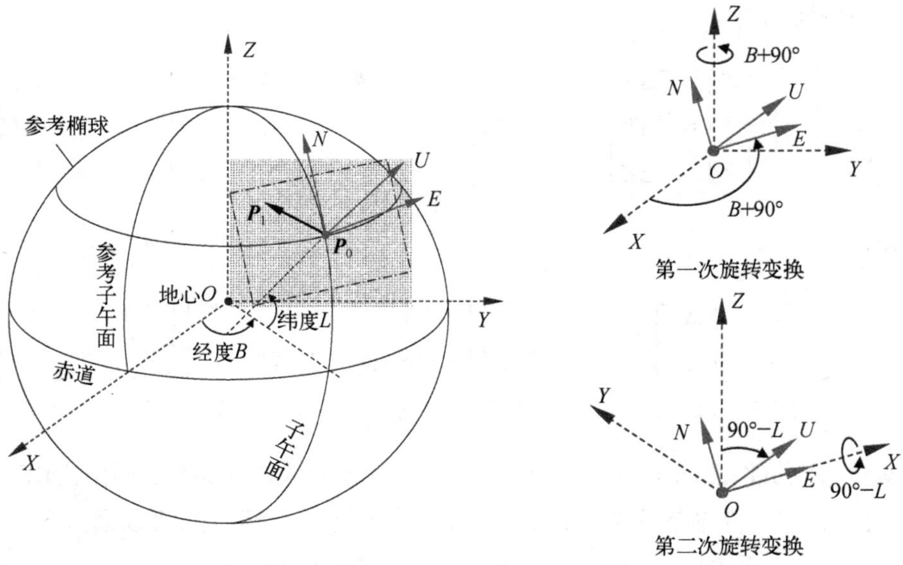

图 2-8　地固地心直角坐标与地理坐标转换示意图

第一次绕 Z 轴旋转 $B+90°$，旋转矩阵可写作：

$$\boldsymbol{R}_Z=\begin{bmatrix}\cos(B+90°) & \sin(B+90°) & 0\\ -\sin(B+90°) & \cos(B+90°) & 0\\ 0 & 0 & 1\end{bmatrix}=\begin{bmatrix}-\sin B & \cos B & 0\\ -\cos B & -\sin B & 0\\ 0 & 0 & 1\end{bmatrix} \tag{2-16}$$

第二次绕 X 轴旋转 $90°-L$，旋转矩阵可写作：

$$\boldsymbol{R}_X=\begin{bmatrix}1 & 0 & 0\\ 0 & \cos(90°-L) & \sin(90°-L)\\ 0 & -\sin(90°-L) & \cos(90°-L)\end{bmatrix}=\begin{bmatrix}1 & 0 & 0\\ 0 & \sin L & \cos L\\ 0 & -\cos L & \sin L\end{bmatrix} \tag{2-17}$$

总旋转矩阵写为

$$\boldsymbol{R}=\boldsymbol{R}_X\boldsymbol{R}_Z=\begin{bmatrix}-\sin B & \cos B & 0\\ -\sin L\cos B & -\sin L\sin B & \cos L\\ \cos L\cos B & \cos L\sin B & \sin L\end{bmatrix} \tag{2-18}$$

则 $\Delta\boldsymbol{P}=\boldsymbol{P}_1-\boldsymbol{P}_0$ 在地理坐标系与地固地心直角坐标系间变换关系可以表示为

$$\begin{bmatrix}\Delta E\\ \Delta N\\ \Delta U\end{bmatrix}=\boldsymbol{R}\begin{bmatrix}\Delta X\\ \Delta Y\\ \Delta Z\end{bmatrix}\quad 或者\quad \begin{bmatrix}\Delta X\\ \Delta Y\\ \Delta Z\end{bmatrix}=\boldsymbol{R}^{-1}\begin{bmatrix}\Delta E\\ \Delta N\\ \Delta U\end{bmatrix} \tag{2-19}$$

式中，ΔE、ΔN、ΔU 表示 $\Delta\boldsymbol{P}$ 东北天地理坐标系下的坐标；ΔX、ΔY、ΔZ 表示 $\Delta\boldsymbol{P}$ 在地固地心直角坐标系下的坐标。

2. 地理坐标系与大地坐标系间的转换

地理坐标系水平面上的两个坐标轴分别沿经线方向与纬线方向，因此，ΔE 与 ΔN 可以近似为 $\overline{\boldsymbol{P}_0\boldsymbol{P}_1}$ 矢量在卯酉圈与子午圈上的弧长，而 ΔU 近似为高度的变化，从而可以构建地理坐标系与大地坐标系之间的关系，即

$$\begin{cases}\Delta E = \dfrac{\pi}{180}\Delta L \cdot \dfrac{a\cos B}{\sqrt{1 - e^2\sin^2 B}} \\ \Delta N = \dfrac{\pi}{180}\Delta B \cdot \dfrac{a(1 - e^2)}{(1 - e^2\sin^2 B)^{3/2}} \\ \Delta U = \Delta H\end{cases} \tag{2-20}$$

式中，ΔL、ΔB 与 ΔH 是 $\boldsymbol{P}_1$ 与 $\boldsymbol{P}_0$ 的经度差、纬度差与高度差，经纬度单位为(°)；a 为地球参考椭球长半径；e 为地球参考椭球第一偏心率。考虑 e 非常小，也可近似为

$$\begin{cases}\Delta E = \dfrac{\pi}{180}\Delta L \cdot a\cos B \\ \Delta N = \dfrac{\pi}{180}\Delta B \cdot a \\ \Delta U = \Delta H\end{cases} \tag{2-21}$$

2.2 时间坐标系及其转换

GNSS 定位和导航过程中，时间系统的精确计量和同步具有极其重要的意义。时间的度量通常依据周期运动，这种周期运动应具备连续性、稳定性和复现性。根据所选的周期运动，卫星导航涉及的时间系统可以分为三类：以地球自转为基础建立的时间系统、以原子运动特性建立的时间系统，以及基于天体动力学理论建立的时间系统。

2.2.1 恒星时、太阳时、世界时

地球自转运动是一种连续的、比较稳定的周期运动，为此科学家建立了以地球自转运动为基础的世界时系统。根据选取参考点的不同，又有恒星时、太阳时和世界时。

1. 恒星时(sidereal time)

恒星时以地球绕某遥远恒星的自转，即地球真正的自转为基础。恒星时通过春分点(恒星所在方向)所在子午面与当地子午面的夹角来度量，定义春分点在当地上中天(子午圈)的瞬间为原点，春分点连续两次经过当地上中天的时间间隔为一个恒星日，一个恒

星日包含24个恒星时,每个恒星时划分为60个恒星分钟,以此类推。直接测量春分点与当地子午面角度,包含了地球自转不均匀的影响,是真恒星时,假设地球均匀转动的恒星时则称为平恒星时。

2. 太阳时(solar time)

太阳时是将参考恒星选为太阳的一种特殊恒星时,其原点定义为太阳通过当地上中天的瞬时,太阳连续两次经过当地上中天的时间间隔为一个太阳日,一个太阳日含有24个太阳时。与恒星时类似,太阳时也分真太阳时与平太阳时。以本地太阳周日视运动为基准的时间称为真太阳时,或视太阳时。但由于地球的公转轨道为椭圆,地球赤道面与公转轨道面不重合,太阳的视运动速度并不均匀,为此,天文学家假设了一个平太阳,该平太阳是在赤道上以太阳平均速度均匀运动的假想点。以该平太阳的周日视运动所确定的时间称为平太阳时。

与恒星时相比,由于观察者在地面见到的太阳运动是地球自转和绕太阳公转的共同结果,地球在一个太阳日中实际旋转361°,因此一个太阳日要比一个恒星日多将近4 min。图2-9为恒星时与太阳时示意图。

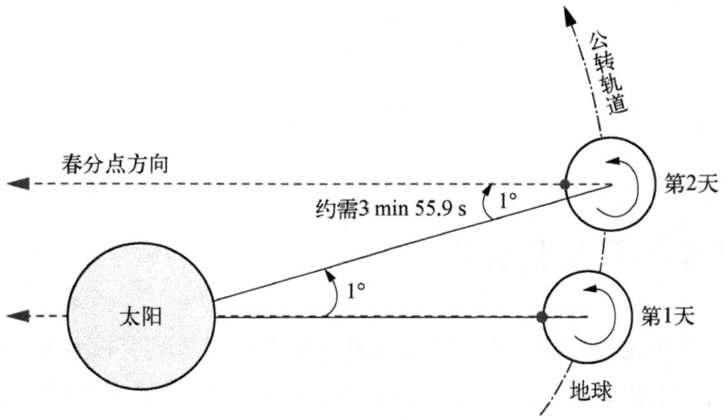

图2-9 恒星时与太阳时示意图

3. 世界时(universal time, UT)

平太阳时具有地方性,地球上不同经度地区的平太阳时各不相同。世界时则是地球上零度子午圈(格林尼治子午圈)所对应的平太阳时,且以平子夜为零时起算的时间系统。因此,世界时与平太阳时的尺度一致,只是零起算点相差12 h。而由于平太阳的假设并没有消除地球自转的不均匀,平太阳时与基于平太阳时的世界时也仍然不是严格均匀的时间系统。

2.2.2 国际原子时、协调世界时、GNSS系统时

现代物理学发现物质内部原子的跃迁所辐射或吸收的电磁波频率具有极高的稳定性

和复现性，根据这一物理现象所建立的原子时成为当代最理想的时间系统。原子时具有比世界时更高的精度，且随时可以直接获得。

1. 国际原子时(international atomic time, TAI)

1967 年国际计量大会定义了原子时的尺度标准——国际单位制(International System of Units, SI)秒：位于水平面的铯-133 原子在基态的两个超精细能级间跃迁辐射 9 192 631 770 个周期所持续的时间为一个原子时秒。原子时精度很高，1 000 万年误差为 1 秒。

原子时的出现在全球各国获得迅速应用，但不同的地方的原子时之间存在着差异。为此国际时间局将不同国家实验室根据国际单位制时间系统运行的原子钟进行相互比对，经数据处理推算出统一的原子时系统，称为国际原子时(TAI)。目前，全世界有近 70 个实验室的 400 多台原子钟加入了国际原子时的守时工作，也包括我国的中国科学院国家授时中心(National Time Service Center, NTSC)。

国际时间局在 20 世纪 60 年代初期建立原子时尺度时，将原子时起点定在 1958 年 1 月 1 日 0 时(UT)，即规定在这一瞬间原子时与世界时重合。后来发现在这一瞬间，原子时与世界时相差 0.003 9 s，这一差值就作为历史事实而保留下来。

2. 协调世界时(coordinate universal time, UTC)

国际原子时的秒长比世界时的秒长略短，这使得原子时比世界时每年约快 1 s(多出 1 s)，并且两者之差逐年积累。此外，国际原子时秒长更加均匀稳定，但与地球自转无关，而地球科学的种种研究所涉及的地球瞬时位置却都离不开以地球自转为基础的世界时。为了避免播发的国际原子时与世界时之间产生过大的偏差，同时又要使两种时间系统同时并存，有必要建立一种兼有两种时间系统各自优点的新时间，因此从 1972 年起采用协调世界时(UTC)，简称协调时。

协调世界时是国际原子时与世界时的折中方案，其秒长严格等于国际原子时的秒长，并采用闰秒(或称跳秒)的方式与世界时保持相近。当协调时与世界时偏差超过 0.9 s 时，便在协调时中引入一闰秒(或正或负)，闰秒一般在 12 月 31 日或 6 月 30 日的最后一秒加入，具体时间调整方法并无规律可言，由国际时间局安排通告。最近的一次闰秒调整在 2016 年 12 月 31 日 24 点(北京时间 2017 年 1 月 1 日 8 点)，目前 UTC 与 TAI 相差 37 s。由于地球自转变慢，2022 年 11 月 18 日，各国政府代表在度量衡大会上投票决定从 2035 年起暂停在官方时钟上增加“闰秒”。

协调世界时使国际原子时与地球自转的日常生活建立了互相转换的关系。目前几乎所有的国家发布的时间均以 UTC 为标准，如我国国家授时中心维持和发布的 UTC 时间、美国海军天文台发布的 UTC 时间等。

3. 四大全球卫星导航系统的时间系

对于北斗、GPS、GLONASS 和伽利略系统而言，各系统以自己的地面站原子钟和星载原子钟定义了一套独立的原子时系统，表 2-4 列出了它们的一些区别。

表 2-4 全球卫星导航系统时间系

GNSS	BDS	GPS	GALILEO	GLONASS
系统时间	北斗时(BDS time, BDT)	GPS 时间(GPS time, GPST)	GALILEO 时间(GALILEO system time, GST)	GLONASS 时间(GLONASS time, GLOANASST)
初始历元	2006 年 1 月 1 日 00: 00: 00 UTC	1980 年 1 月 6 日 00: 00: 00 UTC	1999 年 8 月 22 日 00: 00: 00 UT	与俄罗斯国家标准时间 UTC 同步
相对 TAI 的闰秒情况	不闰秒	不闰秒	不闰秒	闰秒

1）北斗系统时间

北斗系统的时间基准为北斗时(BDT)，属于原子时系统，采用国际单位制(SI)秒为基本单位连续累计，不采用闰秒制度，起始历元为 2006 年 1 月 1 日(UTC)00 时 00 分 00 秒，采用周和周内秒计数。BDT 与世界原子时始终相差 33 s，即

$$BDT = TAI - 33(s) \tag{2-22}$$

由于 UTC 时间与 TAI 时间存在闰秒，这使得 BDT 与 UTC 之间也存在整数秒差异，并且该差异随 UTC 闰秒而变化，闰秒信息会随导航电文中播报，秒内偏差则保持在 100 ns 以内，即

$$BDT = UTC + \Delta t_{LS} - 33(s) \tag{2-23}$$

其中，Δt_{LS} 表示闰秒。

2）GPS 时间(GPST)

与 BDT 类似，GPST 属于原子时系统，它的秒长即为原子时秒长，为连续的时间尺度，不采用闰秒制度。GPST 的原点与 TAI 相差 19 s，并始终相差 19 s，即

$$GPST = TAI - 19(s) \tag{2-24}$$

GPST 与 UTC 之间也存在整数秒差异，即

$$GPST = UTC + \Delta t_{LS} - 19(s) \tag{2-25}$$

式中，闰秒 Δt_{LS} 在 1980 年 1 月 6 日零时时刻为 19 s，此时 GPST 和 UTC 时刻一致。其后随着时间的积累两者之间的差别将表现为秒的整数倍，至 2016 年 12 月 31 日后，两时间系统之差已达 18 s。

3）GLONASS 时间

俄罗斯的 GLONASS 时间采用 UTC 作为时间参考，与 UTC 存在 3 小时时区差，并与 UTC 同时闰秒。GLONASS 时间与 TAI 和 UTC 的关系是

$$\text{GLONASST} = \text{TAI} + 3 \times 3\,600 - \Delta t_{LS}(\text{s}) \tag{2-26}$$

$$\text{GLONASST} = \text{UTC} + 3 \times 3\,600(\text{s}) \tag{2-27}$$

其中，Δt_{LS} 表示闰秒。

4）GALILEO 时间（GST）

GST 也是基于一个连续的原子时，不采用闰秒机制，与 TAI 之间存在一个恒定的整数差，但与 UTC 之间整秒差随 UTC 闰秒而变化，与 BDT 与 GPST 类似。GST 的原点定义在 UT 时间的 1999 年 8 月 22 日零点整，该时间较 UTC 超前 13 s，恰此时 GPST 也较 UTC 超前 13 s，因而 GST 与 GPST 之间不存在整数秒差异，可以近似认为

$$\text{GST} = \text{GPST} = \text{TAI} - 19(\text{s}) \tag{2-28}$$

$$\text{GST} = \text{UTC} + \Delta t_{LS} - 19(\text{s}) \tag{2-29}$$

2.2.3　地球时

在天体力学中，描述人造地球卫星相对于地球的运动规律离不开建立地球卫星动力学和运动学方程。在人造地球卫星动力学和运动学方程中所要求的一种严格均匀的时间尺度和独立变量称为地球动力学时（terrestrial dynamic time，TDT），现改称地球时（terrestrial time，TT）。TT 是地心历书的独立时间变量，是相对于地球质心的力学方程所采用的时间参数。

TT 的时间尺度是国际制秒（1 s），与原子时的尺度完全一致，不引入闰秒。国际天文协会规定：1977 年 1 月 1 日国际原子时（TAI）的零时刻与地球时（TT）的严格关系，定义如下：

$$\text{TT} = \text{TAI} + 32.184(\text{s}) \tag{2-30}$$

2.2.4　时间系统间的变换

根据各时间系统原点选取与闰秒机制，通过国际原子时（TAI）与协调世界时（UTC）建立相互转换关系，如图 2－10 所示。

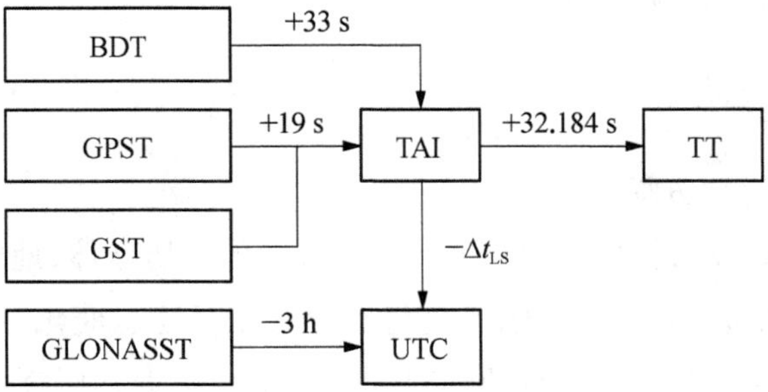

图 2－10　时间系统相互转换关系示意图

GPST、BDT、GLONASST 均溯源自己国家维持的 UTC 时间，而各地 UTC 时间存在微小的秒内差异，并且该差异也会逐年变化，因此图 2－10 所示关系仅考虑了时间系统的整数秒差异，微小的秒内差异仍需进一步处理。图 2－11 示意了几种主要时间系统的差别。

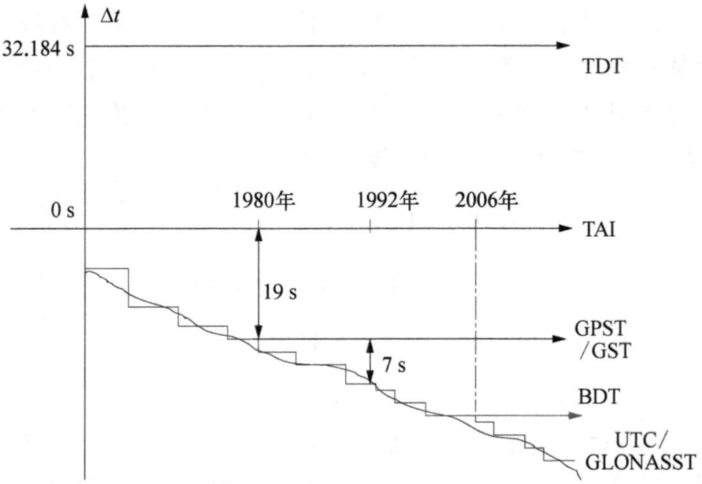

图 2－11　各时间系统之间的关系示意图

2.3　GNSS 卫星运动

研究 GNSS 卫星绕地球的运动规律时，先研究卫星仅受地球质心引力影响的运动，再分析其他力对卫星运动的影响。前者是典型的二体问题，卫星在地球质心引力作用下的运动称为无摄运动，卫星动力学方程的解析解可近似地表述卫星轨道，此时的卫星轨道称为无摄轨道，轨道参数是不随时间变化的常数。其次，在无摄运动基础上加入其他摄动力的影响，此时的卫星运动称为受摄运动，运行轨道称为受摄轨道，较无摄轨道更接近卫星的实际运行轨迹，但轨道参数不再是常数。卫星摄动运动的分析可以进一步修正无摄轨道参数，获得更准确的卫星轨道参数。

2.3.1　卫星无摄运动

2.3.1.1　卫星无摄运动方程

分析卫星绕地球运动，将地球视为质量均匀分布的匀质球体，地球的引力便可视为地球质心的引力，称为中心引力，不考虑卫星与地球的相对姿态变化，进一步将卫星与地球等效为质点，卫星所受全部外力来自地球对卫星的中心引力。研究卫星仅在地球中心引力作用下的相对运动问题就是二体问题。

根据万有引力公式,卫星受地球中心引力 $\boldsymbol{F}_0$ 表示为

$$\boldsymbol{F}_0 = \frac{GMm}{r^2}\frac{\boldsymbol{r}}{r} \tag{2-31}$$

式中,G 表示地球引力常数;M 表示地球质量,记 $\mu = GM$ 是地球引力场强度参数; m 表示卫星质量; $\boldsymbol{r}$ 表示卫星与地球质心连线位置矢量; $r = |\boldsymbol{r}|$ 为矢量 $\boldsymbol{r}$ 的模,表示卫星到地心的距离。根据牛顿第二定理可得

$$\frac{\mathrm{d}^2\boldsymbol{r}}{\mathrm{d}t^2} = \boldsymbol{a}_0 = -\frac{GM}{r^2}\cdot\frac{\boldsymbol{r}}{r} = -\frac{\mu}{r^2}\cdot\frac{\boldsymbol{r}}{r} \tag{2-32}$$

式中,$\boldsymbol{a}_0$ 表示卫星因受中心引力引起的加速度,也是无摄运动下卫星的和加速度。取以地球为原点的天球坐标系,将式(2-32)写成坐标分量形式有

$$\begin{cases} \dfrac{\mathrm{d}^2X}{\mathrm{d}t^2} = a_{0,x} = -\dfrac{\mu X}{r^3} \\ \dfrac{\mathrm{d}^2Y}{\mathrm{d}t^2} = a_{0,y} = -\dfrac{\mu Y}{r^3} \\ \dfrac{\mathrm{d}^2Z}{\mathrm{d}t^2} = a_{0,z} = -\dfrac{\mu Z}{r^3} \end{cases} \tag{2-33}$$

式中,$\boldsymbol{a}_0 = [a_{0,x}, a_{0,y}, a_{0,z}]^{\mathrm{T}}$; $\boldsymbol{r} = [X, Y, Z]^{\mathrm{T}}$。

2.3.1.2　无摄运动下卫星轨道

卫星在空间运行的轨迹称为卫星轨道,卫星无摄运动下的轨迹即无摄轨道,符合开普勒三定律。

1. 开普勒三定律

开普勒三定律由德国天文学家约翰尼斯·开普勒(1571~1630 年)通过对前人观测行星运动的资料进行详细分析和推算,发现的行星运动规律。各行星绕太阳运动、月球绕地球运动、卫星绕地球运动等情况都遵循开普勒定律。

开普勒第一定律(椭圆定律):卫星运行的轨道是以地球中心为一焦点的椭圆。

开普勒第二定律(面积定律):卫星运行时,其向径在单位时间内扫过的面积相等。如图 2-12 所示,向径在相等的时间内扫过的面积(扇形 OAD 和 OCB)相等。

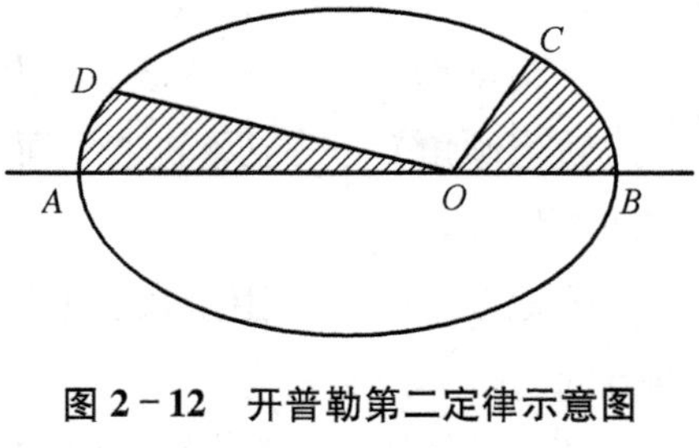

图 2-12　开普勒第二定律示意图

开普勒第三定律(调和定律):卫星绕地球运行周期 T_s 的平方与卫星轨道长半径 a_s 的立方成正比,即

$$T_s^2 = \frac{4\pi^2}{\kappa}a_s^3 \tag{2-34}$$

式中，κ 为开普勒常数。

由此可知，卫星周期仅取决于长半径，而与短半径无关。所以无论卫星轨道形状如何，若椭圆轨道的长半径相等，则它们的运行周期相等，如图 2－13 所示三种形状的轨道长半径都等于 a_s，因此它们的周期 T_s 都相等。

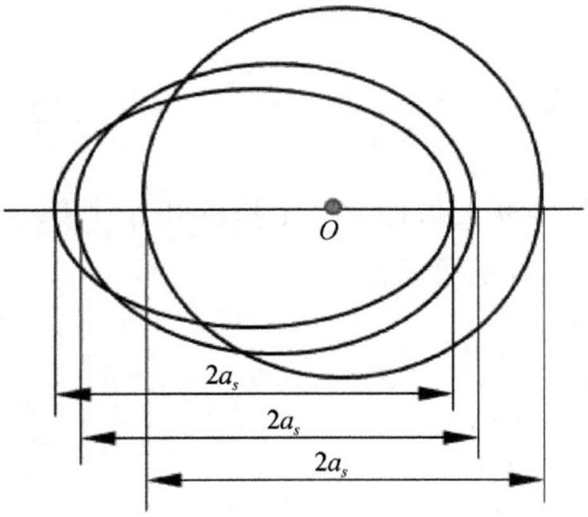

图 2－13　开普勒第三定律示意图

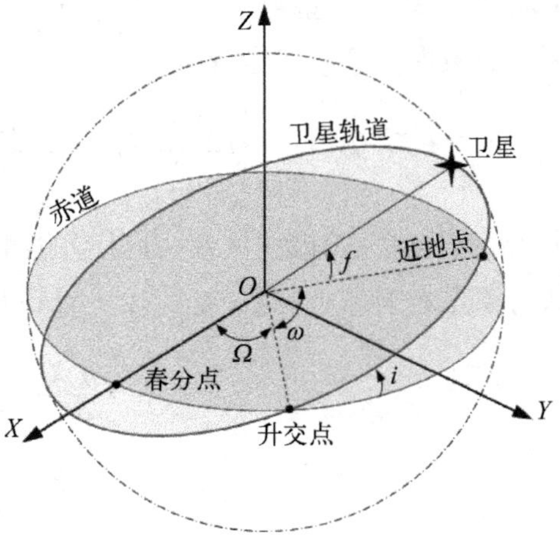

图 2－14　卫星基本轨道参数

2. 卫星轨道参数

卫星轨道参数与卫星椭圆轨道上四个重要的点相关。如图 2－14 所示，这四个点分别如下。

（1）升交点：当卫星从南半球进入北半球时，轨道和赤道平面的交点。

（2）近地点：卫星轨道离地球最近的一个点。

（3）参考位置：卫星在参考时刻 t_0 的位置（给出的 M_0、i_0、Ω_0 都是 t_0 时的值）。

（4）卫星位置：离开近地点的角度为真近点角 f，距离升交点的角距为升交角距 $u = f + \omega$。

描述卫星轨道状态和空间位置的参数称为轨道参数，共有 6 个基本参数，如图 2－14 所示，分别如下。

（1）3 个轨道方位参数：升交点赤经 Ω、轨道倾角 i 与近地点角 ω。

升交点赤经 Ω——赤道平面上升交点与春分点间的地心夹角。

轨道倾角 i——卫星轨道平面与赤道平面的夹角，与 Ω 共同定义了静止轨道平面在空间的位置。

近地点角 ω——卫星轨道上近地点与升交点的地心夹角，确定了椭圆在卫星轨道上的方向。

（2）1 个卫星在轨位置参数：真近点角 f。

真近点角 f——轨道平面上卫星与近地点间的地心夹角，定义了卫星在轨道位置。

（3）2 个轨道形状参数：长半轴 a_s 与轨道偏心率 e_s，定义了椭圆轨道的大小和形状。

2.3.2　卫星受摄运动

卫星在运动过程中受到各种扰动力的影响会使卫星的实际运行轨道偏离无摄轨道，卫星轨道参数成为时间的函数，此时卫星的运动称为受摄运动，对应的卫星轨道称为受摄轨道。摄动力与中心力相比虽然很小，但使得卫星轨道复杂且难以用简单而精确的数学模型进行描述，在现代精密定位中其影响不可忽略。

2.3.2.1　卫星受摄运动方程

围绕地球运行的卫星受到的摄动力极其复杂，包括地球重力场摄动力、太阳和月亮等天体引力摄动力、太阳光压摄动力、地球潮汐摄动力、大气阻力摄动力等多种因素。卫星所受作用力是地球中心引力与各种摄动力的总和，如图 2－15 所示。

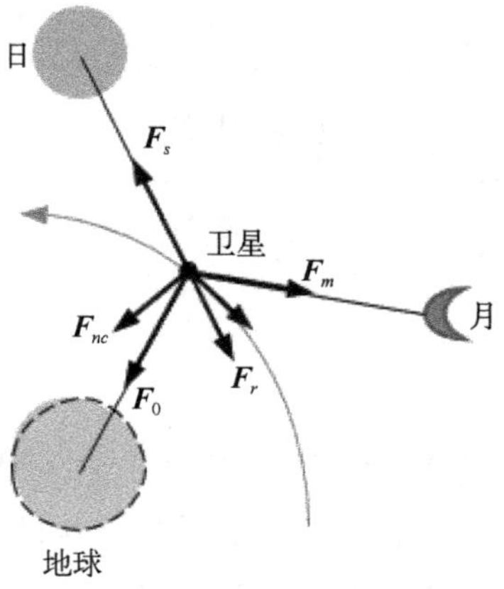

图 2－15　卫星运动受中心力与摄动力示意图

将总的摄动力，即非中心力表示为 $\Delta\boldsymbol{F}$，卫星在地球中心引力和摄动力影响下受的总合力 $\boldsymbol{F}$ 可写为

$$\boldsymbol{F}=\boldsymbol{F}_0+\boldsymbol{F}_{nc}+\boldsymbol{F}_r+\boldsymbol{F}_m+\boldsymbol{F}_s=\boldsymbol{F}_0+\Delta\boldsymbol{F} \tag{2-35}$$

式中，$\boldsymbol{F}_{nc}$ 为地球引力场摄动力；$\boldsymbol{F}_r$ 为太阳光压力；$\boldsymbol{F}_m$ 为月亮引力；$\boldsymbol{F}_s$ 为太阳引力。由于 GNSS 卫星轨道较高，空气阻力与地球潮汐力影响微弱，故将两者省略。

根据牛顿第二定律，可得卫星受摄运动方程为

$$\frac{\mathrm{d}^2\boldsymbol{r}}{\mathrm{d}t^2}=\frac{\boldsymbol{F}_0}{m}+\frac{\Delta\boldsymbol{F}}{m}=\boldsymbol{a}_0+\Delta\boldsymbol{a}=\boldsymbol{a}^p \tag{2-36}$$

式中，$\boldsymbol{a}^p$ 为在中心引力与摄动力影响下的摄动加速度；$\boldsymbol{a}_0$ 为仅由中心引力引起的无摄加速度；$\Delta\boldsymbol{a}$ 为各种摄动力引起的全摄加速度。

类似地，设卫星的摄动力是位函数 Q，坐标分量形式为

$$\begin{cases}\dfrac{\mathrm{d}^2X}{\mathrm{d}t^2}=a_{0,x}+\Delta a_x=-\dfrac{\mu X}{r^3}+\dfrac{\partial Q}{\mathrm{d}X}\\[2ex]\dfrac{\mathrm{d}^2Y}{\mathrm{d}t^2}=a_{0,x}+\Delta a_y=-\dfrac{\mu Y}{r^3}+\dfrac{\partial Q}{\mathrm{d}Y}\\[2ex]\dfrac{\mathrm{d}^2Z}{\mathrm{d}t^2}=a_{0,x}+\Delta a_z=-\dfrac{\mu Z}{r^3}+\dfrac{\partial Q}{\mathrm{d}Z}\end{cases} \tag{2-37}$$

2.3.2.2　受摄力对卫星轨道的影响

事实上，各种因素共同影响下的摄动力位函数相当复杂，上式的求解也非常困难，本

书仅对摄动力对卫星轨道的影响效果进行说明。

1. 地球引力场摄动力

地球几何形状并非正球体以及其质量非均匀分布而引起的非中心引力对导航卫星的影响较大，会引起卫星轨道有如下变化：

（1）轨道形状 a_s、e_s 和倾角 i 在较长时间内均无变化，但不排除其在平衡位置附近微量摆动，即

$$\frac{\mathrm{d}a_s}{\mathrm{d}t}=0,\ \frac{\mathrm{d}e_s}{\mathrm{d}t}=0,\ \frac{\mathrm{d}i}{\mathrm{d}t}=0 \tag{2-38}$$

（2）引起升交点赤经 Ω 产生周期性变化，轨道平面在空间旋转，即轨道进动：

$$\begin{cases}\dfrac{\mathrm{d}\Omega}{\mathrm{d}t}=-3K\cos i\\ K=\dfrac{nJ_2}{2}\left[\dfrac{a}{a_s(a_s-e_s^2)}\right]^2\end{cases} \tag{2-39}$$

式中，J_2 为地球动场二阶带谐系数；a 为地球椭球长半径。

轨道面的旋转速度由轨道长半径和轨道倾角决定，升交点变化率为负时表示轨道平面不断西退，即为轨道的进动。如 GPS 卫星工作在 20 000 km 高空倾角为 55°时其升交点进动速度约为 0.03(°)/天。

（3）引起近地点在轨道面内不断旋转，即

$$\frac{\mathrm{d}\omega}{\mathrm{d}t}=-\frac{3}{2}K(1-5\cos^2 i) \tag{2-40}$$

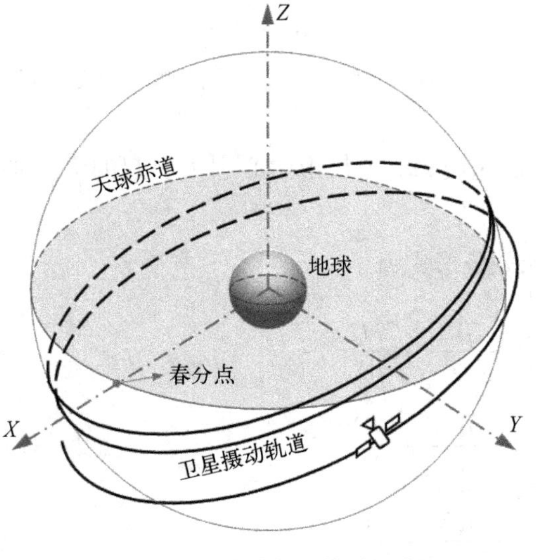

图 2-16　卫星的摄动轨道示意图

近地点由于 ω 的长周期变化在轨道面内不断旋转。令因子 $1-5\cos^2 i$ 为零时，可知 $i=63.4°$，说明 $i=63.4°$ 时近地点在轨道面内不存在长期旋转。

（4）引起卫星轨道平近点角 M 变化，其变化率为

$$\frac{\mathrm{d}M}{\mathrm{d}t}=-\frac{3}{2}K\sqrt{1-e_s^2}\left(1-\frac{3}{2}\sin^2 i\right) \tag{2-41}$$

由于升交点、近地点的变化使得卫星的实际运行轨道并不是一个椭圆，而是空间中的螺旋线，如图 2-16 所示。

2. 日、月引力影响

太阳、月亮引力加速度对卫星轨道产生长周期性的摄动，加速度的大小约为 5 ×

$10^{-6}\ m/s^2$。当卫星在轨道上运行时，此摄动加速度在 3 h 轨道弧段上将产生 50～150 m 的位置误差。太阳系中其他行星由于距离太远对导航卫星的影响更小。

3. 太阳辐射光压影响

太阳直射光的辐射压力和地球反射阳光的辐射压力都影响导航卫星的轨道，且反射光压力约是直射光压力的 1.5%。太阳光压力作用可使卫星产生约为 $10^{-7}\ m/s^2$ 的摄动加速度，相当于 3 h 轨道弧段产生 5～10 m 偏差。

2.4　卫星位置与速度计算

2.4.1　卫星瞬时位置的求解

为了确定卫星的瞬时位置，需要分别求解卫星在平面轨道中、卫星在天球坐标系中以及卫星在地球坐标系中的位置。

2.4.1.1　卫星在轨道坐标系中位置的求解

根据开普勒第一定律，卫星运行轨道是平面内的一个椭圆，地球质心与椭球的一个焦点重合。参考椭圆曲线方程，则有

$$r = \frac{a_s(1 - e_s^2)}{1 + e_s \cos f} \tag{2-42}$$

式中，a_s 为卫星轨道椭圆长半径；e_s 为轨道偏心率；f 为卫星的真近点角，与近地点角 ω 的关系为 $f = u - \omega$。

真近点角 f 反映了卫星的在轨位置，只要获得真近点角，卫星轨道参数作为已知量，通过一系列坐标转换，就可以获得卫星在需要的坐标系下的位置。但根据开普勒第二定律可知，向径的长度是变化的，卫星在椭圆轨道上运行的速度也必然是变化的，真近点角是关于时间的复杂函数，因此引入平近点角 M 和偏近点角 E 辅助求解真近点角 f。

1. 计算平近点角 M

平近点角 M 是从参考时刻 t_0（取卫星过近地点时刻）到当前时刻 t，卫星以平均角速度 n 在轨道平面转过的角度。平近点角并不是卫星实际转过的角度，而是根据平均角速度计算的角度。若设卫星运行周期为 T，结合开普勒第三定律计算，卫星平均角速度 n 为

$$n = \frac{2\pi}{T} = \sqrt{\frac{\mu}{a_s^3}} \tag{2-43}$$

根据平近点角定义，平近点角可表示为

$$M = nt = M_0 + n(t - t_0) \tag{2-44}$$

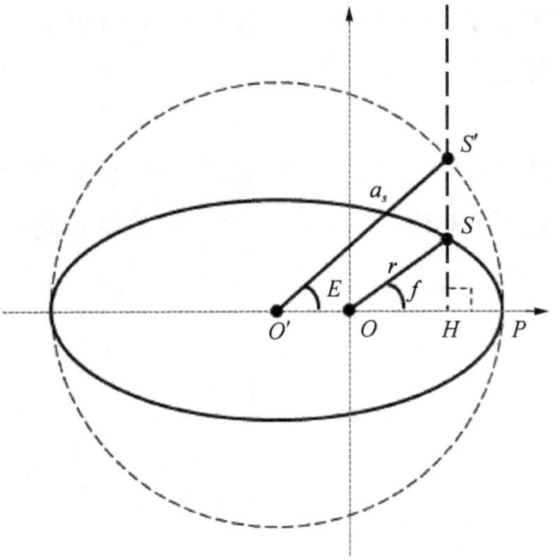

图 2－17　偏近点角 E 与真近点角 f 示意图

式中，M_0 表示过近地点时刻的平近点角。

2. 计算偏近点角 E

偏近点角 E 的定义如图 2－17 所示。

开普勒方程给出了偏近点角 E 与平近点角 M 关系，如下：

$$M = E - e_s \sin E \tag{2-45}$$

上式反映出 M 随时间以平均角速度变化。根据上式可以迭代解算出偏近点角 E，即

$$E_k = M + e_s \sin E_{k-1} \tag{2-46}$$

3. 计算真近点角 f

根据图 2－17 有

$$\overline{O'H} = \overline{O'O} + \overline{OH} \tag{2-47}$$

即

$$a_s \cos E = a_s e_s + r\cos f \tag{2-48}$$

比较式(2－42)可得

$$\begin{cases} r = a_s(1 - e_s \cos E) \\ \cos f = \dfrac{a_s}{r}(\cos E - e_s) = \dfrac{\cos E - e_s}{1 - e_s \cos E} \\ \sin f = \dfrac{\sqrt{1 - e_s^2}\sin E}{1 - e_s \sin E} \end{cases} \tag{2-49}$$

虽然对上式求解即可获得真近点角的取值，但考虑到解算卫星的直角坐标时，会直接使用 $\cos f$ 与 $\sin f$ 的值，因此不必求出具体的 f。

4. 计算轨道直角坐标系下卫星的位置

以轨道平面为基础可以建立两种直角坐标系，一种是轨道直角坐标系(S)，它以地球质心 O 为原点，X_s 轴指向轨道椭圆的近地点 P，Y_s 轴平行于椭圆短半轴，与轨道平面法向的 Z_s 轴构成右手系统。

在 $OX_sY_sZ_s$ 坐标系下，卫星于观测历元 t 时的坐标为

$$\begin{bmatrix} x_s \\ y_s \\ z_s \end{bmatrix} = \begin{bmatrix} r\cos f \\ r\sin f \\ 0 \end{bmatrix} = \begin{bmatrix} a_s(\cos E - e_s) \\ a_s\sqrt{1 - e_s^2}\sin E \\ 0 \end{bmatrix} \tag{2-50}$$

在实际应用中,常取另一种轨道平面直角坐标系 $OX_0Y_0Z_0$, 与 $OX_sY_sZ_s$ 相比, X_0 轴指向升交点 N, Y_0 轴在轨道平面里,与轨道平面法向的 Z_0 轴构成右手系统,如图 2-18 所示。

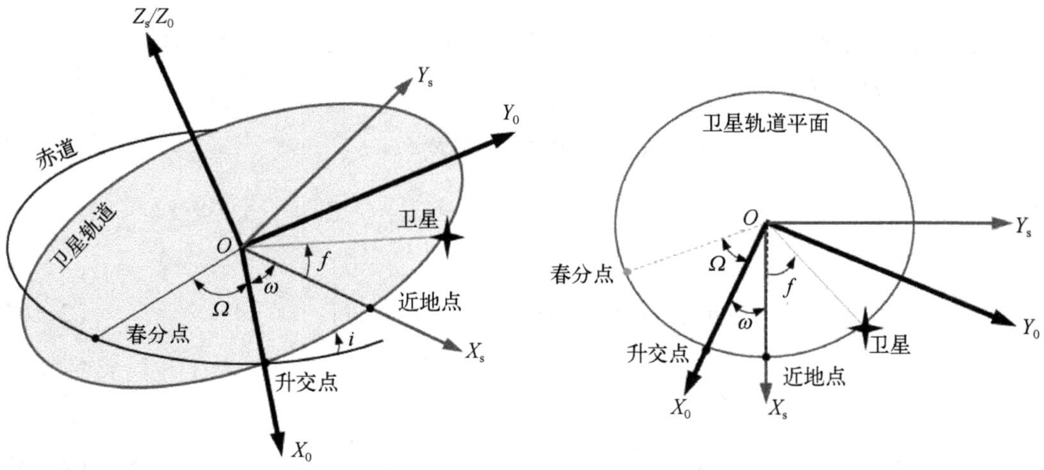

(a) $OX_0Y_0Z_0$与$OX_sY_sZ_s$空间关系　　(b) 轨道平面内OX_0Y_0与OX_sY_s关系

图 2-18　两种轨道平面直角坐标系

在此坐标系中,由于任意观测历元瞬时卫星升交角距为 $u=f+\omega$, 故卫星的瞬时位置为

$$\begin{bmatrix} x_0 \\ y_0 \\ z_0 \end{bmatrix} = \begin{bmatrix} r\cos u \\ r\sin u \\ 0 \end{bmatrix} = a_s(1-e_s\cos E)\begin{bmatrix} \cos u \\ \sin u \\ 0 \end{bmatrix} \tag{2-51}$$

$OX_0Y_0Z_0$ 与 $OX_sY_sZ_s$ 共 Z 轴,可以将 $OX_0Y_0Z_0$ 看作 $OX_sY_sZ_s$ 绕 Z 轴旋转 $-\omega$ 获得,因此有

$$\begin{bmatrix} x_0 \\ y_0 \\ z_0 \end{bmatrix} = \begin{bmatrix} \cos\omega & -\sin\omega & 0 \\ \sin\omega & \cos\omega & 0 \\ 0 & 0 & 1 \end{bmatrix}\begin{bmatrix} x_s \\ y_s \\ z_s \end{bmatrix} \tag{2-52}$$

轨道直角坐标系下,卫星位置的表达只是一个过渡性表达,需要进一步转换到天球坐标系中,最终转换到地球坐标系。

2.4.1.2　天球坐标系下卫星的位置

天球坐标系即前面所说的地心惯性坐标系 $OXYZ$。坐标原点仍为地球质心 O, X 轴指向春分点,Y 轴在天球赤道平面里与 X 轴正交,Z 轴与地轴重合,X、Y、Z 三轴构成右手系统。

轨道直角坐标系 $OX_sY_sZ_s$ 与天球系 $OXYZ$ 的关系由 3 个轨道参数近地点角 ω、轨道倾角 i 和升交点赤经 Ω 确定。旋转三次可以使得 $OX_sY_sZ_s$ 与 $OXYZ$ 重合。

第一次旋转：轨道直角坐标系 $OX_sY_sZ_s$ 绕 Z_s 轴转动 $-\omega$ 角，使得 X_s 轴指向升交点，转动后的轨道直角坐标系就是 $OX_0Y_0Z_0$。

第二次旋转：绕 X_0 轴转过 $-i$ 角，使轨道平面和天球赤道平面重合。

第三次转动：绕 Z_0 轴转过 $-\Omega$ 角，轨道直角坐标系与天球坐标系重合。

这三次转动可表达为

$$\boldsymbol{R}=\boldsymbol{R}_Z(-\Omega)\boldsymbol{R}_X(-i)\boldsymbol{R}_Z(-\omega) \tag{2-53}$$

式中，

$$\boldsymbol{R}_Z(-\omega)=\begin{bmatrix}\cos\omega & -\sin\omega & 0\\ \sin\omega & \cos\omega & 0\\ 0 & 0 & 1\end{bmatrix} \tag{2-54}$$

$$\boldsymbol{R}_X(-i)=\begin{bmatrix}1 & 0 & 0\\ 0 & \cos i & -\sin i\\ 0 & \sin i & \cos i\end{bmatrix} \tag{2-55}$$

$$\boldsymbol{R}_Z(-\Omega)=\begin{bmatrix}\cos\Omega & -\sin\Omega & 0\\ \sin\Omega & \cos\Omega & 0\\ 0 & 0 & 1\end{bmatrix} \tag{2-56}$$

令 $\boldsymbol{C}_s^I=\boldsymbol{R}$ 表示从卫星轨道直角坐标系到协议天球坐标系的转换矩阵，用 x_I、y_I、z_I 表示卫星在协议天球坐标系中的坐标，则有

$$\begin{bmatrix}x_I\\ y_I\\ z_I\end{bmatrix}=\boldsymbol{R}\begin{bmatrix}x_s\\ y_s\\ z_s\end{bmatrix}=\boldsymbol{C}_s^I\begin{bmatrix}a_s(\cos E-e_s)\\ a_s\sqrt{1-e_s^2}\sin E\\ 0\end{bmatrix} \tag{2-57}$$

2.4.1.3 地球坐标系下卫星的位置

由于卫星定位是相对于地球坐标系的，因此还需要知道卫星的位置是如何在地球坐标系中确定的。

忽略章动和岁差的影响，瞬时地球直角坐标系与天球坐标系之间的差别只在于 X 轴的指向不同，天球坐标系 X 轴指向春分点，而地球坐标系 X 轴指向零度经线，它们之间的夹角为春分点的格林尼治视恒星时(Greenwich apparent sidereal time, GAST)。因此，将天球坐标系绕 Z 轴旋转 GAST 角度 β_G，就可以与瞬时地球坐标系重合，旋转矩阵 $\boldsymbol{R}_Z(\beta_G)$ 的具体形式为

$$\boldsymbol{R}_Z(\beta_G)=\begin{bmatrix}\cos\beta_G & -\sin\beta_G & 0\\ \sin\beta_G & \cos\beta_G & 0\\ 0 & 0 & 1\end{bmatrix} \tag{2-58}$$

用 x_{E}、y_{E}、z_{E} 表示卫星在瞬时地球坐标系下的位置，则卫星位置的表达式可写为

$$\begin{bmatrix} x_{\mathrm{E}} \\ y_{\mathrm{E}} \\ z_{\mathrm{E}} \end{bmatrix} = \boldsymbol{R}_Z(\beta_{\mathrm{G}}) \begin{bmatrix} x_{\mathrm{I}} \\ y_{\mathrm{I}} \\ z_{\mathrm{I}} \end{bmatrix} = \boldsymbol{R}_Z(\beta_{\mathrm{G}}) \boldsymbol{C}_{\mathrm{s}}^{\mathrm{I}} \begin{bmatrix} a_s(\cos E - e_s) \\ a_s\sqrt{1 - e_s^2}\sin E \\ 0 \end{bmatrix} \tag{2-59}$$

若进一步考虑地极移动状态的影响，将瞬时地球坐标系下卫星的位置表达变换到协议地球坐标系（conventional terrestrial system, CTS）中去，记旋转矩阵为 $\boldsymbol{C}_{\mathrm{E}}^{\mathrm{CTS}}$，则有

$$\begin{bmatrix} x_{\mathrm{CTS}} \\ y_{\mathrm{CTS}} \\ z_{\mathrm{CTS}} \end{bmatrix} = \boldsymbol{C}_{\mathrm{E}}^{\mathrm{CTS}} \begin{bmatrix} x_{\mathrm{E}} \\ y_{\mathrm{E}} \\ z_{\mathrm{E}} \end{bmatrix} = \boldsymbol{C}_{\mathrm{E}}^{\mathrm{CTS}} \boldsymbol{R}_Z(\beta_{\mathrm{G}}) \begin{bmatrix} x_{\mathrm{I}} \\ y_{\mathrm{I}} \\ z_{\mathrm{I}} \end{bmatrix} \tag{2-60}$$

若已知卫星在协议地球坐标系（CTS）中的三维坐标，再利用地面上 GPS 接收机观测站到卫星的观测距离，则可以解算出观测站在协议地球坐标系中的三维坐标。

2.4.2　卫星的运行速度

为了描述卫星的运行状态，除了要知道每观测历元卫星的位置，往往还需要了解其相应的运动速度。

若已知某坐标系下的卫星瞬时位置，由于轨道参数为常量，则只需对坐标表达式中与时间有关的变量 E、β_{G} 求导即可求出卫星在该坐标下的速度表达式。考虑到：

$$n = \frac{\partial M}{\partial t} = \frac{\partial E}{\partial t} - e_s\cos E \cdot \frac{\partial E}{\partial t} \Rightarrow \frac{\partial E}{\partial t} = \frac{n}{1 - e_s\cos E} \tag{2-61}$$

$$\frac{\partial \beta_{\mathrm{G}}}{\partial t} = \omega_{ie}$$

式中，ω_{ie} 为地球自转角速率。在不同坐标系中卫星运行速度有不同表达式。

1. 轨道直角坐标系中的卫星运行速度

对卫星位置方程式（2－50）求导，得到在 $OX_{\mathrm{s}}Y_{\mathrm{s}}Z_{\mathrm{s}}$ 轨道直角坐标系下的三维速度：

$$\begin{bmatrix} \dfrac{\mathrm{d}x_{\mathrm{s}}}{\mathrm{d}t} \\ \dfrac{\mathrm{d}y_{\mathrm{s}}}{\mathrm{d}t} \\ \dfrac{\mathrm{d}z_{\mathrm{s}}}{\mathrm{d}t} \end{bmatrix} = \boldsymbol{v}_{\mathrm{s}} = \frac{na_s^2}{r} \begin{bmatrix} -\sin E \\ \sqrt{1 - e_s^2}\cos E \\ 0 \end{bmatrix} \tag{2-62}$$

卫星在 $OX_0Y_0Z_0$ 轨道直角坐标系下的速度可以通过 $OX_{\mathrm{s}}Y_{\mathrm{s}}Z_{\mathrm{s}}$ 到 $OX_0Y_0Z_0$ 的旋转关系获得，即

$$\boldsymbol{v}_0=\begin{bmatrix}\cos\omega & -\sin\omega & 0\\ \sin\omega & \cos\omega & 0\\ 0 & 0 & 1\end{bmatrix}\boldsymbol{v}_s \tag{2-63}$$

2. 天球坐标系中卫星速度

与天球坐标系下卫星位置类似，将卫星轨道直角坐标系 $OX_sY_sZ_s$ 下速度通过旋转矩阵 $\boldsymbol{C}_s^I$ 可以变换到天球坐标系下，即

$$\boldsymbol{v}_I=\boldsymbol{C}_s^I\boldsymbol{v}_s=\frac{na_s^2}{r}\boldsymbol{C}_s^I\begin{bmatrix}-\sin E\\ \sqrt{1-e_s^2}\cos E\\ 0\end{bmatrix} \tag{2-64}$$

3. 地球坐标系下的卫星运行速度

地球坐标系下卫星的位置表达式(2-59)对时间求导，即为在地球坐标系下卫星速度的表达式，由于旋转矩阵 $\boldsymbol{R}_Z(\beta_G)$ 非常值矩阵，地球坐标系下卫星运行速度还受地球自转影响，即

$$\begin{aligned}\boldsymbol{v}_E&=\boldsymbol{R}_Z(\beta_G)\boldsymbol{v}_I+\frac{\mathrm{d}\boldsymbol{R}_Z(\mathrm{GAST})}{\mathrm{d}t}\begin{bmatrix}x_I\\ y_I\\ z_I\end{bmatrix}\\ &=\begin{bmatrix}\cos\beta_G & -\sin\beta_G & 0\\ \sin\beta_G & \cos\beta_G & 0\\ 0 & 0 & 1\end{bmatrix}\boldsymbol{v}_I-\omega_{ie}\begin{bmatrix}\sin\beta_G & -\cos\beta_G & 0\\ \cos\beta_G & \sin\beta_G & 0\\ 0 & 0 & 1\end{bmatrix}\begin{bmatrix}x_I\\ y_I\\ z_I\end{bmatrix}\end{aligned} \tag{2-65}$$

在协议地球坐标系中，若忽略非常缓慢的极移变化率，则卫星速度在协议地球坐标系(CTS)可表示为 $\boldsymbol{C}_E^{CTS}\boldsymbol{v}_E$。

思 考 题

1. 描述卫星轨道的 6 个基本参数分别是什么？受摄动力对卫星运动的影响有哪些？
2. 总结归纳各卫星导航系统采用的空间和时间坐标系是什么？有什么区别与相似点？
3. 一个坐标系先绕 Z 轴旋转 $-a$ 角度，后绕 X 轴旋转 b 角度，写出经两次旋转后的总旋转矩阵。
4. 查阅资料了解北京时间与 UT 的关系，将当前的北京时间转换至 BDT 与 GPST。

第3章 GNSS 信号构成及接收

导航卫星信号的发送与接收是 GNSS 中的重要一环，是实现卫星通信和定位功能的前提。空间卫星向地面发送导航信号，用户接收机对信号进行捕获和跟踪，并对卫星信号进行解析，解算用户位置坐标等信息。

3.1 GNSS 信号构成概述

为了满足 GNSS 通信的保密、抗干扰、卫星区分以及精确定位/导航的应用要求，导航卫星发送的信号中，包含了多种不同的信息，如：卫星轨道和星座历书等，同时这些信号又要兼备测距和卫星区分功能。GNSS 信号的产生、调制等充分利用了现代数字通信理论和技术，信息编码基本概念是深入剖析 GNSS 导航定位原理的必要前提。

目前的四大卫星导航系统发送的导航信号在大体构成上有诸多相似之处，基本都包含三个成分：导航电文、伪随机码（测距码、扩频码）以及载波，但在导航信号的细节上仍有较大差异，本节首先对 GNSS 信号涉及的共性以及相关的基础概念和术语进行介绍。

3.1.1 导航电文与编码

GNSS 定位需要已知卫星位置，而已知的卫星位置则是从卫星连续不断发送的导航电文中获得。当然，由于卫星位置是时时变化的，直接传输卫星位置显然并不合适，而相对稳定的卫星轨道参数显然更适合播发。此外，导航电文还承载了定位需要的其他信息。概括地讲，GNSS 导航电文主要包含：卫星星历、信号播发时间、卫星钟校正参数、卫星历书、大气折射改正参数以及卫星工作状态等其他参数。

这些参数或数据需要转换为二进制数据流以某种速率进行传输。这些二进制数中的一个“0”或一个“1”，称为 1 位或 1 比特，记作 1 bit，又简写作 1 b。因此，二进制数据流的传输速率可以以传输过程中每秒钟传输的比特数计量，即比特率，单位为：bit/s。

导航电文中包含的信息很多，这些信息转换为二进制数据流后，有的占据的位数较长，有的较短，接收端无法直接根据二进制流获知得到的数据具体对应哪个信息量，此外，有的信息需要较快的更新频率,有的则可以较缓慢地播发,因此,为了能够安全有效地传输这些二进制数据流,以及便于接收端提取出对应的信息,还需要将二进制数据流进行编码处理并封装成帧。

编码处理能够提高传输数据的纠错、检错能力,增强抗信道衰落或抗干扰能力,具体的编码方式有很多,如北斗 B1C 导航电文就采用了 BCH(Bose - Chaudhuri - Hocquenghem)编码、低密度奇偶校验(low density parity check, LDPC)编码和块交织,且各子帧上采用的编码形式并不完全相同。编码后的二进制数据流,长度可能发生变化,不经过解码也无法获得对应的信息,此时每一个“0”与“1”称为 1 个符号位,对应地,传输速率也以符号率计量,记为 sps(symbols per second)。不论是符号位还是数据位对应的仍是二进制数字码,而由于二进制数字码与编码脉冲序列相对应,有时二进制数据的传输速率也用脉冲频率(Hz)表示,例如,GPS L1 C/A 信号的导航电文信号为 50 Hz。

不同的卫星导航系统都具有自己独特的电文编排特点以及对应的名称,在电文的具体内容、帧结构、编码与传输速率也有可能有很大差别,需要查阅相关的接口控制文件了解细节内容,本书后续章节会对部分卫星导航系统信号的电文编排进行介绍,以帮助读者进一步了解。

3.1.2 伪随机码序列与扩频调制

导航电文是卫星信号的数据部分,由于数据信号的带宽非常窄,抗干扰能力弱,不适合长距离传输,此外,不同卫星信号的导航电文包含各个卫星自己的信息,当所有的导航卫星同时播发导航信号时,接收机需要分辨出各个卫星的信号并且获知该信号来自哪一颗卫星。这两个问题就涉及信号的扩频通信技术与分址技术。目前全球卫星导航系统的多数导航信号(除 GLONASS L1/L2 信号外)运用直接序列扩频(direct-sequence spread spectrum, DSSS)技术产生,基于该扩频方式也容易实现码分多址(CDMA)。而直接序列扩频中的“序列”,与码分多址中的“码”,在导航信号中都是指伪随机序列,也称伪码。并且该伪码也起到了测距的作用,故又称测距码。简言之,伪随机码在卫星导航信号中具有扩频、分址与测距的作用。

1. 随机码序列及特性

在认识伪随机序列前,首先了解一下随机码序列。我们可以利用投掷硬币的方式模拟一组随机序列,假如认为正面为“1”,背面为“0”,不考虑小概率事件,每次投掷出现“0”与“1”都是随机的,但概率为 1/2,随着投掷次数的增加,由“0”“1”组成的序列不断延长,在投掷 N 次后,“1”与“0”出现次数均逼近 $1/2N$。假设我们再投掷 N 次,几乎不会出现与前 N 次投掷完全一样的情形(实际出现概率为 0.5^N),这也说明随机序列难以复现和再生产。这样产生的随机序列其实是离散随机序列,对于连续的电信号,每个“1”与“0”会持续一段时间,每个二进制“0”与“1”称为一个码元或码片,一个码元持续的时间称为码元宽度,序列的长度通过码元数量计数。

序列的相关程度或相似程度，即相关性是研究序列特性的重要指标。一个序列与自身的延时的相关性为自相关性，与其他序列相关称为互相关。

将随机序列 $C_1(t)$ 平移 τ s，得到一个新的随机序列，记为 $C_1(t-\tau)$，将序列 $C_1(t)$ 和其移位序列 $C_1(t-\tau)$ 模 2 相加（规则：两码元相同，模 2 相加和为 0；两码元相异，模 2 相加和为 1），又可以得到一个随机序列。图 3－1 展示了一个 15 码元长度的随机序列与自身延时序列的模二加计算，T_c 为一个码元的宽度，$\oplus$ 表示模二加。

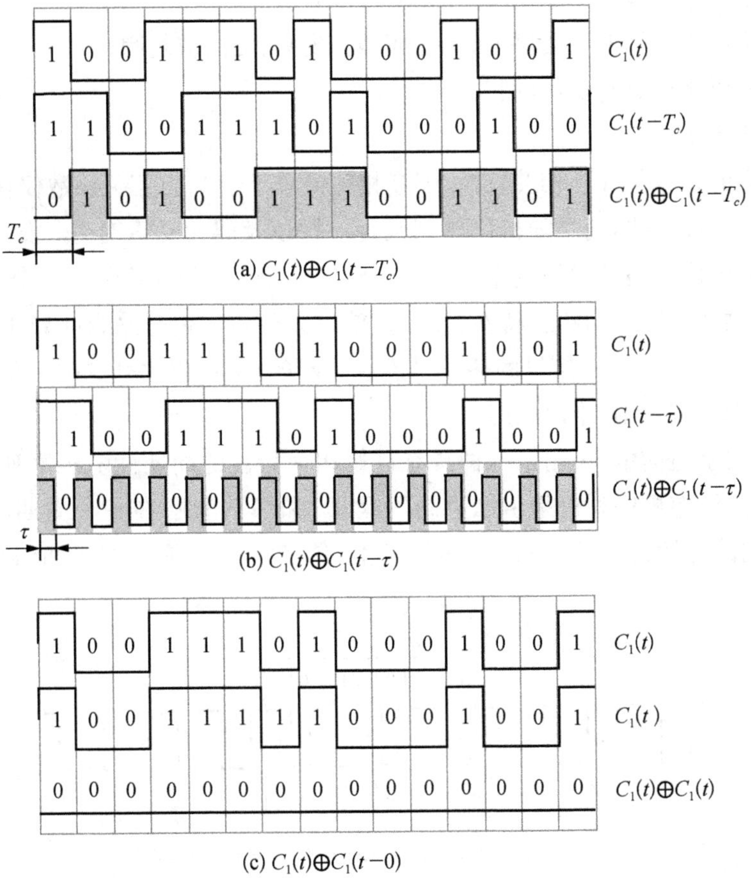

图 3－1　随机码序列自相关示意图

当平移的时间 τ/T_c 为整数时，可以用自相关序列中 0 和 1 的个数计算自相关值，即 0 与 1 的个数分别为 N_0 和 N_1，则合成序列的自相关函数为

$$R_{xx}(\tau)=\frac{N_0-N_1}{N_0+N_1} \tag{3-1}$$

根据式(3－1)，当 $\tau=0$ 时，即两个随机序列没有相对位移，上下码元相互对齐，模 2 相加后得到的序列码元均为 0，如图 3－1(c)所示，此时自相关函数 $R_{xx}(0)=1$；当 $\tau=T_c$ 时，以图 3－1(c)为例，$R_{xx}(T_c)=-1/15$；如果 τ 为其他整数，均不会出现合成码序列为全

0 的情况，自相关函数值也不会超过 1。当 $0 < \tau < 1$ 时，$R_{xx}(\tau)$ 在 1 与 $R_{xx}(T_c)$ 之间随 τ 变化，也不会大于 1。

若随机序列 $C_1(t)$ 与其他随机序列相关，相关函数值计算与式(3－1)类似，由于两个随机序列不会完全一样，至少有 1 码元不同，模二加后合成序列至少有一码元为“1”，根据式(3－1)可知互相关值也必然小于 1。

随机码序列特点可概括如下：

(1) 随机码序列中“0”和“1”出现概率均为 1/2；

(2) 随机码为非周期性码序列，无任何编码规则，无法被复制；

(3) 随机码序列具有良好的相关性。

2. 伪随机码序列及生成

随机序列的自相关和互相关特性，即互相关值总小于 1，自相关函数仅在 $\tau = 0$ 时取最大值 1 的特点，可以判断两个随机码序列是否一样以及码元是否对齐。如果将两个序列其一看作是卫星信号播发的随机序列，为每个卫星分配不同的序列，另一个视为接收机生成的序列，依靠随机序列的相关特性，接收机就可以分辨出信号来自哪颗卫星，或某颗卫星的信号是否存在。但是，信号的播发是连续不断的，随机码序列的码取值完全无规律，没有周期性，无法被复制，难以应用。

因此，在数字通信中，采用了一种具有良好相关特性的周期性随机序列，称为伪随机序列，或伪码。伪随机序列也是由二进制码元“0”和“1”组成，在一个周期内伪随机序列具有随机序列的特性，但在更长的时间尺度上，伪随机序列是一种周期信号，如图 3－2 所示。

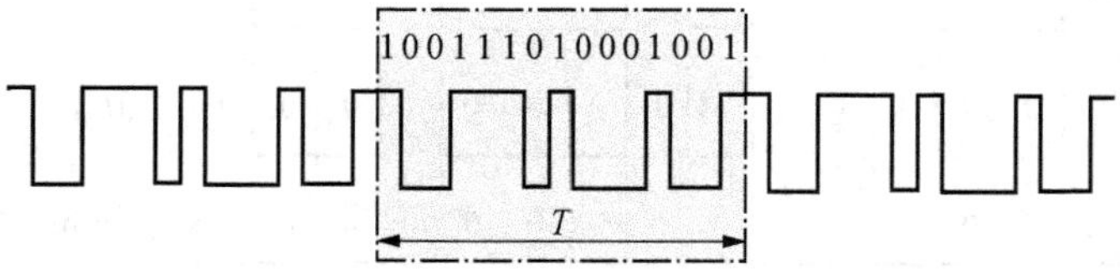

图 3－2　伪随机码序列示意图

对于周期信号，自相关函数表示为

$$R(\tau) = \frac{1}{T}\int_{kT}^{kT+T} C(t)C(t-\tau)\,\mathrm{d}t \tag{3-2}$$

其中，T 表示一个伪随机码周期，一个码周期中的码元数量为伪随机码的长度，如果伪码长为 N_c 码元，每个码元宽度为 T_c，则一个码周期 $T = N_c T_c$。而码传输速率以每秒钟传输的码元数计量，单位为码元每秒(chips per second, cps)。例如，对于码长为 $N_c = 1\,023$ 码片的伪随机码，若每秒钟重复 1 000 个周期，每秒码片数量为 $1\,000N_c = 1\,023\,000$ 码片，码速率为 1 023 000 cps，码元宽度 $T_c = 1/1\,023\,000 \approx 0.978\ \mu s$。

与随机码不可复现不同，伪随机码是可以复现的。目前全球卫星导航系统常用两种形式生成伪码序列，一种由多级线性反馈移位寄存器产生，另一种则基于数论理论产生。

1）多级线性反馈移位寄存器与 m 序列

伪码序列可以由多级反馈移位寄存器产生，若反馈逻辑线路仅包含模二加，则称为线性反馈移位寄存器，如图 3－3 所示为一个线性的 4 级反馈移位寄存器示意图。

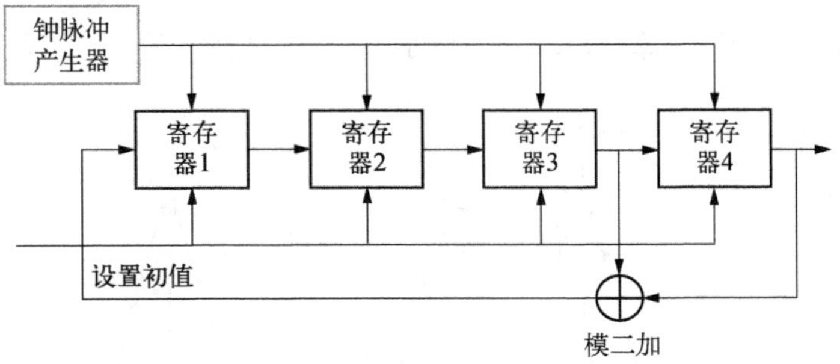

图 3－3　4 级反馈移位寄存器示意图

其具体工作过程如下。

第一步：移位寄存器在开始工作时，设置各寄存器初始值，如全置 1，初值不能设置全 0 状态。

第二步：钟脉冲作用时，寄存器码元顺序地向下一级寄存器移位，并输出最后一级寄存器的码元。

第三步：将移位寄存器中某几个（图 3－3 中第 3 级、第 4 级）寄存器的输出进行模二加，再作为输入反馈给第 1 级寄存器。

第四步：新的钟脉冲触发时，反馈值作为第 1 级寄存器输出，不断重复上述过程。

引入移位标识符 x，$x^i(i=1,2,\cdots,q)$ 表示第 i 级移位寄存器的输出，以 c_i 表示输出是否接到模二加法器，即 $c_i=1$ 表示接入，$c_i=0$ 表示没有接入，用 $c_0=1$ 表示模二加法器的输出反馈至第一级寄存器。则 q 级反馈移位寄存器的连接方式可用常数项为 1 的一个 q 阶多项式 $F(x)$ 表示，$F(x)$ 称为该反馈移位寄存器的特征多项式，其通式写为

$$F(x)=1+c_1x^1+\cdots+c_{q-1}x^{q-1}+x^q=\sum_{i=0}^{q}c_ix^i \tag{3-3}$$

以图 3－3 为例，其特征多项式可写为 $F_1(x)=1+x^3+x^4$，该式也是 4 阶本源多项式，因此，图 3－3 所示的反馈移位寄存器产生的伪随机码序列是最长线性移位寄存器序列，即 m 序列。只有 q 级线性反馈移位寄存器的特征多项式为 q 阶本源多项式时，生成的序列才是 m 序列。

m 序列作为一种基础的伪随机码序列，具有以下特征：

（1）均匀性：m 序列的一个周期中，码元“1”的个数与“0”的个数相当，“1”的个数多

1个。

（2）移位相加特性：一个m序列，与其平移后的序列模二加，得到的新序列仍为m序列。

（3）相关特性：m序列的自相关函数如图3－4所示：在$\tau=0$时，$R_{xx}(0)=1$；根据移位相加特性和均匀性，当$\tau=kT_c$时，m序列与其移位序列的模二加序列总是1的数量多1个，若m序列的总长度为N_c码元，$R_{xx}(kT_c)=-1/N_c$；当$0<\tau<T_c$，$R(\tau)$介于$-1/N_c$与1之间，且与$|\tau|$呈线性关系，如图3－4所示。当N_c足够大时，$-1/N_c$近似为0。

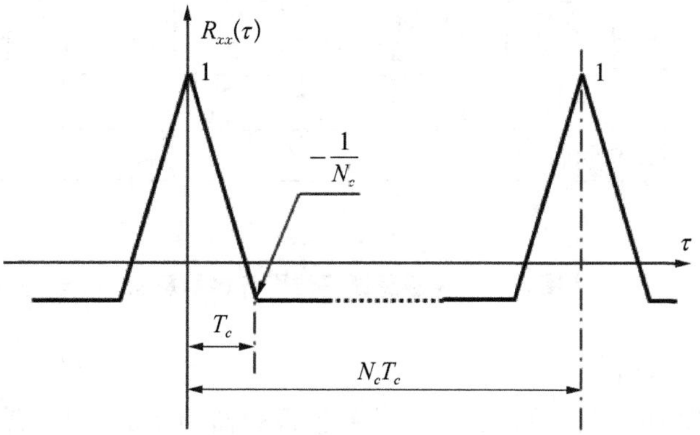

图3－4　m序列自相关函数图

4级反馈移位寄存器的另一个本源多项式为$F_2(x)=1+x^1+x^4$，与$F_1(x)=1+x^3+x^4$可以产生相同长度的m序列，即m序列的长度N_c与寄存器阶数q相关：

$$N_c=2^q-1 \tag{3-4}$$

当$q=4$时，m序列长度均为$N_c=2^4-1=15$码元。

不同的本源多项式反映了不同的反馈逻辑，由相同级数的移位寄存器组成但反馈逻辑不相同而产生的m序列，称为同族m序列，同族m序列具有较好的互相关性。m序列可以进一步生成截断序列或复合序列。截断序列是通过截取m序列中一个片段形成新的周期性序列，在电路上通过增加“状态检测器”实现。利用两个或以上m序列按一定规则构成的序列称为复合序列（composite sequence）或复合码，被广泛应用于卫星导航信号中的金码就是m码的模二加复合码，复合序列长度为两个序列长度的最小公倍数。

2）Legendre序列与Weil码

Weil码是GPS现代化计划、北斗3号系统以及GALILEO建设中开始使用的一种新的伪码序列，由Legendre序列生成。Legendre序列是一种有限长度的伪随机序列，长度需要为质数，其定义如下：

$$L(k)=\begin{cases}0, & k=0\\ 1, & (k\neq 0)\wedge(\exists\varsigma\in\mathbf{Z},\ k=\varsigma^2 \bmod N_c)\\ 0, & \text{其他}\end{cases} \tag{3-5}$$

式中，$\mathbf{Z}$ 表示整数集；N_c 表示序列长度；mod 表示取模。以 $N_c=3$ 为例，当 $k=0$ 时，$L(0)=0$；当 $k=1$，存在整数 $\varsigma=2$ 满足 $2^2 \bmod 3=1$，则 $L(1)=1$；当 $k=2$ 时，若不存在整数满足 $\varsigma^2 \bmod 3=2$，则 $L(2)=0$。

从 Legendre 序列产生方式可以看到，当序列长度 N 确定后，Legendre 序列也就唯一确定了，为了能够获得满足需要长度的多条伪码序列，就需要在 Legendre 序列基础上通过复合、截短等手段生成新的序列，如 Weil 码序列。长度为 N_c 的 Weil 码序列是由长度为 N_c 的 Legendre 序列，通过与自己平移序列模二加复合而成，可写为

$$W(k;\ w)=L(k)\oplus L(k+w \bmod N_c) \tag{3-6}$$

式中，w 表示平移位数，也是两个 Legendre 序列的相位差，$k+w \bmod N$ 表示循环移位，不同的相位差可以形成不同的 Weil 码。由于 Weil 码与 Legendre 序列等长，长度只能是质数个，为了能够得到合适长度的 Weil 码，还需要通过截短或者插入一段码序列的方式调整长度。

不同的随机码序列会有自身的特性，在应用于卫星导航信号时，为了能够显著区分不同的随机序列，以及判断随机码序列是否对齐，互相关值总是越小越好，而自相关函数也希望能够更加尖锐，而良好的自相关特性，也有利于 GNSS 的导航测距。

3. 扩频调制

扩频调制是包含信息的导航电文与伪随机码模二加。如果用正电平“+1”表示逻辑“0”，用负电平“-1”表示逻辑“1”，导航电文与伪码皆可以用正负电平表示，而二进制模二加逻辑可以由正负电平的乘运算表示，如表 3-1 所示，因此，扩频调制可以表示为导航电文与伪随机码相乘。在后续的文字中，为描述伪码与电文形式，一般使用二进制数表示，在使用信号模型进行运算时则认为是正负电平。

表 3-1　二进制模二加逻辑与正负电平乘运算

二进制模二加逻辑	电平值乘运算
$0\oplus 0=0$	$(+1)\times(+1)=+1$
$0\oplus 1=1$	$(+1)\times(-1)=-1$
$1\oplus 0=1$	$(-1)\times(+1)=-1$
$1\oplus 1=0$	$(-1)\times(-1)=+1$

一般导航电文的传输速率很低，几十到几百 bit/s，而伪码的码速率可在几千到十几兆 cps，两者相乘后，如图 3-5 所示，每秒传输的导航电文与伪码相乘，在时域上扩频调制后的波形码宽与伪码码宽相等，均为 T_c，小于原导航电文数据位宽 T_D。而时域上，扩频调制后的序列带宽与伪码序列带宽相当，较导航电文的带宽更宽阔，扩频调制可以增强信号在长距离传输时的抗干扰能力。

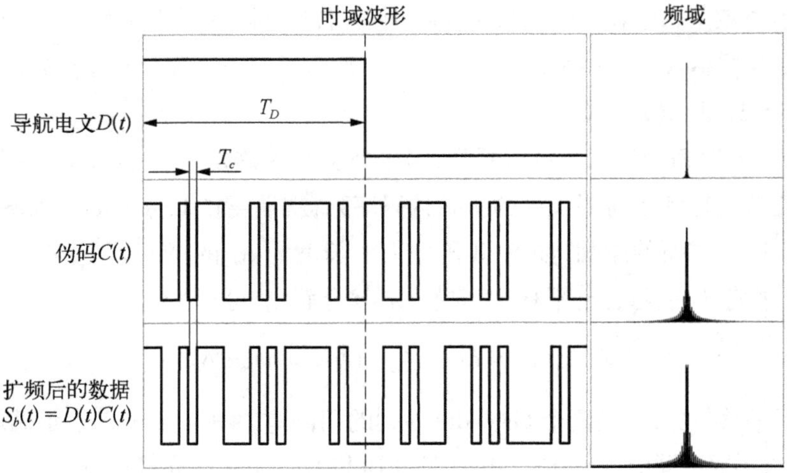

图 3－5　伪码扩频调制示意图

3.1.3　载波与载波调制

载波是承载信号，由振荡器产生并在通信信道上传输的波，能够将需要传输的信号调制到更高的频率上，以减小传输中的噪声，传播更远的距离。对于不同介质的通信系统，载波的物理形式不同，在无线电通信系统中，载波是高频的无线电波，而在声音和光进行传输的系统中，载波则是声波和光波。卫星导航系统的通信也是依靠无线电波，即电磁波，其传输速率等于光速，传输速率与载波波长 λ_c、载波频率 f_c 有如下关系：

$$f_c=\frac{c}{\lambda_c} \tag{3-7}$$

目前全球卫星导航系统的载波频率介于 1 000～2 000 MHz，根据 IEEE 521－2002 标准属于微波（300 MHz～300 GHz）的 L 波段，表 3－2 列出了各系统采用的载波频点与其对应关系。

表 3－2　四大全球卫星导航系统载波频率　（单位：MHz）

北斗	B1	1 575.42	B3	1 268.52	B2	1 191.795
GPS	L1	1 575.42	L2	1 227.60	L5	1 176.45
GLONASS	G1	(1 598.062 5～1 605.375)±0.511	G2	(1 242.937 5～1 248.625)±0.511	G3	1 204.704
GALILEO	E1	1 575.42	E6	1 278.750	E5	1 191.795

北斗导航系统、GPS、GLONASS 与 GALILEO 目前均在三个频点（段）播发导航信号，GPS 的 L5 频点与 GLONASS 的 G3 频点是两个系统的新增频点，属于其现代化的一部分。北斗 B1 频点、GALILEO 的 E1 频点与 GPS 的 L1 频点重合，该频点作为传统 GPS L1 C/A

信号频点是所有接收机必备频点,也是兼容互操作信号的中心频点之一。另一个兼容互操作频点在 1 176.45 MHz,即 GPS 的 L5 频点,与北斗系统的 B2 和 GALILEO 的 E5 频段的低频段重合,北斗系统与 GALILEO 在该频点均有两个信号,北斗 B2a 信号与 GALILEO E5a 信号中心频率与 GPS 的 L5 重合。GLONASS 传统 G1、G2 频点信号采用频分多址技术,与其他系统频点均有较大差距,而新频点 G3 与北斗 B2b 信号和 GALILEO 的 E5b 中心频率相当。各卫星导航系统信号占据频段情况如图 3-6 所示。

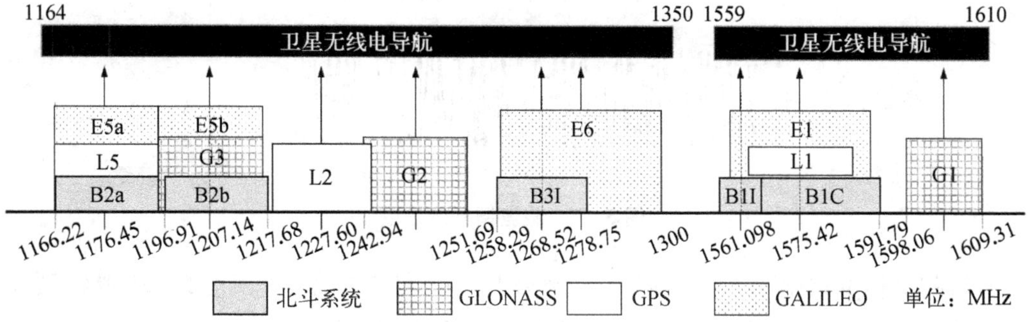

图 3-6　卫星导航信号频谱分布示意图

1. 载波 BPSK 调制

载波具有周期震荡性,而正、余弦信号(余弦信号可以认为是正弦信号 90°相移)恰满足载波的特性,是一种常用的载波形式,目前的卫星导航信号中均采用正、余弦信号作为载波。正、余弦信号用对应的三角函数表示,包含了幅值、频率与相位三个变量。

载波对扩频后的序列进行调制。扩频后的序列仍然是“0”“1”二进制序列,而卫星导航信号中用于长距传输的是电磁波信号,这就需要用电磁波表示逻辑“0”与“1”。若“0”“1”分别与高、低振幅对应,即调整载波信号的幅度,则是幅度偏移键控(数字调幅技术);若“0”“1”与高、低频率对应,即调整载波信号的频率,则是频移键控;若“0”“1”与相位对应,例如,当“1”到“0”跳变或从“0”到“1”跳变时,载波信号的相位发生 180°变换,则为相移键控(phase shift keying, PSK),因需要两种相位也称二相移键控(binary phase shift keying, BPSK)。

GNSS 信号多采用 BPSK 调制,其载波幅值与频率不随时间发生变化。扩频后的序列与载波混频,可表示为

$$S(t) = S_b(t)\cos(2\pi f_c t + \phi) \tag{3-8}$$

式中, $S_b(t)$ 为扩频后的数据; f_c 为载波频率, $2\pi f_c$ 表示载波角频率; ϕ 为初始相位。图 3-7 示意了载波与扩频序列调制后,波形在时、频域上发生的变化。

载波调制后的信号在扩频信号跳变时,相位发生 180°翻转,即 $-1\cdot\cos(\phi)=\cos(\phi+180°)$,因此,当载波依次与码状态+1、-1、+1 相乘时:与第一个码状态+1 相乘,载波相位不变,与码状态-1 相乘,相位翻转(改变 180°),与第二个码状态+1 相乘,载波相位不

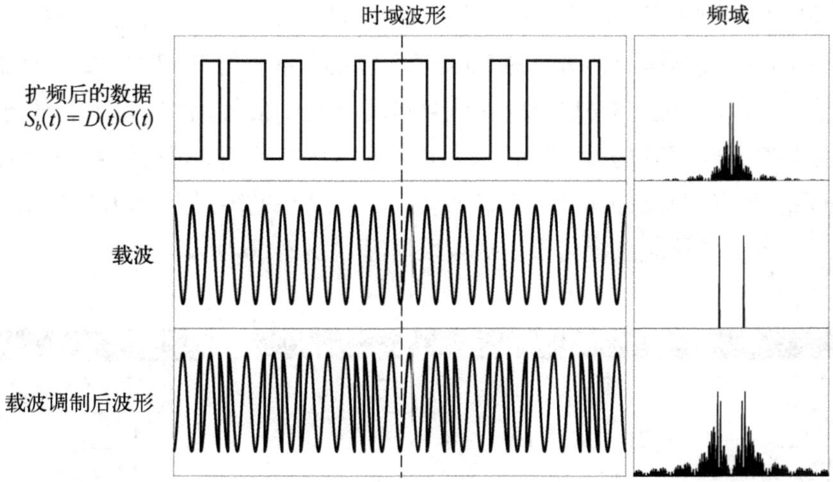

图 3-7　载波调制示意图

变，但与前次相位相比，改变了 180°。在频域上，中心频率被搬移至载波频率及其镜像频率处。我们知道一个信号可以分解为直流分量与一系列单频的正余弦分量之和，对于扩频后的序列也依然如此。取其中第 l 个余弦分量 $a_l\cos(2\pi f_l t)$ 与载波 $A\cos(2\pi f_c t)$ 混频，可得

$$a_l\cos(2\pi f_l t)\cos(2\pi f_c t)=\frac{a_l}{2}\{\cos[2\pi(f_l+f_c)t]+\cos[2\pi(f_l-f_c)t]\}\tag{3-9}$$

正弦分量情况可用类似方法证明，直流分量简单看作频率为 0 的余弦分量。通过载波调制后，原始信号的每一个分量都会被搬移到 f_l+f_c 频率和 f_l-f_c 频率，如图 3-7 所示，通过高通滤波器，滤除频率为 f_l-f_c 的低频分量，信号频谱向高频处搬移。考虑到 $f_l \ll f_c$，从频域上看，载波调制使得扩频信号的整体频率从基频搬移到了载波频率。上式不仅应用于载波调制，也是信号解调、上变频处理、下变频处理的基本原理。

GNSS 中 BPSK 调制也会记为 BPSK-R(n)形式，R 是 Rectangular 首字母，n 表示该信号伪码与基础频率 f_0 = 1.023 MHz 的比值。

2. BOC 调制

新一代的 GNSS 信号多采用二进制偏移载波(binary offset carrier, BOC)调制，与 BPSK 调制相比，BOC 调制增加了子载波调制环节，能够实现频谱分离，并能进一步降低多径和噪声对信号的影响。BOC 调制在已扩频信号上先调制副载波，再调制载波，如图 3-8 所示。

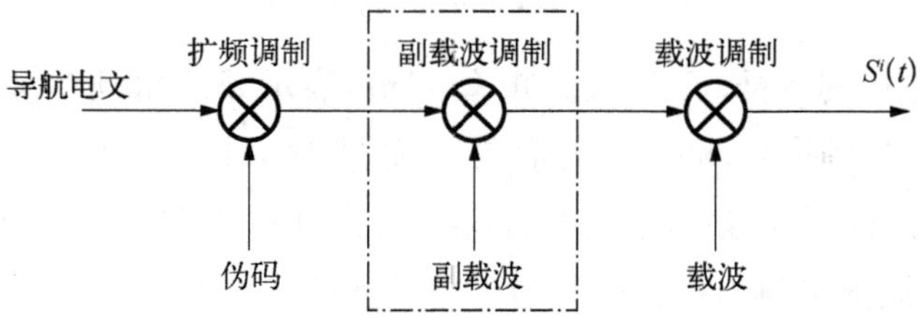

图 3-8　BOC 调制流程示意图

BOC 调制信号可写为

$$S^i(t)=\sqrt{2P^i}D^i(t)C^i(t)\text{sign}[\sin(2\pi f_s t)]\cos(2\pi f_c t+\phi)$$
$$\text{sign}(x)=\begin{cases}-1, & x<0\\ 1, & x\geqslant 0\end{cases} \tag{3-10}$$

其中，sign(·)为取符号函数；sign[sin(·)]是对正弦函数取符号，称为正弦副载波，也可采用余弦副载波形式；f_s 为副载波频率。副载波形如频率为 f_s 的矩形波，如图 3-9 所示。卫星导航信号中的 BOC 调制信号通常记为 BOC(m, n)形式，这里的 $m=f_s/f_0$ 反映了副载波频率，n 与 BPSK-R(n)中的 n 一致，表示伪码频率与 f_0 的比值。图 3-9 展示了副载波频率为伪码码速率 4 倍时的调制效果图。

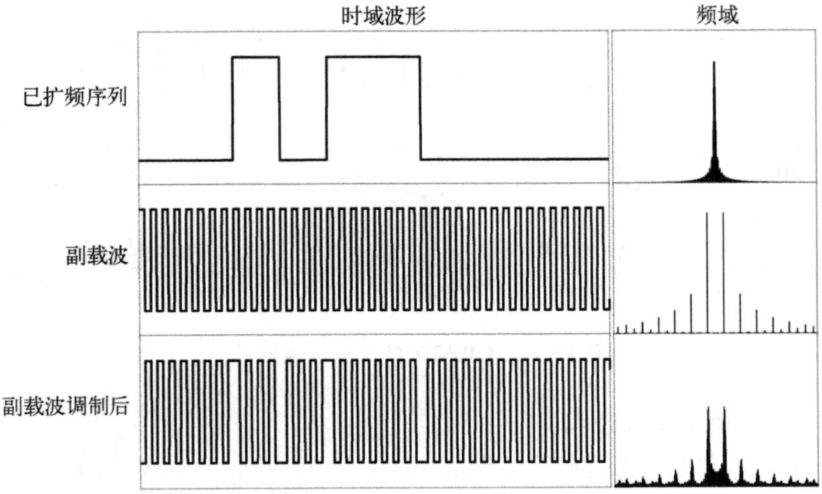

图 3-9　副载波调制伪码示意图

3.2　GPS 信号结构

GPS 信号在 L1(1 575.42 MHz)、L2(1 227.60 MHz)与 L5(1 176.45 MHz)三个载波频率上，传统 L1 与 L2 信号采用 BPSK 调制，而在现代化的过程中，增加了新的 L5 频点，添加了军码 M 码，并启用新的三个民用信号：L2C、L5 和 L1C 信号。其中，L1M、L1C 与 L2M 信号采用了 BOC 调制。

3.2.1　GPS L1 C/A 信号

GPS L1 C/A 码信号是 GPS 传统信号之一，也是现今应用最为广泛的导航信号。该信号采用 CDMA 分址方式，BPSK-R(1)调制，信号包含有三种成分：LNAV 导航电文/数据

码、C/A 码和 L1 频点载波。某一颗卫星的发射信号可表示为

$$S_{CA}(t) = A_{CA}C(t)D(t)\sin(\omega_{L1}t + \varphi_{L1,0}) \tag{3-11}$$

式中，A_{CA} 为调制于 L1 的 C/A 码振幅，信号功率则为 $P_{CA} = A_{CA}^2/2$；$C(t)$ 为该卫星发射的 C/A 码；$D(t)$ 为卫星发射的导航电文；ω_{L1} 为载波 L1 角频率；$\varphi_{L1,0}$ 为初始相位。图 3-10 描绘了 GPS L1 C/A 信号调制过程。

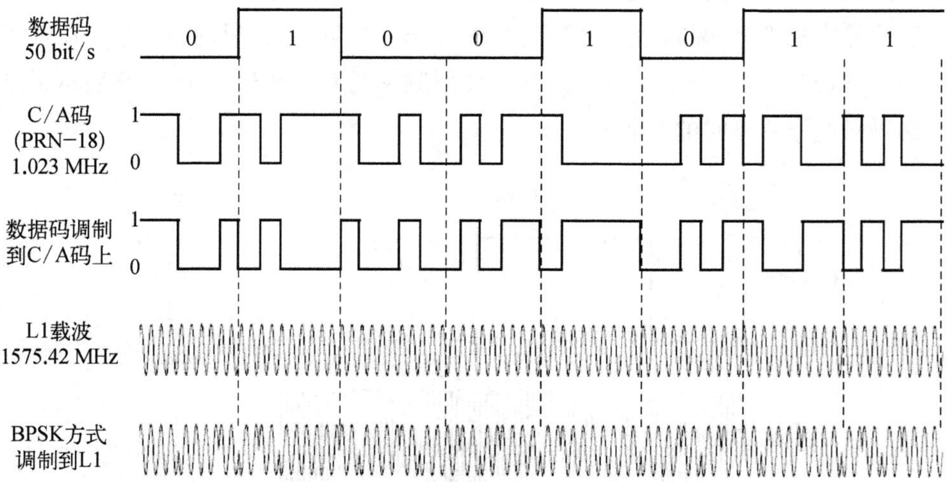

图 3-10 GPS L1 C/A 信号调制过程

3.2.1.1 LNAV 导航电文格式

LNAV 导航电文中包含的导航信息有：卫星星历、卫星工作状态、卫星历书、时间系统、星钟改正参数、轨道摄动改正参数、大气折射改正参数、遥测码以及由 C/A 确定 P 码的交换码等。它是用户利用 GPS 进行导航定位的数据基础。

导航电文由 5 个子帧组成一个帧，每个子帧包含 10 个字，每个字为 30 bit；所以每一子帧一共含 300 bit，一个帧一共为 1 500 bit；导航电文按 50 bit/s 的速度播发，每帧需要播发 30 s。

第 1、2、3 个子帧中含有该卫星的广播星历和卫星钟修正参数，为了提高导航精度，其内容每小时更新一次；第 4、5 个子帧是空中全部卫星的历书，共 25 页，它的内容仅在地面注入站注入新的导航数据后才更新；完整的导航电文共有 25 帧，共有 37 500 bit，需 12.5 min 才能播完。表 3-3 示意了导航电文的结构形式。

导航电文中每一子帧的前两个字包含一个遥测字（telemetry word，TLM）和一个交接字（handover word，HOW），每一个字的最后 6 个比特用于奇偶校验，以便用户设备解调时检验比特错误。

遥测字包括一个固定的报头（前同步码），即一个固定的 8 比特图案 10001011，这一图案用来辅助用户设备找到第一子帧的起始位置。第 9～22 位为遥测电文，包括地面监测系统注入数据时的状态信息、诊断信息和其他信息，以此指示用户是否选用该卫星。

表 3-3　导航电文结构示意

	字 1	字 2	字 3	字 4	字 5	字 6	字 7	字 8	字 9	字 10
子帧 1	TLM	HOW	数据块-1							
子帧 2	TLM	HOW	数据块-2							
子帧 3	TLM	HOW	数据块-2							
子帧 4	TLM	HOW	数据块-3							
子帧 5	TLM	HOW	数据块-3							

交接字中,首 17 bit 为 Z 计数,1 bit 卫星姿态调整标识,1 bit 遥测码与 P 码同步标识,3 bit 子帧识别码,2 bit 保留位和 6 bit 奇偶校验。其主要功能是向用户提供 P 码的子码自一星期以来的周期计数 Z,以便任一 6 s 子帧结束时自 C/A 码转至 P 码捕获。

1. 数据块 1——卫星钟校正参数

数据块 1 占据第一子帧的第 3~10 字,其中第 3、第 4 字用作备份,它主要包括卫星钟校正参数和电离层校正参数。

2. 数据块 2——卫星轨道参数

数据块 2 含有卫星星历表预报参数,它占用第二、第三子帧。卫星星历参数是与用户计算卫星位置的方法紧密相关的。因此在参数的选择(计算方法的选择)上需要综合考虑计算精度、计算时间、对数据更新率的要求,以及所要求的存储量和这些参数所需占用的信息比特数量。GPS 采用了开普勒轨道摄动项修正的方案。

3. 数据块 3——卫星日程表

数据块 3 占据第五子帧,提供全部 24 颗卫星的概略星历——历书。由于卫星历书内容多,第五子帧每次只能容纳一颗卫星的历书,因此需要连续接收多个第五子帧才能形成一个完整的卫星历书。当用户具有全部卫星历书后,可方便地计算观测站上空的可见卫星。此外,数据块 3 还包括用于识别卫星的卫星识别字和表示该卫星工作是否正常的工作状态字 Health。

3.2.1.2　C/A 码结构

C/A 码是 GPS 卫星信号中一种重要的测距码,主要用于卫星信号的捕获、卫星信号的分址,以及测距使用,它是一种具有一定抗干扰能力的明码,主要提供给民用。C/A 码是金码,由两个等长的 m 码序列复合得到,两个 m 码序列分别由两个线性 10 级反馈移位寄存器生成,其产生的原理示意见图 3-11。

图 3-11 中,两个 10 级反馈移位寄存器,即 G_1、G_2 发生器,于每星期六子夜零点时,在置“1”脉冲作用下处于全“1”状态,在 1.023 MHz 钟脉冲的驱动下,分别产生周期为 1 ms、码长为 1 023 码片的 m 序列,对应码速率为 1.023 Mcps,码元宽度约为 293 m。

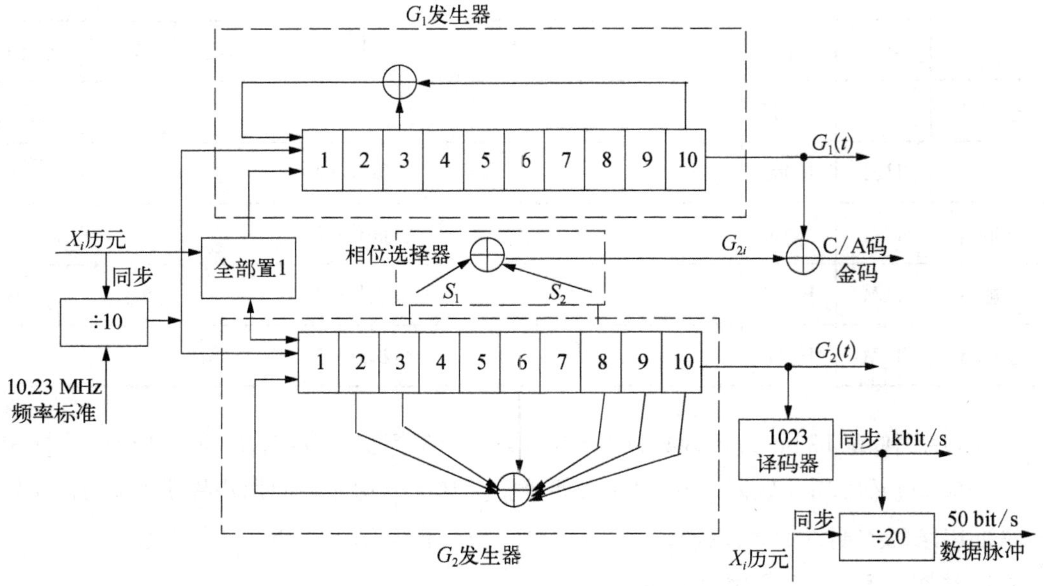

图 3-11 C/A 码产生原理图

G_1、G_2 发生器的特征多项式分别为

$$\begin{cases} G_1 = 1 + x^3 + x^{10} \\ G_2 = 1 + x^2 + x^3 + x^6 + x^8 + x^9 + x^{10} \end{cases} \tag{3-12}$$

G_2 发生器中某两个寄存器的输出进行模二加产生 G_2 的平移等价序列 G_{2i}，G_{2i} 与 G_1 序列再进行模二加，产生结构不同码序列。利用这种 m 码复合方式生成的码序列称为金码，在 GPS 导航信号中，被命名为 C/A 码。通过选择不同的 G_2 发生器中的寄存器，可以产生不同的平移等价序列，进而获得不同的 C/A，优选其中 32 条码序列分配给 GPS 卫星。

C/A 码的码元宽度较大，若接收机测距精度是码元宽度的 1%，C/A 测距误差约为 2.93 m，精度较低，故 C/A 码也称为粗码，即其名称中的 C(Coarse)；但其码长短，只有 1 023 码片，易于捕获，在捕获卫星获得导航电文后，可以利用电文提供的信息，辅助捕获 GPS 信号中的 P 码，因此称为捕获码，即其名称中的 A(Acquisition)。

3.2.2 GPS 其他信号

3.2.2.1 GPS L1/L2 P(Y)信号

L1 P(Y)和 L2 P(Y)信号也是 GPS 早期的传统信号，采用码分多址和 BPSK-R(10)调制。L1 P(Y)信号始终调制 LNAV 导航电文，但 L2 P(Y)信号则有可能不含电文。

L1/L2 P(Y)信号伪码由 12 级反馈移位寄存器产生的 m 序列进行合成获得，产生方式较为复杂,最终获得的P码长度是 6.1871×10^{12} 码片,周期为1周。由于P码序列周期长,若仍采用搜索C/A码的方法对每个码元逐个依次搜索,并不实际。因此,一般都是先捕获C/A码,然后根据导航电文中的有关信息捕获P码。

另外,由于P码的码元宽度仅为C/A码的1/10,假设P码码元的对齐精度仍为码元宽度的1%~10%,则由此引起的测距误差仅为0.29~2.93 m,精度比C/A码高10倍,所以P码可用于较精密的定位,通常也称为精码(precise code)。

由于P码周期长(7 d),码率高(10.24 MHz),因此它是用作抗干扰、精测距及保密的军用码。美国国防部规定P码专为军用,民间用户极少问津。即使如此,美国国防部宣布对P码实施防电子欺骗(anti-spoofing, AS)政策,即在P码上增加一个极度保密的W码,形成新的Y码,绝对禁止非特许用户应用。

3.2.2.2　GPS L1/L2 M信号

L1/L2 M信号是GPS现代化计划的一部分,旨在改进军用信号。M码信号首先由Block IIR－M及其后续卫星在L1、L2频点上播发,L1频点的预期最低接收功率为 −158 dBW, Block III及其后续卫星在部分区域广播更高功率的M信号,预期的最低接收功率提高至−138 dBW。M军用码最终有望取代P(Y)码,而过渡时期的用户设备,则相应地组合使用P(Y)码、M码和C/A码进行工作。

L1/L2 M信号将军用导航(military navigation, MNAV)电文通过M码扩频调制,再调制在L1和L2载波上,采用BOC(10, 5)调制方式,因此,M码速率在两个信号上都是10.23 Mcps,与P码速率一样。

军用M码能够极大提高安全性,并且与民用信号的频谱分离,允许支持抗干扰的高功率M码模式。M码的其他好处包括增强的跟踪和数据解调性能、稳健的捕获,以及与C/A码和P(Y)码的兼容。

3.2.2.3　GPS L2C信号

L2C信号是GPS的第二民用码(C是Civil的缩写),由Block IIR－M、IIF及后续卫星在L2频点播发。

L2C信号伪码由一个中长度码CM码和一个长码CL码组成,电文调制在CM码上。CM码周期20 ms,码率为511.5 kbit/s,码长10 230码片;CL码周期1.5 s,码率也为511.5 kbit/s,码长767 250码片,是CM的75倍。这两个码均由一个27反馈移位寄存器产生。CM码与CL码按一码片交错调制到L2载波上,类似分时复用形式,生成最终的L2C信号。

L2C信号使用CNAV电文,CNAV电文是一条条300 bit的消息,首8 bit为帧同步码,尾24 bit为循环冗余校验(cyclic redundancy check, CRC)码,原25 bit/s的CNAV电文数据码经过卷积编码后形成50 sps数据流输出与伪码进行模二加。

3.2.2.4　GPS L5信号

L5信号是GPS第三民用信号,由Block IIF及更新型卫星在L5频点播发。

L5 信号也有两个伪码,但采用正交调制方式,使得 L5 信号由两个正交分量组成,记为 L5I 与 L5Q。L5I 为数据分量,调制有导航电文数据及 I5 伪码;L5Q 为导频分量,没有调制导航电文,但调制了 Q5 伪码与一个 50 cps 的 NH 码,该码与导航电文码宽相等。I5 与 Q5 码周期均为 1 ms,码长 10 230 码片,码率 10.23 Mcps,由两个 13 级反馈移位寄存器输出序列构成。

L5 信号也使用 CNAV 电文,与 L2C 的 CNAV 电文的结构与内容非常类似,但速率为 50 bit/s,原电文数据经过卷积编码后与 Neuman-Hofman 编码,形成 100 sps 数据流输出再与伪码进行模二加。

3.2.2.5 GPS L1C 信号

L1C 信号是 GPS 第四民用信号,也是目前 GPS 现代化计划的最后一个民用信号,由 Block III 型号卫星在 L1 频点播发。

L1C 信号包含两个分量: 导频分量 $L1C_P$ 与数据分量 $L1C_D$。导频分量和数据分量的伪码周期为 10 ms,波特率为 1.023 Mcps,码长 10 230 码片,由 Legendre 序列经一系列处理获得。导频分量 $L1C_P$ 上不调制电文数据,没有任何数据信息,但伪码与一个覆盖码调制,该覆盖码与电文数据等宽,即码长 1 800 bit,速率 100 bit/s。数据分量 $L1C_D$ 使用 BOC(1, 1)调制技术,将扩频数据调制在 L1 载波上。导频分量 $L1C_P$ 使用时分复用二进制偏移载波(time multiplexed binary offset carrier, TMBOC)——TMBOC(6, 1, 4/33)进行调制,TMBOC(6, 1, 4/33)由 BOC(1, 1)和 BOC(6, 1)按时间复合而成,即一段时间采用 BOC(1, 1)调制,另一段时间采用 BOC(6, 1)调制。

L1C 信号使用 CNAV-2 电文,电文播发以帧为单位,一帧长 1 800 符号(883 bit 原始电文数据),需要传输 18 s,电文包含三个不等长度子帧。其中,子帧 1 仅含段内时计数,类似 LNAV 电文中 Z 计数。子帧 2 提供时钟数据、星历数据以及周内段计数。子帧 3 提供其他导航数据,这些数据无法在一个子帧 3 中传输完全,需要分页传输,不同页中字段的定义不同,页的播发顺序也可能变化,需要根据具体的页号进行数据的提取。

3.3 北斗卫星导航系统的信号结构

北斗卫星导航系统经过三个阶段的发展,目前在 B1(1 575.42 MHz)、B2(1 191.795 MHz)、B3(1 268.52 MHz)三个频段播发 5 个信号: B1 频段的 B1I、B1C 信号,B2 频段的 B2a、B2b 信号与 B3 频段的 B3I 信号。其中 B1I 与 B3I 信号为北斗 2 号系统信号,这两种信号将继续由全部的北斗 3 号卫星继续播发,而北斗 2 号系统的 B2I 信号则由 B2a 信号代替。B1C、B2a 与 B2b 信号则为北斗 3 号系统信号,仅由北斗 3 号的 MEO 卫星与 IGSO 卫星播发。表 3-4 列出了北斗卫星导航系统信号的一些参数。

表 3-4　北斗卫星导航系统信号一些参数对比

信　号		载波频率/MHz	调制方式	伪码码长/码片	带宽/MHz	导航电文类型
B1I		1 561.098	BPSK(2)	2 046	4.092	D1(MEO/IGSO) D2(GEO)
B1C	D	1 575.42	BOC(1, 1)	10 230	32.736	B-CNAV1
	P		QMBOC[①] (6, 1, 4/33)			无
B2a	I	1 176.45	BPSK(10)	10 230	20.46	B-CNAV2
	Q		BPSK(10)			无
B2b		1 207.14	BPSK(10)	10 230	20.46	B-CNAV3
B2I		在 BD3 中由 B2a 取代				
B3I		1 268.52	BPSK(10)	10 230	20.46	D1(MEO/IGSO) D2(GEO)

① 正交复用二进制偏移载波(quadrature multiplexed binary offset carrier, QMBOC)。

这些信号均采用 CDMA 复用技术,除 B1C 信号采用 BOC 调制外,其他信号采用 BPSK 调制方式。

3.3.1　北斗 B1I 信号

B1I 信号的电文有 D1 和 D2 两种电文,D2 导航电文数据与伪码模二加,再调制在频率为 1 561.098 MHz 的载波上构成 GEO 卫星播发的 B1I 信号,其结构与 GPS L1 C/A 信号结构类似,对于第 i 颗卫星播发的信号可写为

$$S^i_{\mathrm{B1I}}(t) = A_{\mathrm{B1I}} C^i_{\mathrm{B1I}}(t) D^i_{\mathrm{D2}}(t) \cos(\omega_{\mathrm{B1I}} t + \varphi^i_{\mathrm{B1I}}) \tag{3-13}$$

式中,上标 i 表示卫星编号,下标 B1I 表示该变量为 B1I 信号变量,其他变量定义与式(3-11)保持一致。D2 导航电文速率为 500 bit/s,内容包含基本导航信息和增强服务信息。伪码码周期 1 ms,码速率为 2.046 Mcps,码长为 2 046 码片。

D1 导航电文速率为 50 bit/s,其上调制一个 Neumann-Hoffman 码(以下简称 NH 码),记为 NH(t),称为 D1 导航电文上调制的二次编码,如图 3-12 所示。该 NH 码周期为 1 个导航信息位的宽度,NH 码 1 bit 宽度则与扩频码周期相同。D1 导航电文中一个信息位宽度为 20 ms,扩频码周期为 1 ms,因此采用 20 bit 的 NH 码(0, 0, 0, 0, 0, 1, 0, 0, 1, 1, 0, 1, 0, 1, 0, 0, 1, 1, 1, 0),码速率为 1 kbit/s,码宽为 1 ms,与导航信息码和扩频码同步调制。

二次编码后的 D1 电文数据再与伪码模二加,最后调制在载波上,由 MEO 与 IGSO 卫

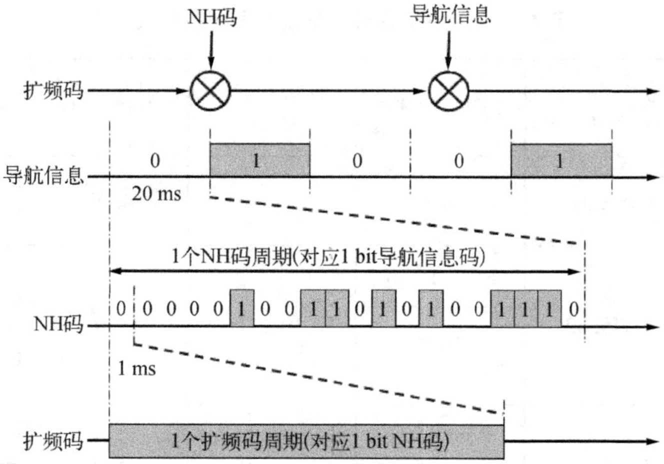

图 3-12　D1 电文二次编码示意图

星播发。其表达式如下：

$$S^{i}_{\mathrm{B1I}}(t) = A_{\mathrm{B1I}} C^{i}_{\mathrm{B1I}}(t)\,\mathrm{NH}(t)\,D^{i}_{\mathrm{D1}}(t)\cos(\omega_{\mathrm{B1I}} t + \varphi^{i}_{\mathrm{B1I}}) \tag{3-14}$$

3.3.1.1　B1I 信号的伪码

B1I 信号采用 CDMA 复用技术，伪码也是金码截短码，由两个线性序列 G_1 和 G_2 模二和产生后再截短 1 码片生成。G_1 和 G_2 序列分别由两个 11 级线性移位寄存器生成，其特征多项式为

$$\begin{cases} G_1(x) = 1 + x + x^7 + x^8 + x^9 + x^{10} + x^{11} \\ G_2(x) = 1 + x + x^2 + x^3 + x^4 + x^5 + x^8 + x^9 + x^{11} \end{cases} \tag{3-15}$$

G_1 与 G_2 初始均为 01010101010 与 01010101010。B1I 信号码发生器示意如图 3-13 所示。

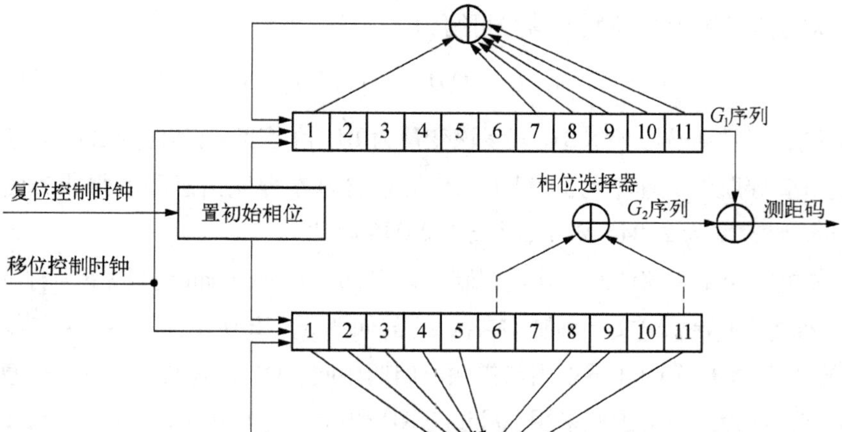

图 3-13　B1I 信号码发生器示意图

通过对产生 G_2 序列的移位寄存器不同抽头的模二和可以实现 G_2 序列相位的不同偏移，与 G_1 序列模二和后可生成不同卫星的 B1I 码。

3.3.1.2　B1I 信号的导航电文

D1 与 D2 电文的每个字均采用 BCH(15, 11, 1)码加交织方式进行纠错，在介绍 D1 与 D2 电文前，首先对 BCH 编码进行简单介绍。

1. BCH 编码

BCH 码长为 15 bit，信息位为 11 bit，纠错能力为 1 bit。导航电文数据码按每 11 bit 顺序分组，对需要交织的数据码先进行串/并变换，然后进行 BCH(15, 11, 1)纠错编码，每两组 BCH 码，按 1 bit 顺序进行并/串变换，组成 30 bit 码长的交织码，其生成方式见图 3－14。

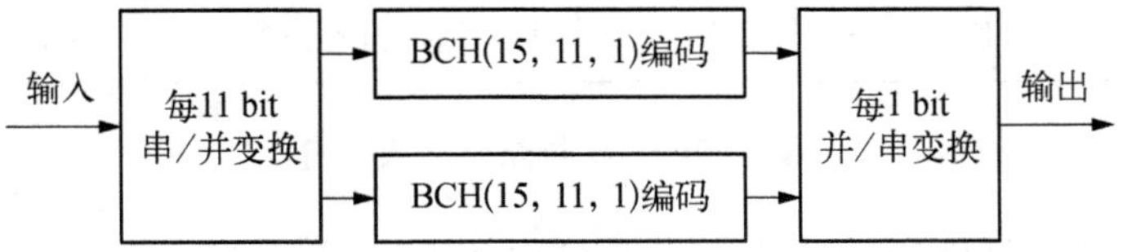

图 3－14　导航电文纠错编码示意图

BCH(15, 11, 1)编码框图如图 3－15 所示。其中，4 级移位寄存器的初始状态为全 0，门 1 开，门 2 关，输入 11 bit 信息组 X，然后开始移位，信息组一路经或门输出，另一路进入 $g(X)$除法电路，经 11 次移位后 11 bit 信息组全部送入电路，此时移位寄存器内保留的即为校验位，最后门 1 关，门 2 开，再经过 4 次移位，将移位寄存器的校验位全部输出，与原先的 11 bit 信息组成一个长为 15 bit BCH 码。门 1 开，门 2 关，送入下一个信息组重复上述过程。

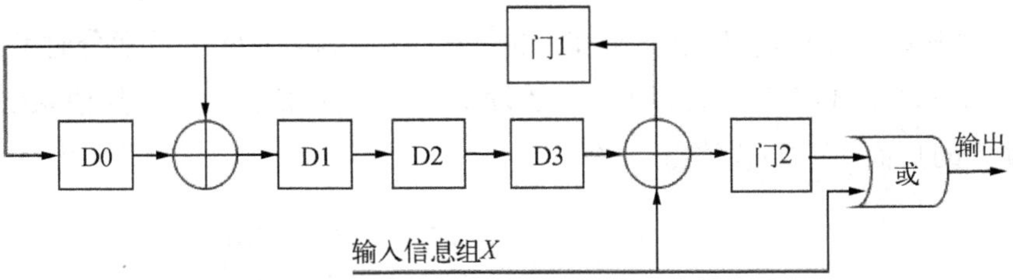

图 3－15　BCH(15, 11, 1)编码框图

2. D1 电文

D1 导航电文速率为 50 bit/s，经二次编码和调制后由 MEO/IGSO 卫星播发，内容包含基本导航信息（本卫星基本导航信息、全部卫星历书信息、与其他系统时间同步信息）。

D1 导航电文采用固定帧格式，由超帧、主帧和子帧组成，如图 3－16 所示：每个超帧长 36 000 bit，历时 12 min，包含 24 个主帧（页面）；每个主帧长 1 500 bit，历时 30 s，包含 5 个子帧；每个子帧长 300 bit，历时 6 s，由 10 个字组成；每个字长 30 bit，历时 0.6 s。

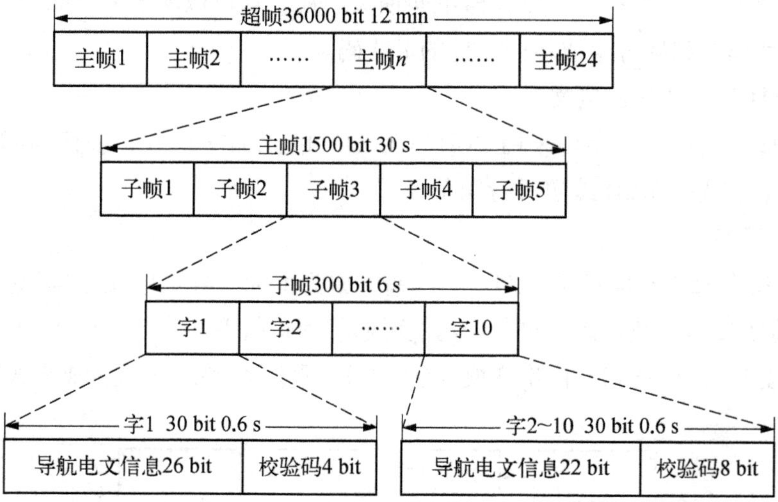

图 3-16　D1 导航电文帧结构

每个 30 bit 的字是由导航电文信息与校验码两部分组成。每个子帧第 1 个字包含 11 bit 帧同步码“11100010010”，4 bit 保留字，3 bit 子帧计数与周内秒的高 8 位，前 15 bit 信息不进行纠错编码，后 11 bit 信息采用 BCH(15, 11, 1)方式进行纠错，信息位共有 26 bit；每个子帧其后的 9 个字均采用 BCH(15, 11, 1)加交织方式进行纠错编码，信息位共有 22 bit。

D1 导航电文的信息内容包括：本卫星基本导航信息(包括周内秒计数、整周计数、用户距离精度指数、卫星自主健康标识、电离层延迟模型改正参数、卫星星历参数及数据龄期、卫星钟差参数及数据龄期、星上设备时延差)、全部卫星历书及与其他系统时间同步信息(UTC、其他卫星导航系统)。D1 导航电文主帧结构与信息内容如图 3-17 所示。子帧 1 至子帧 3 播发基本导航信息；子帧 4 和子帧 5 的信息内容由 24 个页面分时发送，其中子帧 4 的页面 1~24 和子帧 5 的页面 1~10 播发全部卫星历书信息及与其他系统时间同步信息；子帧 5 的页面 11~24 为预留页面。

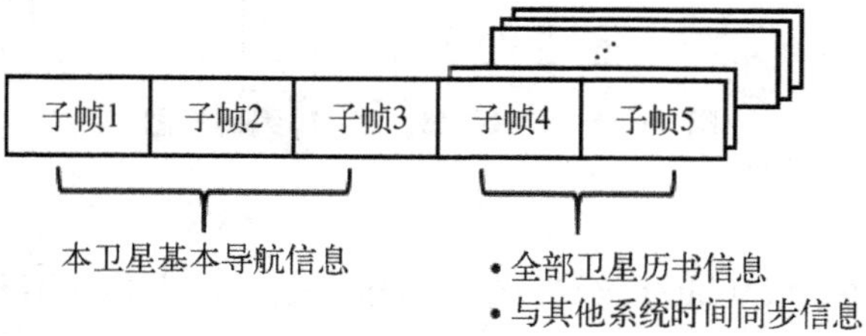

图 3-17　D1 导航电文主帧结构与信息内容

3. D2 电文

D2 导航电文速率为 500 bit/s，调制后由 GEO 卫星播发，内容包含基本导航信息和增强服务信息，其中增强服务信息主要包括北斗系统的差分及完好性信息、格网点电离层信息等。D2 电文与 D1 电文结构类似，但内容、具体编排与传输速率不同。

D2 导航电文也由超帧、主帧和子帧组成，如图 3－18 所示：每个超帧含 180 000 bit，历时 6 min，由 120 个主帧构成；每个主帧为 1 500 bit，历时 3 s，由 5 个子帧组成；每个子帧 300 bit，历时 0.6 s，由 10 个字构成；每个字为 30 bit，历时 0.06 s，由导航电文信息及校验码两部分组成。与 D1 电文字结构一致，每个子帧第 1 个字的前 15 bit 信息不进行纠错编码，后 11 bit 信息采用 BCH(15, 11, 1)方式进行纠错，信息位共有 26 bit；其他 9 个字均采用 BCH(15, 11, 1)加交织方式进行纠错编码，信息位共有 22 bit。

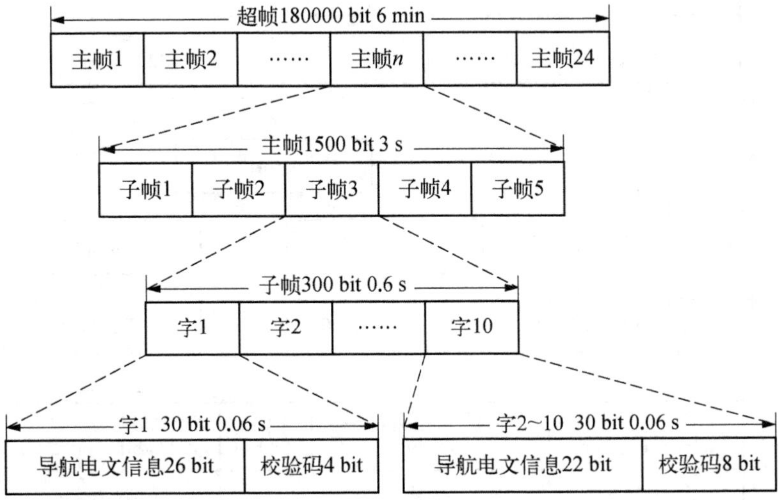

图 3－18　D2 导航电文帧结构

主帧结构及信息内容如图 3－19 所示，子帧 1 播发基本导航信息，由 10 个页面分时发送，子帧 2~4 信息由 6 个页面分时发送，子帧 5 中信息由 120 个页面分时发送。其中子帧 1 的页面 1~10 的低 150 bit 信息、子帧 4 的页面 1~6、子帧 5 的页面 14~34、页面 74~94、页面 103~120 为预留信息。

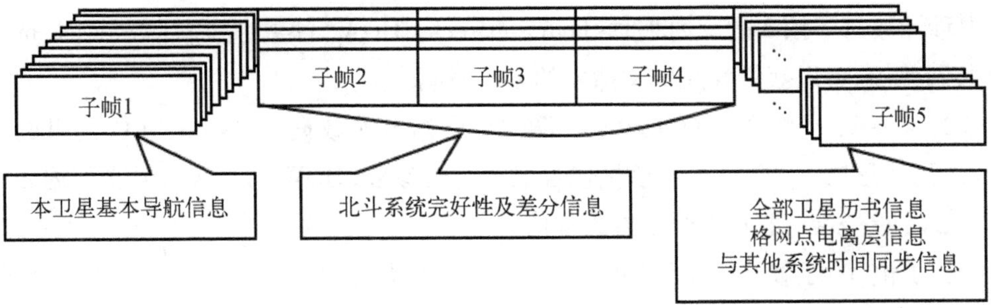

图 3－19　主帧结构及信息内容

D2 导航电文包括本卫星基本导航信息、全部卫星历书信息与其他系统时间同步信息，这部分与 D1 导航电文类似，此外，还包括北斗系统完好性及差分信息、格网点电离层信息。

3.3.2 北斗 B1C 信号

B1C 信号由北斗 3 号系统的 MEO 和 IGSO 卫星播发。

该信号使用 B - CNAV1 电文，如图 3 - 20 所示，电文播发以帧为单位，每帧长 1 800 符号位(878 bit 原始电文数据)，需要传输 18 s，传输速率为 100 sps。每帧电文包含 3 个不等长度的子帧。

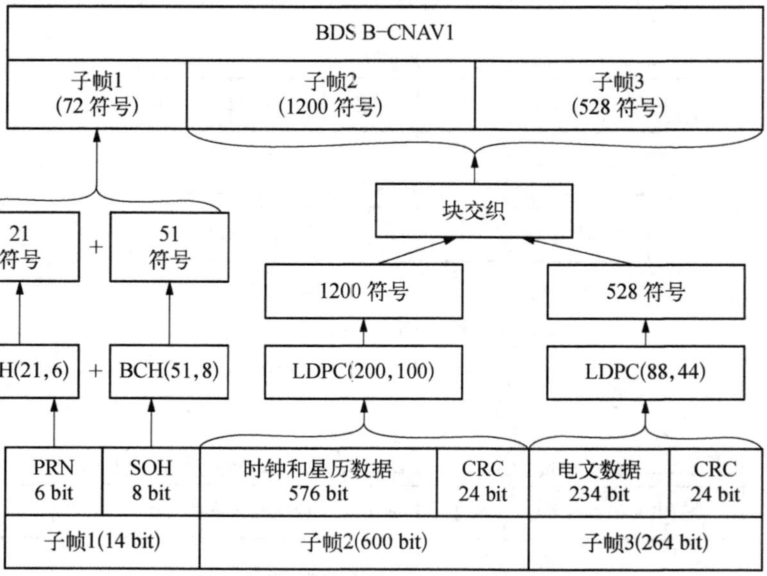

图 3 - 20　B - CNAV1 电文结构

(1) 子帧 1：子帧 1 长 14 bit，经 BCH 编码后形成 72 符号。子帧 1 由 6 bit 伪随机噪声(pseudorandom noise，PRN)编号与 8 bit 小时内秒(seconds of hour，SOH)计数构成，两个信息量分别采用 BCH(21，6)与 BCH(51，8)独立编码。不考虑误码情况，前 6 bit PRN 编码，即编码后的首 21 符号位不会随时间变化，在所有帧中是相同的，可以作帧同步用。小时内秒计数与子帧 2 的周内小时(hours of week，HOW)计数、整周计数(week number，WN)共同使用，可以获得导航电文播发的系统时间。

(2) 子帧 2：子帧 2 长 600 bit，由 576 bit 原始电文数据与 24 bit CRC 码组成，经过 LDPC 编码后形成 1 200 符号。该帧包含系统时间参数(HOW 与 WN)、电文数据版本号、星历参数、钟差参数、群延迟修正参数等信息。

(3) 子帧 3：子帧 3 长 264 bit，由首 6 bit 页面类型(PageID)，234 bit 电文数据和尾 24 bit CRC 码组成，经过 LDPC 编码后形成 528 符号。子帧 3 提供的导航数据，无法在一帧内播发完全，采用分页播发方式，最多可定义 63 种页面类型，当前定义了 4 个有效页面类，包括：空间信号精度指数、电离层延迟改正模型参数与 BDT - UTC 时间同步参数(页 1)；简约历书(页 2)；空间信号精度指数与中等精度历书(页 3)；地球定向参数(earth

orientation parameter, EOP)与北斗时与其他 GNSS 系统时的偏差参数(页 4)。不同页中字段的定义不同,而页的播发顺序也可能变化,需要根据具体的页号进行数据的提取。

B1C 信号结构可类比 GPS 的 L1C 信号,包含数据分量与导频分量,其中导频分量的伪码采用分层码结构,由主码和子码模二加构成。导频分量的伪码主码与数据分量伪码类似,码速率为 1.023 Mcps,码长 10 230 码片,码周期为 10 ms,子码则与导航电文同步 100 cps,如表 3－5 所示。这些码序列均采用 Weil 码截短形式,数据分量上的伪码与导频分量的主码是通过 $N=$ 10 243 码片长的 Weil 码截短获得,导频分量的子码通过 3 607 码片的 Weil 码截断得到,相位差 w 与截取点 p 各不相同,可通过接口控制文件查表获得。

表 3－5　B1C 信号测距码参数

信号分量	数据分量	导频分量	
		主码	子码
码型	Weil 码截短	Weil 码截短	Weil 码截短
码长/码片	10 230	10 230	1 800
码周期/ms	10	10	18 000

B1C 信号数据分量与导频分量均采用 BOC 调制,数据分量采用 BOC(1, 1)调制,导频分量采用 QMBOC(6, 1, 4/33),由 BOC(1, 1)和 BOC(6, 1)复合而成,但与 TMBOC 复合方式不同,QMBOC 采用正交方式复合,即 BOC(1, 1)与 BOC(6, 1)调制在正交的载波上,信号表达式可写为

$$
\begin{aligned}
S_{\mathrm{B1C}}^{i}(t) = {} & \frac{1}{2}A_{\mathrm{B1C}}C_{\mathrm{B1C_D}}^{i}(t)D^{i}(t)\operatorname{sign}[\sin(\omega_1 t)]\cos(\omega_{\mathrm{B1C}}t+\varphi_{\mathrm{B1C}}) \\
& + \sqrt{\frac{1}{11}}A_{\mathrm{B1C}}C_{\mathrm{B1C_P}}^{i}(t)C_{\mathrm{B1C_P^{sub}}}^{i}(t)\operatorname{sign}[\sin(\omega_1 t)]\cos(\omega_{\mathrm{B1C}}t+\varphi_{\mathrm{B1C}}) \\
& + \sqrt{\frac{29}{44}}A_{\mathrm{B1C}}C_{\mathrm{B1C_P}}^{i}(t)C_{\mathrm{B1C_P^{sub}}}^{i}(t)\operatorname{sign}[\sin(\omega_6 t)]\sin(\omega_{\mathrm{B1C}}t+\varphi_{\mathrm{B1C}})
\end{aligned}
\tag{3-16}
$$

式中,下标 B1C 表示 B1C 信号对应的变量;二级下标 D 与 P 分别表示数据分量与导频分量;$C_{\mathrm{B1C_P^{sub}}}^{i}(t)$ 表示第 i 颗卫星 B1C 信号导频分量子码;$\omega_1=2\pi\times1.023$ MHz 与 $\omega_6=2\pi\times6\times1.023$ MHz 分别表示 BOC(1, 1)与 BOC(6, 1)调制采用的副载波频率。

3.3.3　其他北斗卫星信号

北斗卫星导航系统已公布的信号除 B1I 与 B1C 信号外,还有 B3I、B2I、B2a 与 B2b

信号。其中 B3I 与 B2I 信号在北斗 2 号系统中就已经开始播发,B2I 信号在北斗 3 号系统中,由 B2a 信号取代,因此北斗 3 号系统支持信号包括 B3I、B2a、B2b 以及前面介绍的 B1I 和 B1C 信号。

3.3.3.1 北斗 B3I 信号

B3I 信号由北斗 2 号和 3 号系统的 MEO、IGSO 和 GEO 卫星播发。该信号与 B1I 信号结构非常相似,也是用 10.23 Mcps 伪码对二次编码的 D1 电文和无二次编码的 D2 电文进行扩频调制,再经 BPSK 调制在 B3 载波上,载波频率为 1 268.52 MHz。GEO 卫星播发信号调制 D2 电文,MEO 和 IGSO 卫星播发信号调制 D1 电文。

B3I 信号采用的伪码虽然也是 10.23 Mcps 的码速率,但伪码序列产生方式与 B1I 信号不同。B3I 信号伪码是金码截短码,其合成金码序列的两个 m 码序列由 13 级反馈移位寄存器生成,最终码长为 10 230 码片,码周期为 1 ms。

3.3.3.2 北斗 B2a 信号

B2a 信号由北斗 3 号 MEO 与 IGSO 卫星播发。该信号使用 B - CNAV2 电文,符号速率为 200 sps,播发周期为 3 s,结构类似 GPS 的 CNAV 电文,由一条条 600 符号位的消息,每条消息称为一帧。每帧首 24 符号位为同步头,不编码,后 576 符号位为电文符号,由 288 bit 数据经 LDPC(96, 48)编码获得,依次包含了 6 bit PRN 码、6 bit 消息类型码、18 bit 周内秒(second of week, SOW)、234 bit 电文数据和尾 24 bit CRC 码。

B2a 信号采用正交的 BPSK 调制,类似 GPS 的 L5 信号,含电文数据的分量为数据分量,导频分量与数据分量正交,不调制电文数据。

B2a 信号的伪码均采用分层码结构,由主码和子码模二加构成。子码的码片宽度与主码周期相同,即子码 1 码片的宽度等于主码一个周期,子码码片起始时刻与主码第一个码片的起始时刻严格对齐。主码码速率为 10.23 Mcps,码长为 10 230 码片。数据分量子码为固定的“00010”,码长为 5 码片,码周期为 5 ms,即每个码片宽为 1 ms,与主码一个周期相同。导频分量子码码长为 100 码片,码周期为 100 ms,同样码片宽度与主码周期相等,采用码长为 1 021 码片的 Weil 码截断获得。

3.3.3.3 北斗 B2b 信号

B2b 信号由北斗 3 号 MEO 与 IGSO 卫星播发。该信号使用 B - CNAV3 电文,不仅包含基本导航信息,还包含基本完好性信息。B - CNAV3 电文结构与 B2a 信号上的 B - CNAV2 电文结构类似,电文按帧播发,每帧电文长度为 1 000 符号位,符号速率为 1 000 sps,1 s 即可播发一帧电文,播发周期为 1 s。

B2b 信号采用 BPSK(10)调制方式,载波中心频率为 1 207.14 MHz,伪码码长为 10 230 码片,码速率为 10.23 Mcps。伪码生成方式与 B2a 信号主码生成方法相同,通过扩展金码获得。金码也是由两个 13 级线性反馈移位寄存器通过移位及模二加生成。

3.4　其他 GNSS 信号结构

GLONASS 与 GALILEO 都有自己的卫星信号。这些导航系统卫星信号都根据各自不同情况和需求，拥有各自的特点，但在信号结构上又与 GPS 卫星信号以及北斗卫星信号有相似之处。

3.4.1　GLONASS 信号结构

GLONASS 采用频分多址(frequency division multiple access, FDMA)技术识别卫星，每颗 GLONASS 卫星发射的信号具有相同的 PRN 码，但载波频率各不相同。FDMA 具有更优的抗干扰特性。一个窄带干扰源会同时干扰所有的 CDMA 信号却只能干扰一个 FDMA 信号。此外，FDMA 无须考虑多个信号码之间的干扰效应(互相关)。因此，GLONASS 基于频率的抗干扰可选方案要比 GPS 多，而且它还具有更简单的选码判据。然而，FDMA 因为处理多频需要更多的前端部件，因此接收机的体积一般较大且造价昂贵。相反，CDMA 信号可用同一组前端部件处理。

GLONASS 卫星以两个分立的 L 频段载频为中心发射信号。每个载频用 511 kHz 或 5.11 MHz 的 PRN 测距码序列和 50 bit/s 数据信号进行模二加，然后进行调制。这个 50 bit/s 数据信号含有 GLONASS 的导航信息，即导航电文。图 3－21 为 GLONASS 卫星信号发生器的简化方框图。

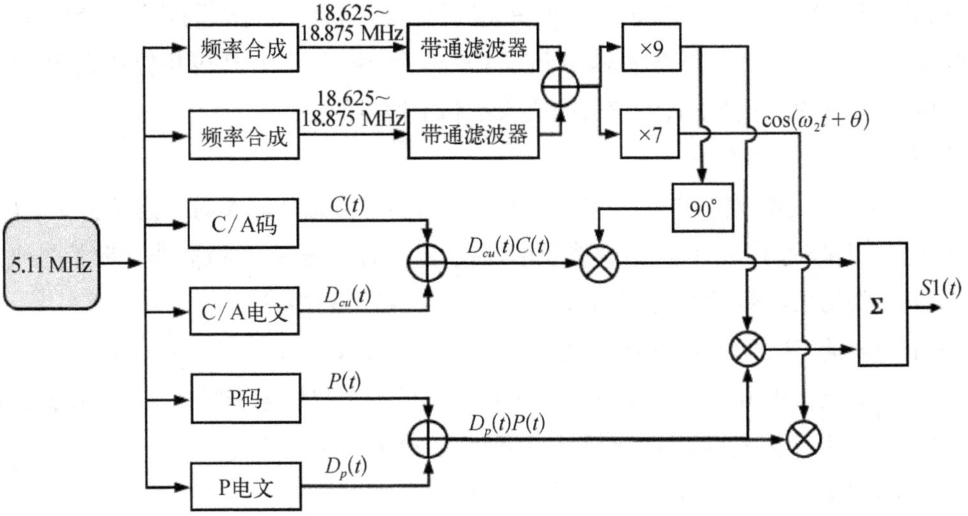

图 3－21　GLONASS 卫星信号发生器的简化方框图

1. GLONASS 信号频率

GLONASS 采用频分多址技术，按照系统的初始设计，每颗卫星发播的 L1、L2 载波信号的频率是互不相同的。鉴于 GLONASS 的载波频率与国际天文研究的频率 1 610.6~1 613.8 MHz、近地卫星移动通信频段 1 610.0~1 626.5 MHz 存在交叉，俄罗斯计划减小 GLONASS 载波带宽和频率数量。频率改变后，GLONASS 将仅有 12 个频率和 2 个测试频率。因为在地球上任何一个地方，不可能同时看见同一个轨道平面上位置相差 180°的 2 颗卫星，这 2 颗卫星可以采用同一频率，而不至于产生相互干扰。俄罗斯用该办法解决了 12 个频率识别 24 颗卫星的问题。载波频率的修改分为两步。

（1）1998~2005 年的频率计划：在此期间，GLONASS 采用的载波频率通道号为 K = 0，1，…，12，即 L1、L2 频段范围为 1 602.0~1 608.8 MHz 和 1 246.0~1 251.25 MHz。

（2）2005 年以后的频率计划：GLONASS 卫星采用的载波频率通道号为 K = （-7，…，+6），即频段范围为 1 598.062 5~1 604.25 MHz 和 1 242.937 5~1 247.75 MHz。

2. GLONASS 伪码基本特性

GLONASS 的每颗卫星像 GPS 一样用两个 PRN 测距序列调制其 G_1 载频。一个序列（称为 P 码）留作军用；另一个序列（称为 C/A 码）供民用，并协助捕获 P 码。每颗卫星只用 P 码和导航数据的模二加调制其 G_2 载频。GLONASS 卫星信号并不采用码分多址形式，P 码和 C/A 码序列对所有卫星来说都是相同的。

GLONASS 的 C/A 码是由 9 位线性移位寄存器产生的 m 码序列，码率为 0.511 Mcps，码长为 511 码片，码周期为 1 ms。P 码是由 25 位线性移位寄存器产生的 m 序列截短至 5 110 000 码片获得，码率为 5.11 Mcps，码周期为 1 s。

GLONASS 信号具有 FDMA 性质，其频率是分离开的，这会显著地降低卫星信号之间的互相关。511 码片的 C/A 码也能够更快完成信号的捕获，但每个码片宽约 587 m，测距精度也随之有所降低。P 码码速率 10 倍于 C/A 码码速率，每个 P 码相位代表 58.7 m 的距离，相应地，测距精度更高，但较长的码长不利于信号的捕获。

3. GLONASS 的导航电文

GLONASS 信号播发的导航电文内容可以分为实时信息和非实时信息两大类，实时信息主要包括卫星时间、星历参数、载波频率偏差、系统时间偏差等数据，非实时信息则包括了所有卫星的历书参数、健康状态等数据，经海明码编码后播发。

一个完整的 GLONASS 导航电文由一个超帧组成，每个超帧包含 5 个帧，每个帧又包含 15 个串，串类似于 GPS 导航电文中的子帧。发播一个超帧需历时 2.5 min，播送速度为每秒 50 bit，可以计算获得 GLONASS 电文每帧长 30 s，每串长 2 s。

串是帧的基本单位，GLONASS 的串结构如图 3-22 所示。

每个串分为数据位和时间标记两大部分。一个串长 2 s，在最后的 0.3 s 传输时间标记，时间标记由 30 个码元组成，每个码长 10 ms，在前 1.7 s 传输 85 个数据位。串中的位序号按从右往左顺序排列：海明码检验码占用第 1~8 位，星历数据占用第 9~84 位，最后一位（第 85 位）是空闲位“0”。

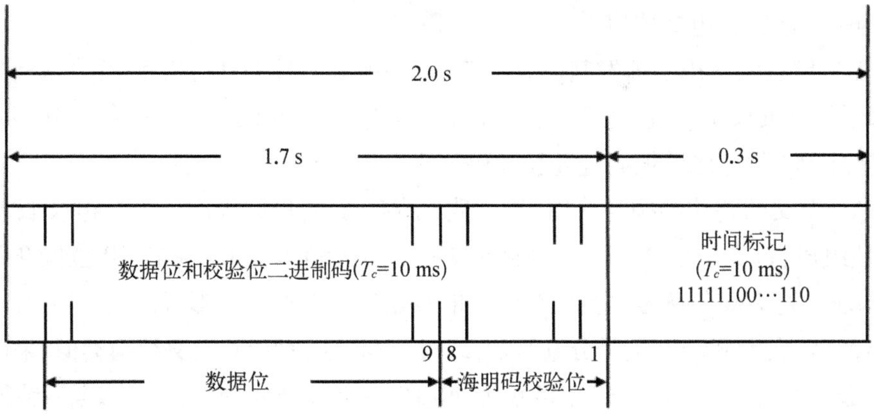

图 3-22　GLONASS 的串结构图

3.4.2　伽利略信号结构

伽利略系统具有三个频段范围，分别为 E1(1 559~1 592 MHz)，E5(1 164~1 215 MHz)和 E6(1 215~1 300 MHz)，有四个中心频率：1 575.420 MHz(E1)，1 176.450 MHz(E5a)，1 207.140 MHz(E5b)和 1 278.750 MHz(E6)。

每个中心频率对应一个信号，每个信号又有两个或三个分量，如 E1 信号与 E6 信号的 A/B/C 分量，E5a 与 E5b 信号的 I/Q 分量。

E1 信号有三个分量：E1-A 分量为加密的导航信号，用于提供 PRS，可提供稳定的信号并在欧盟成员国政府的控制之下，保证其他服务停止后欧盟成员国对伽利略系统的特殊使用(如用于国防、执法等)；E1-B 上调制 250 sps 的 I/NAV 电文，提供 OS；E1-C 分量是导频分量，不调制电文，用于增强接收机的跟踪。

E6 信号有三个分量：E6-A 分量用于提供 PRS，与 E1-A 类似；E6-B 上调制 1 000 sps 的 C/NAV 电文，为商用信号，在公开服务的基础上提供增值服务，由商业运营公司保证在世界范围内达到亚米级定位精度；E6-C 分量是导频分量。

E5a 与 E5b 信号均含数据分量 I 与导频分量 Q，E5a-I 上调制 50 sps 的 F/NAV 电文，E5b-I 上调制 250 sps 的 I/NAV 电文，与 E1-B 调制的 I/NAV 电文略有差别，E5b-I 分量上调制的电文含有 SAR 数据。

3.4.2.1　伽利略信号导航电文结构

伽利略卫星导航系统有完好性导航电文 I/NAV、自由导航电文 F/NAV、商用导航电文 C/NAV 与政府级导航电文 G/NAV 四种，目前 I/NAV、F/NAV 与 C/NAV 电文结构公开，I/NAV 与 F/NAV 电文播发内容不同，但结构具有相似性，都是按帧播发，一帧由若干个等长度子帧组成，每个子帧由若干页组成，“页”是导航电文的基本结构，且每页包含“类型”标记来标识用户接收到的页面内容，整体上类似传统固定帧结构电文。C/NAV 电文则为消息条结构电文，但由于 C/NAV 电文上有加密编码，非授权用户无法解码，仅知道电文结构也不能获得电文内容。

F/NAV 导航电文用于播发基本导航信息，一帧电文长 600 s，由 12 个子帧组成，每个子帧分 5 页，每页长 10 s，包含 500 符号位，由首 12 位同步码和 488 位符号构成。这 488 位符号是由 244 位导航数据码经卷积编码形成。

I/NAV 电文的整体结构与 F/NAV 一致，由帧、子帧和页构成。一帧电文长 720 s，由 24 个子帧组成，每个子帧分 15 页，每页长 2 s，包含 250 符号位，由首 10 位同步码和 240 位符号构成。这 240 位符号是由 120 位导航数据码经卷积编码形成。

C/NAV 电文由 B6 - B 信号分量播发，结构与 GPS 的 CNAV 电文结构类似，采用信息条结构。每条信息包含 1 000 符号，首 16 位为同步码，剩余部分由 492 位电文数据经编码获得。

3.4.2.2 伽利略 E1 与 E5 信号伪码序列

伽利略信号中，除 E1B 与 E6B 信号，其他信号的伪码均是分层结构，由伪码主码与子码模二加获得，E5 信号伪码主码是由两个 14 级线性反馈移位寄存器输出的 m 码复合而成，通过截断获得合适的长度。

3.4.2.3 伽利略信号的调制

伽利略卫星导航系统的 E6 - B/C 信号采用了 BPSK 调制，E1 - B/C 信号采用复合二进制偏移载波(composite binary offset carrier, CBOC)调制，E5 信号则采用了交替二进制偏移载波(alternate binary offset carrier, AltBOC)调制。

CBOC 调制采用复合副载波形式，其表达式与 BOC 调制类似，扩频信号与副载波模二加，再调制在载波上。但这里的副载波不是正弦副载波或余弦副载波，而是两者的复合形式，如图 3 - 23 所示。

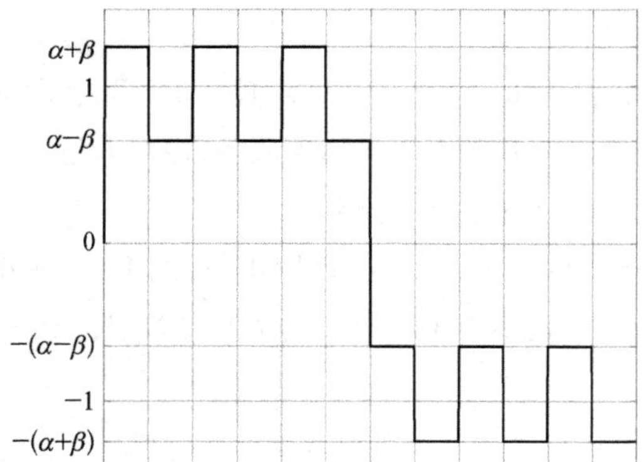

(a) E1−B信号分量上副载波信号波形

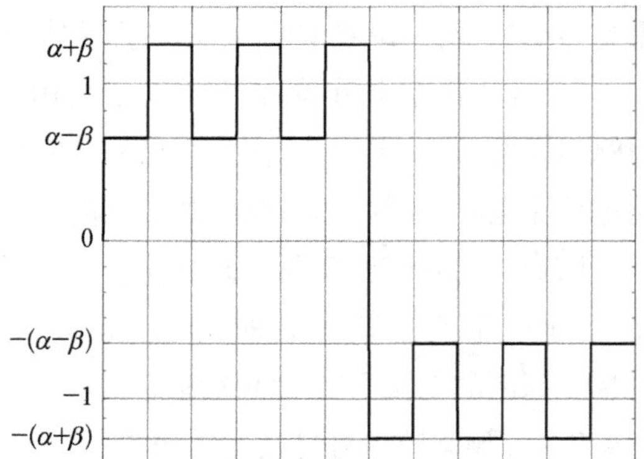

(b) E1−C信号分量上副载波信号波形

图 3 - 23　E1 - B 与 E1 - C 信号分量上副载波信号一周期波形

E5 信号采用 AltBOC 调制，使用复数型副载波，实部部分为副载波自身，是一个多值周期函数，其一个周期的波形如图 3 - 24 所示，虚部部分由实部副载波平移 1/4 周期获得。

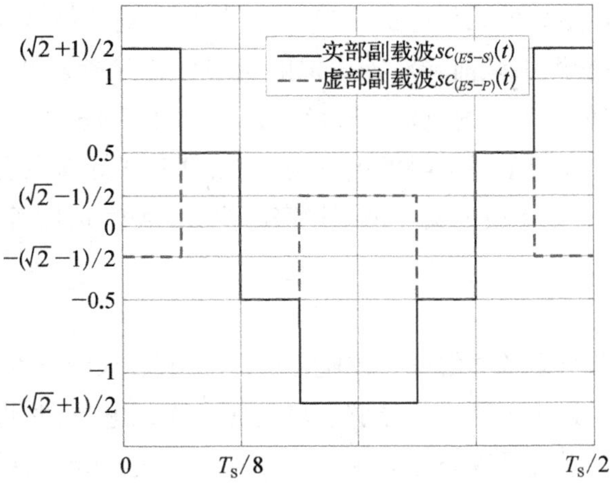

图 3-24　E5 信号分量上副载波一周期波形

3.5　卫星导航接收机对卫星信号的处理

GNSS 接收机是 GNSS 用户设备的重要组成部分，其主要功能是接收 GNSS 卫星信号，从中提取卫星发送的星历数据，同时根据卫星信号的延时计算出伪距，并将这些信息传送给微处理器进行定位计算。大多数现代的 GNSS 接收机方案都是数字接收机，GNSS 信号经过 A/D 转换后全部使用数字器件进行信号的处理，本节主要针对数字接收机的基带信号处理的捕获与跟踪进行分析。

3.5.1　接收机组成及信号处理流程

GNSS 用户设备包括天线、射频前端、基带信号处理和导航解算四大核心功能模块，以及外部输入/输出设备、电源、晶体振荡器等支撑模块，其基本结构如图 3-25 所示。

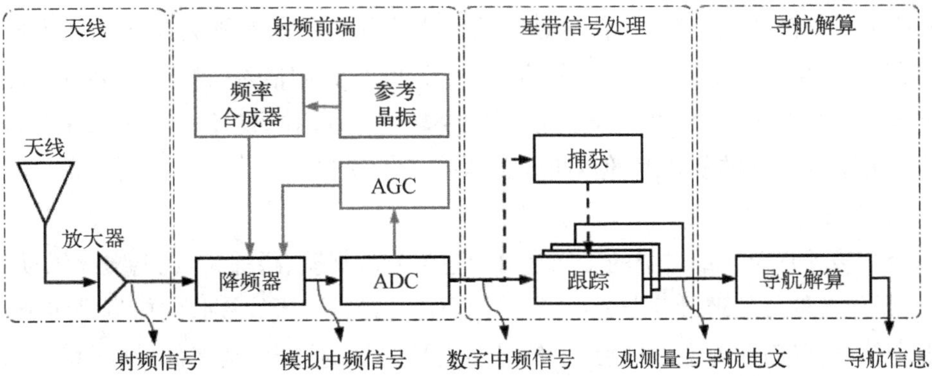

图 3-25　GPS 信号接收系统的基本结构

自动增益控制器(automatic gain controller, AGC)；模数转换器(analog to digital converter, ADC)

天线接收来自导航卫星的无线电射频信号，并将接收到的信号经放大、滤波，以模拟信号形式输出至射频前端；射频前端对该模拟射频信号进行多级的滤波、放大、下变频器操作以及模数转换处理，将模拟射频信号转换为数字中频信号输出至基带信号处理单元；基带信号处理单元主要完成卫星信号的捕获与跟踪，并完成导航电文的解码与观测量的生成；导航解算模块则利用导航电文与观测量完成位置、速度、时间等导航信息的计算，供外部输出设备使用。

1. 天线

天线是空间电磁波与设备电信号的转换装置，分为接收天线与发射天线。对于 GNSS 接收机，采用接收天线，其作用是接收导航卫星发射的无线电波，并将其转换为电压或电流这样的电信号。接收天线可以分为无源天线和有源天线，无源天线是单纯意义上的天线，有源天线则是在天线后端连接有源器件低噪声放大器，以改善信号的噪声情况。

由于载波频率较高，且经过长距离传输信号较弱，直接对其进行处理难度较大且可靠性不高，为此 GNSS 信号接收机的天线单元包括接收天线和前置放大器两部分。前置放大器的作用是将极微弱的 GNSS 信号的电磁波能量转换成为弱电流放大。

2. 射频前端

射频前端是对来自天线模块的射频模拟信号进行处理，将其转换成数字中频信号输出至基带信号处理单元的模块，包括一系列滤波器、放大器、下变频器、自动增益控制器（AGC）以及模数转换器（ADC）。滤波器和放大器的目的是放大信号和保持低噪声。下变频器主要目的是将模拟射频信号的频率降低到中频，下变频器由一组混频器组成，通过与本地振荡器产生的信号混合，将接收信号从高频搬移到低频，模拟射频信号被转换成模拟中频信号。AGC 按接收信号强弱调整混频器的增益范围，使得输出的模拟中频信号变化范围在 ADC 工作范围内，即当输入信号过强时，AGC 降低混频器增益，反之当输入信号较弱时，AGC 提高混频器增益。ADC 负责将模拟中频信号转换为数字中频信号，涉及采样与量化两个核心步骤。

根据带通采样定理，ADC 采样频率需大于信号带宽的 2 倍，对于卫星导航信号而言，导航数据码经伪随机码扩频后，信号带宽从几十或几百赫兹扩展到几兆到几十兆赫兹，ADC 采样频率需要不低于伪随机码的带宽，对于 BOC 调制信号，由于大部分信号能量分布在 BOC(1, 1)分量上，也可以采用比较低的采样频率仅对 BOC(1, 1)分量采样，以降低硬件成本和信号处理的复杂度，但对应也会降低部分精度。

3. 基带信号处理单元

基带信号处理单元最主要的工作是对卫星信号的捕获、跟踪，实现电文解码以及生成观测量，是导航信号处理最复杂的部分，采用通道化结构。天线接收的信号是多个卫星信号的混合信号，经射频前端处理后，仍然是多卫星信号的混合，基带信号处理单元通过捕获模块分辨出具体有哪些卫星的信号，为分辨出的每个卫星信号分配一个跟踪通道，实现对该颗卫星信号的持续跟踪，但捕获模块仍需要对未跟踪卫星进行捕获，以应对新增可见星、卫星信号遮挡后重现等情况。持续跟踪的卫星信号进一步进行电文解码，提取导航数据，生成伪距、载波相位、多普勒频率观测量。观测量的输出频率以 1 Hz 常见，目前输出频率也有达到 50 Hz 的情况，以应对一些高动态场合的需要。

4. PVT 解算模块

导航定位解算单元主要利用观测量以及卫星位置、速度估计载体位置、速度等导航信息，将在本书第 5 章详细阐述其原理。

3.5.2　GNSS 信号的捕获

大部分导航卫星信号采用码分多址技术，利用不同的伪随机码区分发射信号的卫星。从接收机角度看，接收到的信号是来自多颗卫星的混合信号，需要通过伪随机码序列分辨信号的来源卫星。其次，由于载体和卫星之间的相对运动，会造成载波产生多普勒频移，而信号从卫星传播至地面接收机的延时会影响伪随机码的相位。因此，要对 GNSS 信号进行解调、提取数据和计算观测量，就首先需要知道接收信号对应的码序列（卫星的 PRN 编号）、大致的码相位以及载波频率，这一过程就是 GNSS 信号的捕获。捕获的算法很多，最基础的捕获方法有串行搜索算法与码并行捕获算法。以最简单的 GPS L1 C/A 信号为例说明信号捕获的基本原理及过程。

3.5.2.1　卫星信号捕获的基本原理

1. 伪码的捕获

卫星信号的捕获中，对码序列的确定及其相位的粗略值获取依据 C/A 码的相关特性。接收机生成本地伪码序列，当本地伪码序列与卫星信号伪码相同，且具有相似的码相位时，本地码序列与接收信号码序列相关值近似达到峰值，若任一条件不符合，则相关值接近 0，离散形式记为

$$|R(\delta\tau)| = \left|\frac{1}{K_{\mathrm{coh}}}\sum_{k=1}^{K_{\mathrm{coh}}} C^i(k)C_{\mathrm{loc}}^j(k+\delta\tau)\right| \approx \begin{cases} R(0)=1, & i=j,\ \delta\tau\approx 0 \\ 0, & i=j,\ \delta\tau\neq 0 \\ 0, & i\neq j \end{cases} \tag{3-17}$$

式中，$\delta\tau$ 表示本地伪码与接收伪码的延时差；K_{coh} 表示相关计算的累加数量，等于一个 C/A 码周期的信号采样点数；$C^i(k)$ 表示 k 时刻接收的第 i 颗卫星信号中的伪码；$C_{\mathrm{loc}}^j(k+\delta\tau)$ 表示 k 时刻本地生成的第 j 颗卫星的伪码。对于本地生成的伪码序列，当其与接收信号的相关积分值近似最大时，本地码与接收码序列相同且同步，即确定了接收的码序列，同时也可以将本地码相位看作接收码相位。

2. 载波的捕获

接收机对载波频率的粗略估计，本质也是对载波多普勒频率的粗略估计，原理与混频类似，实现过程与 C/A 码的捕获类似。接收机生成频率为 f_{loc} 的本地载波，与接收信号混频，可以得到：

$$
\begin{aligned}
&\sin[2\pi(f_{L1}+f_D)k]\sin(2\pi f_{loc}k) \\
&=0.5\cos[2\pi(f_{L1}+f_D-f_{loc})k]-0.5\cos[2\pi(f_{L1}+f_D+f_{loc})k]
\end{aligned}
\tag{3-18}
$$

式中，$\sin[2\pi(f_{L1}+f_D)k]$ 表示 k 时刻接收卫星信号的载波，f_D 表示载波多普勒频率；$\sin(2\pi f_{loc}k)$ 表示本地载波。混频信号经过低通滤波器，滤除高频分量后，其低频分量 $0.5\cos[2\pi(f_{L1}+f_D-f_{loc})k]$ 在本地载波频率与接收载波频率近似时，接近最大值0.5。换言之，当混频后的低频分量近似最大时，本地载波频率与接收载波频率近似相等，可以将本地载波频率看作接收信号的载波频率。

接收机对卫星信号的捕获需要同时在码序列、码延时和载波频率三个维度上实现本地信号与接收信号的一致。针对一个码序列，假设其编号为 PRN5，将码延时与载波频率分别定为 X 轴与 Y 轴，可以获得捕获的码延时-载波多普勒图(delay-Doppler map，DDM)，如图 3－26 所示，当 PRN5 对应的 DDM 中存在明显峰值时，说明当前接收机捕获到了

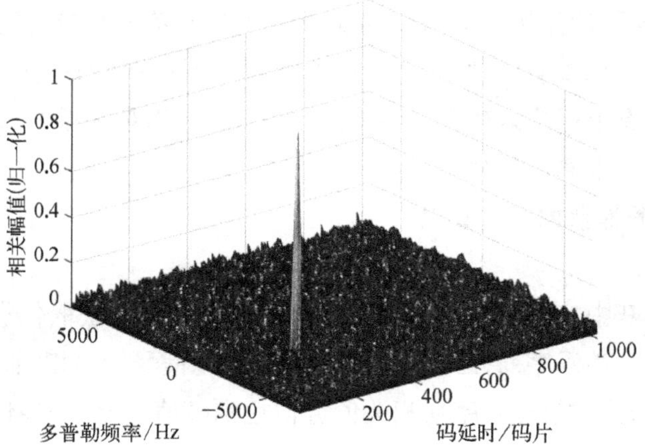

(a) 捕获到卫星信号

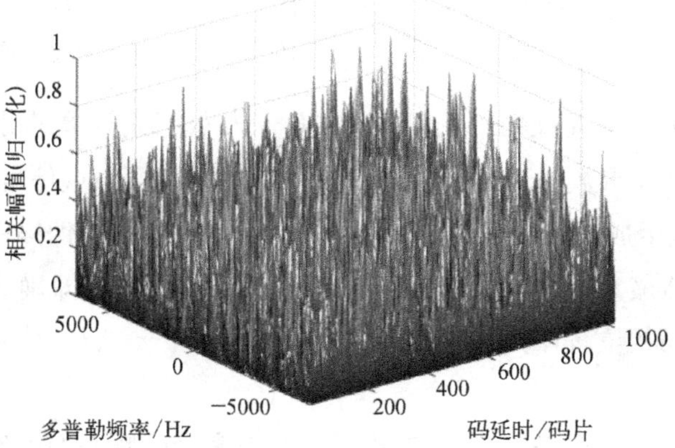

(b) 未捕获到卫星信号

图 3－26　卫星信号捕获结果示例(PRN 编号确定)

PRN5 卫星信号，峰值处所对应的码延时和载波多普勒频率，就是 PRN5 卫星播发信号的粗略码延时和载波多普勒频率；若不存在 PRN5 信号，则 DDM 中不存在明显峰值。

3.5.2.2　串行搜索捕获

由于接收机对于接收信号的码序列、载波频率与码相位皆未知，本地信号需要逐一对 32 颗卫星的伪码序列、一定范围内的载波频率 $[-f_{D,\max}+f_{L1}, f_{D,\max}+f_{L1}]$ 和全部的码相位区间[0, 1 023 码片]进行遍历式搜索，如图 3-27 所示。当且仅当接收信号码序列与本地码序列一致，载波频率和码相位都基本接近输入信号时得到的积分值出现一个较大的尖峰，得到对应的卫星 PRN 编号，以及载波频率和码相位的粗值。

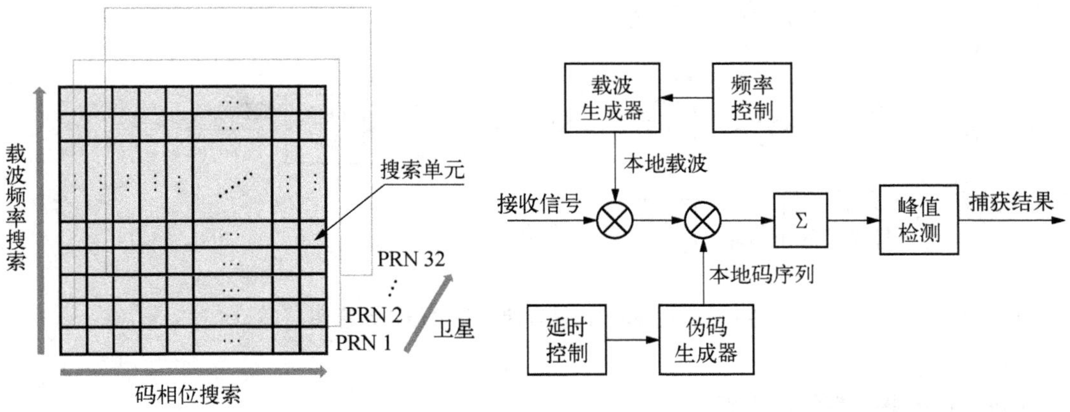

(a) 串行搜索示意图　　(b) 串行搜索算法结构示意图

图 3-27　卫星信号串行搜索算法及其结构示意图

串行搜索简单易行，但需要的硬件花销较大，速度较慢。在搜索过程中，需要设定载波频率与码相位的搜索步长，若载波频率与码相位的搜索步长分别为 Δf_{step} 与 $\Delta\tau_{step}$，则载波频率搜索单元数量 $N_f = 2f_{D,\max}/\Delta f_{step} + 1$，码相位搜索单元为 $N_\tau = 1\,023/\Delta\tau_{step}$，再考虑需要搜索 32 颗卫星的伪码序列，三维搜索的总次数便是 $32N_fN_\tau$。显然，在搜索范围一定时：过小的搜索步长会导致搜索单元数量增加，计算量增大。例如，当 $f_{D,\max} = 5\,000$ Hz，$\Delta f_{step} = 1\,000$ Hz，若 $\Delta\tau_{step} = 0.5$ 码片，总的搜索次数为 $32\times21\times2\,046 = 1\,374\,912$ 次；若 $\Delta\tau_{step}$ 增加到 1 码片，则总搜索次数为 $32\times21\times1\,023 = 687\,456$ 次。

然而，搜索步长与捕获精度成反比关系，载波频率与码相位的估计误差不大于步长的一半，步长越小精度越高。通常为了兼顾捕获精度和计算量，在捕获阶段，频率搜索步长 Δf_{step} 设置 $0.5/T$ Hz，码相位搜索步长设置为 0.5 码片。

3.5.2.3　码并行搜索捕获

码相位并行搜索的基本思想是利用相关计算的时频域特性，将码相位的串行搜索改为并行搜索，以提高捕获效率。

码序列在时域上的相关计算可通过频域乘法实现，即

$$\left|\mathrm{DFT}\left\{\sum_{k=1}^{K_{\mathrm{coh}}} C^i(k) C_{\mathrm{loc}}^j(k+\delta\tau)\right\}\right| = \mathrm{DFT}\{C^i(k)\} \cdot \mathrm{DFT}^*\{C_{\mathrm{loc}}^j(k)\} \tag{3-19}$$

其中,DFT 表示离散傅里叶变换;上标 * 表示取共轭。对该式再取傅里叶反变换即可获得不同延时下的时域相关结果,而相关峰值出现的位置就是接收伪码的延时。

码并行搜索捕获算法结构示意如图 3-28 所示,接收信号与不同频率的本地载波混频,对混频结果进行傅里叶变换,取本地伪码序列傅里叶变换的共轭,两者相乘后再进行傅里叶反变换回时域,在时域搜索相关峰值,确定码延时。

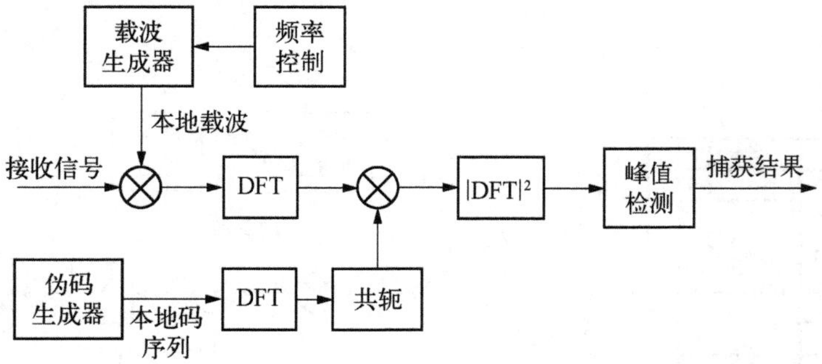

图 3-28　码并行搜索捕获算法结构示意图

3.5.3　GNSS 信号的跟踪

接收机通过捕获获得载波频率和 C/A 码相位的大致估计值后,跟踪环路连续跟踪载波与码的变化,精确确定 C/A 码相位与载波频率,并能够获得载波相位。GPS 跟踪环路的主要技术原理是锁相环,如图 3-29 所示,包括三个基本部件:鉴相器、低通滤波器和压控振荡器(voltage controlled oscillator, VCO)。

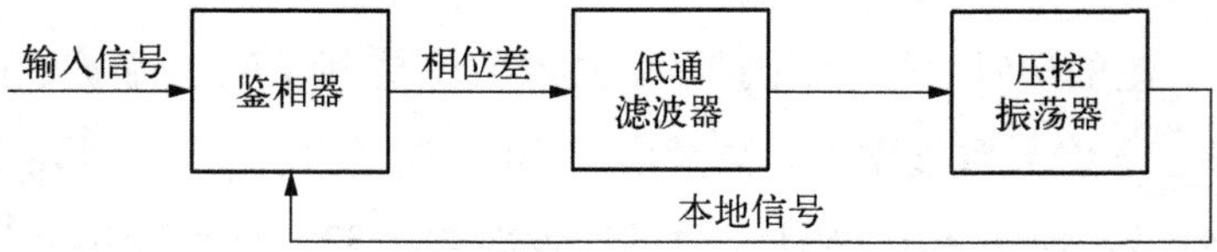

图 3-29　锁相环基本框图

锁相环是一个相位误差控制系统,通过鉴相器比较输入信号和压控振荡器产生的本地信号之间的相位差,再经低通滤波器消噪后,产生误差控制电压调整压控振荡器的输出频率,最终使两者同频同相。

由于需要跟踪不同卫星的信号,接收机为捕获到的每颗卫星信号分配一个跟踪通道,每个跟踪通道都有两个锁相环,分别为跟踪 C/A 码的码环和跟踪载波的载波环,GPS 跟踪环路的总体结构如图 3-30 所示。

接收的 GPS 中频信号与本地载波混频,得到 I 路信号,再与本地 C/A 码(当前、超前、

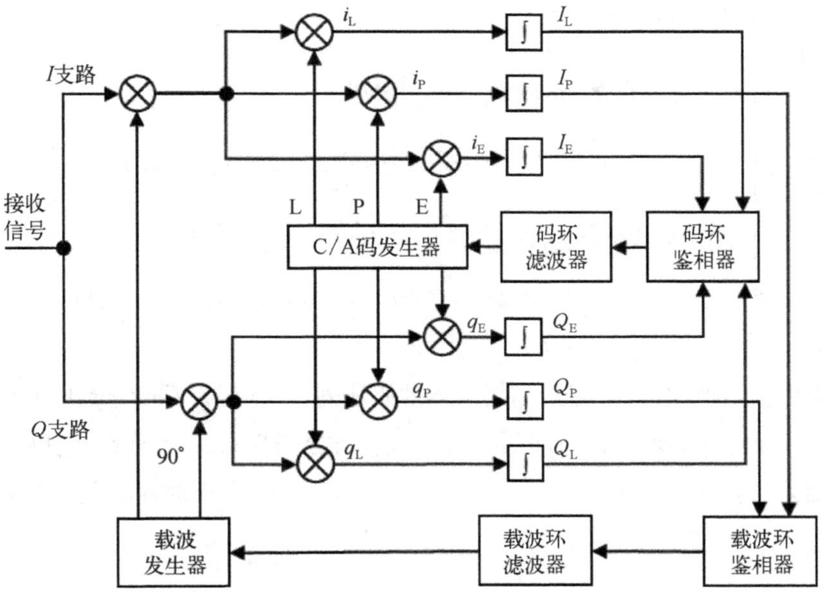

图 3-30　GPS 跟踪环路总体结构

滞后)相乘,得到三路信号(I_E、I_P、I_L);同时,中频信号还与经过 90°移相的本地载波相乘,得到 Q 路信号,再同样与本地 C/A 码相乘得到 Q_E、Q_P 和 Q_L。六路信号分别进入 C/A 码鉴相器和载波鉴相器,计算输入信号和本地信号的相位差,从而控制压控振荡器,直至本地载波和 C/A 码与输入信号完全相同,跟踪达到稳定。环路输出值 I_P 的符号即为解调后的导航电文。

具体的信号处理流程如下。

(1) 忽略噪声影响,接收的第 i 颗 GPS 卫星的中频数字信号简化为

$$s^i(k) = A^i D^i(k-\tau^i) C^i(k-\tau^i) \sin[2\pi(f_{L1}+f_D^i)k] \tag{3-20}$$

(2) 跟踪通道根据捕获参数,码序列 C^i、码延时 $\hat{\tau}^i$ 与载波多普勒频率 $\hat{f}_D^i$,产生同相本地载波 $\sin[2\pi(f_{L1}+\hat{f}_D^i)k]$ 及其正交相载波 $\cos[2\pi(f_{L1}+\hat{f}_D^i)k]$,与接收信号混频,得

$$\begin{cases} s_{mix}^i(k) = s^i(k)\sin[2\pi(f_{L1}+\hat{f}_D^i)k] \\ \quad = \dfrac{1}{2}A^i D^i(k-\tau^i) C^i(k-\tau^i)\cos[2\pi(f_D^i-\hat{f}_D^i)k] \\ \quad - \dfrac{1}{2}A^i D^i(k-\tau^i) C^i(k-\tau^i)\cos[2\pi(f_D^i+\hat{f}_D^i)k] \\ s_{mix,\perp}^i(k) = s^i(k)\cos[2\pi(f_{L1}+\hat{f}_D^i)k] \\ \quad = \dfrac{1}{2}A^i D^i(k-\tau^i) C^i(k-\tau^i)\sin[2\pi(f_D^i-\hat{f}_D^i)k] \\ \quad - \dfrac{1}{2}A^i D^i(k-\tau^i) C^i(k-\tau^i)\sin[2\pi(f_D^i+\hat{f}_D^i)k] \end{cases} \tag{3-21}$$

滤除高频分量后，化简为

$$\begin{cases} s_{\text{mix}}^{i}(k) = s^{i}(k)\sin[2\pi(f_{\text{L1}} + \hat{f}_{\text{D}}^{i})k] \\ \qquad = \dfrac{1}{2}A^{i}D^{i}(k-\tau^{i})C^{i}(k-\tau^{i})\cos[2\pi(f_{\text{D}}^{i}-\hat{f}_{\text{D}}^{i})k] \\ s_{\text{mix},\perp}^{i}(k) = s^{i}(k)\cos[2\pi(f_{\text{L1}} + \hat{f}_{\text{D}}^{i})k] \\ \qquad = \dfrac{1}{2}A^{i}D^{i}(k-\tau^{i})C^{i}(k-\tau^{i})\sin[2\pi(f_{\text{D}}^{i}-\hat{f}_{\text{D}}^{i})k] \end{cases} \tag{3-22}$$

（3）跟踪通道产生即时、滞后和提前本地码序列，分别记为 $C^{i}(k-\hat{\tau}^{i})$、$C^{i}(k-\hat{\tau}^{i}+\Delta)$ 与 $C^{i}(k-\hat{\tau}^{i}-\Delta)$，$\Delta$ 表示超前或滞后的码相位。再分别与 $s_{\text{mix}}^{i}(k)$ 与 $s_{\text{mix},\perp}^{i}(k)$ 相关，产生六路相关结果：I_{P}、I_{L}、I_{E} 与 Q_{P}、Q_{L}、Q_{E}。以 I_{P} 与 Q_{P} 为例，即时路相关结果表示为

$$\begin{cases} I_{\text{P}}(m) = \sum\limits_{k=1}^{N_{\text{coh}}} i_{\text{P}}(k) = \sum\limits_{k=1}^{N_{\text{coh}}} s_{\text{mix}}^{i}(k)C^{i}(k-\hat{\tau}^{i}) \\ \qquad = \dfrac{1}{2}A^{i}D^{i}(k-\tau^{i})R(\tau_{\text{e}}^{i})\sin c(f_{\text{e}}^{i}T_{\text{coh}})\cos(\varphi_{\text{e}}^{i}) \\ Q_{\text{P}}(m) = \sum\limits_{k=1}^{N_{\text{coh}}} q_{\text{P}}(k) = \sum\limits_{k=1}^{N_{\text{coh}}} s_{\text{mix},\perp}^{i}(k)C^{i}(k-\hat{\tau}^{i}) \\ \qquad = \dfrac{1}{2}A^{i}D^{i}(k-\tau^{i})R(\tau_{\text{e}}^{i})\sin c(f_{\text{e}}^{i}T_{\text{coh}})\sin(\varphi_{\text{e}}^{i}) \end{cases} \tag{3-23}$$

式中，m 表示积分累加后的时刻；τ_{e}^{i} 为本地码与接收码相位差，即 $\tau_{\text{e}}^{i}=\tau^{i}-\hat{\tau}^{i}$；$f_{\text{e}}^{i}$ 和 φ_{e}^{i} 分别表示本地载波与接收载波频率差和相位差，即 $f_{\text{e}}^{i}=f_{\text{D}}^{i}-\hat{f}_{\text{D}}^{i}$，$\varphi_{\text{e}}^{i}=2\pi f_{\text{e}}^{i}t$。

（4）码环鉴相器与载波环鉴相器利用六路相关结果估计 τ_{e}^{i} 与 φ_{e}^{i}，在经滤波器消噪后，更新本地载波频率和码相位，调整压控振荡器的输出频率，对环路进行更新。

（5）重复步骤（1）～（4），使本地信号不断逼近接收信号。

思 考 题

1. GPS、北斗和伽利略系统均使用了 1 575.42 MHz 的载波频率，通过码分多址技术，该频率上不仅有不同系统的卫星信号，还有同一系统的多颗卫星信号。

（1）码分多址的“码”是伪随机码，与随机码相比，其最主要的差别是什么？

（2）伪随机可以使用多级反馈寄存器生成。试写出图 1 中七级反馈寄存器所对应的特征多项式，并计算该反馈寄存器所产生序列的长度。

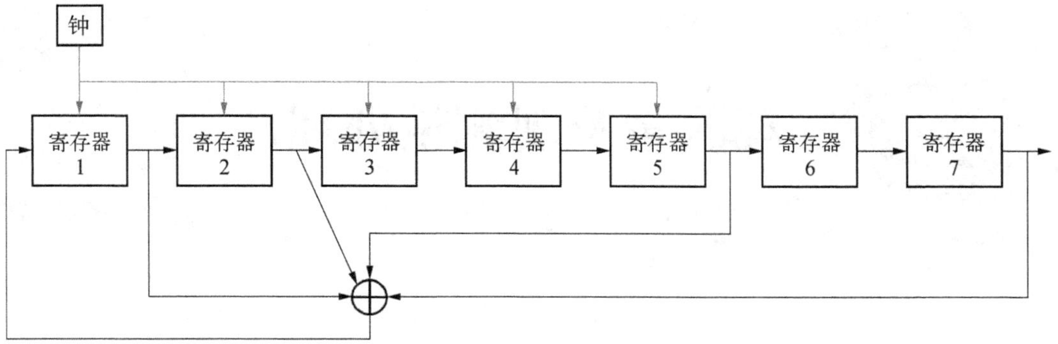

图 1

2. 问题 1 中的伪随机码序列一秒钟重复了 100 次，则其码速率是多少？每个码元的宽度是多少？

3. GPS 卫星发射的 L1 C/A 信号包含哪三类成分？说明各成分的作用是什么？

4. 接收机接收到的无线电信号模型为 $s_i(t)=AC_i(t)D_i(t)\cos[2\pi(f_{L1}+f_D)t+\phi_0]$，该信号来自某颗 GPS 卫星，其中，$C_i(t)$ 表示与该卫星对应的 C/A 码，f_D 表示对应的多普勒频率。

（1）在该信号中 C/A 码的作用是什么？

（2）为什么会产生载波多普勒频率？

（3）简述实现对该信号捕获与跟踪的原理。

第4章 观测量及观测量处理

利用GNSS进行导航定位是通过用户接收机对卫星发射的信号进行处理，进而获得包含卫星到用户距离与速度信息的观测量，再利用这些观测量确定用户的位置、速度和时间。接收机输出的观测量包括伪距、载波相位和多普勒频率，此外，接收机还会输出与卫星信号相关的载噪比。

本章将对接收机观测量的测量原理、主要误差及其处理方法进行介绍。首先，介绍伪距、载波相位和多普勒频率三种观测量的基本概念与测量原理，并简单介绍载噪比的概念和估算方法；然后，观测误差不可避免，分析误差来源、产生原理、表现特点再采用针对性的方法减少误差，是提高测量精度的常规做法，本章将对观测量误差的来源、特点以及常用的削弱方法进行介绍；最后，卫星导航信号多，接收机输出的观测量也多，通过对观测量进行不同的数据组合，也能够消除或削弱部分误差，或提取感兴趣的信息，本章对不同观测量的数据组合进行简单介绍。

4.1 伪距观测量

由于各种误差源的影响，GNSS卫星到用户的观测距离含有误差，没有真实反映卫星到用户的几何距离，这种带有误差的量测距离，称为伪距。

GNSS中，用户接收机测量的接收机与卫星间“距离”是通过无线电信号的传输时间乘以光速获得的，传输时间则是由信号的接收时间与发射时间做差求得，即

$$\rho = c\tau = c(t_r - t_t) \tag{4-1}$$

式中，c表示光速；τ表示信号传播时间；t_r与t_t表示信号接收时间与发射时间。接收机通过导航电文提供的每帧信号播发时间[如周内秒(SOW)]以及当前信号距离帧头的偏移量(由导航电文位数、整码周期以及跟踪环路输出的周期内码偏移量累加获得)可以推算出信号的播发时间t_t^{GNSST}。这个播发时间是一个标称播发时间，但由于各卫星的星载钟与系统时间并不严格同步，存在微小的差异，这就使得实际的信号播发时间与接收机获得的

标称播发时间之间存在一个偏差,称为卫星星钟误差 δt_s,实际的信号播发时间 $t_t = t_t^{GNSST} + \delta t_s$。信号的接收时间 t_r 由接收机依赖自身的时钟读出,与 GNSS 系统时间存在较大差异,这就使得测量的接收机时间中包含了接收机钟与 GNSS 系统时间的偏差,称为接收机钟差,记作 δt_r。若将接收时间对应的 GNSS 时间记作 t_r^{GNSST},则有 $t_r = t_r^{GNSST} + \delta t_r$。图 4-1 展示了接收机时间与发射时间的关系。

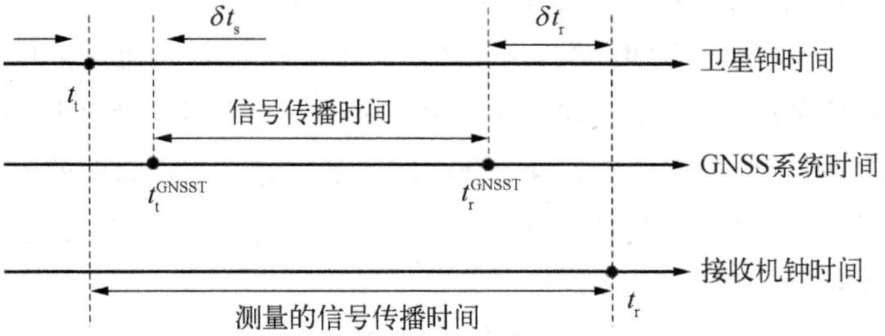

图 4-1　卫星导航系统观测量的时间定义示意图

接收机测量的信号传播时间 τ 为

$$\tau = t_r - t_t = (t_r^{GNSST} - t_t^{GNSST} - \delta t_s) + \delta t_r \tag{4-2}$$

式中,信号传播时间 τ 测量值包含由于接收机钟与卫星钟不同步带来的接收机钟差和卫星钟钟差,此外还包含了大气层折射延迟误差及其他误差,这就使得接收机通过接收时间和发射时间差异获得的“距离”并非接收机到卫星的直线距离,被称为伪距。

4.1.1　伪距观测量的提取

前文提到信号的播发时刻由电文与跟踪环路共同给出,以北斗 B1I 信号为例,如图 4-2 所示。

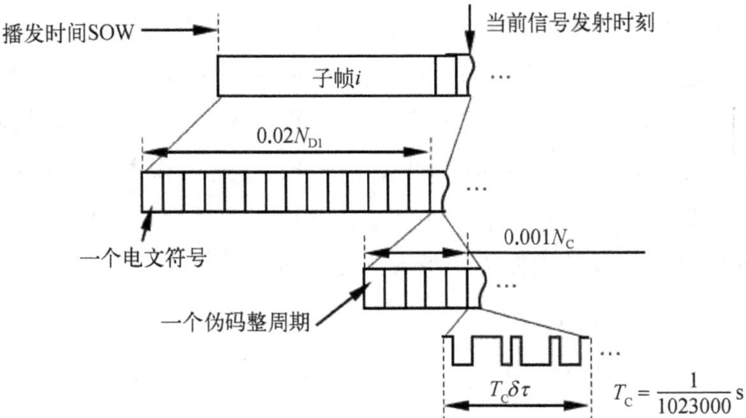

图 4-2　北斗 B1I 信号(D1 电文)播发时间推算示意图

信号播发时间可以表示为

$$t_{\mathrm{t}}^{\mathrm{GNSST}} = \mathrm{SOW} + 0.02N_{\mathrm{D1}} + 0.001N_{\mathrm{C}} + \frac{\delta\tau}{2.046 \times 10^{6}} \tag{4-3}$$

式中,周内秒 SOW 由导航电文直接给出,表示该子帧的发射时刻;另外三项共同组成了当前信号与子帧起始时刻的偏移量。对于北斗 B1I 信号的 D1 电文而言,每子帧包含 300 符号,速率为 50 sps,每符号宽 0.02 s,是 20 个伪码周期。N_{D1} 是电文的符号位计数,表示子帧头到当前信号间所包含的完整符号数量,可以通过分析电文获得,则这 N_{D1} 个符号对应的时间为 $0.02N_{\mathrm{D1}}$; N_{C} 为整码周期计数,是第 $N_{\mathrm{D1}}+1$ 个符号起始至当前信号间包含的完整伪码周期个数,对应的时间为 $0.001N_{\mathrm{C}}$; $\delta\tau$ 为残余不足一周期的码偏移量,与 N_{C} 一起由码跟踪环路给出,每码片宽 $T_{\mathrm{C}} = 1/2\,046\,000$ s, 这段不足一个码周期的偏移量对应的时间为 $T_{\mathrm{C}}\delta\tau$。$\delta\tau$ 并不是一个整数,其整数部分表示码片个数,小数部分则确定了标称播发时间的精度,与跟踪精度相关。

由第 3 章可知,在用户接收机里复制了与卫星发射的测距码结构完全相同的码信号,通过 GNSS 接收机中的时间延迟器,将复制的测距码移相,使其在码元上与接收到的卫星发射的测码距对齐,当相关系数为 1 时,接收到的卫星测距码与本地复制的测距码码元对齐。在不考虑卫星钟差、接收机钟差等其他误差情况下,可以根据跟踪环路的对齐精度估算伪距精度。假设对齐精度为码元宽度的 1%,对于北斗卫星导航系统的 B1I 信号,码元宽度约为 147 m,其伪距测量精度约为 147 × 1% = 1.47 m, 而对于 GPS 的 C/A 码,码元宽度约为 293 m,其伪距测量精度为 293 × 1% = 2.93 m。

4.1.2 伪距观测方程

假设由卫星 S^j 到观测站 T_i 的几何距离为 R_i^j, 相应的伪距为 ρ_i^j, 在忽略卫星钟差与大气折射影响的条件下,可得

$$\rho_i^j(t) = c\tau_i^j(t) = R_i^j(t) + c\delta t_{\mathrm{r},i}(t) \tag{4-4}$$

式中, $\tau_i^j(t)$ 为 GNSS 信号从卫星 S^j 传播到观测站 T_i 的理想时间,考虑到 GNSS 卫星绕着椭圆轨道不停地运转,传输时间 $\tau_i^j(t)$ 和卫星与观测站之间的距离 $R_i^j(t)$ 是时间的函数,在不停地变化,而接收机钟差 $\delta t_{\mathrm{r},i}(t)$ 也随时间不断变化。事实上,接收机测量伪距不仅包含接收机钟差误差,还包含卫星钟钟差 $\delta t_{\mathrm{s}}^j(t)$、电离层误差 $\delta_{\mathrm{ion},i}^j(t)$、对流层误差 $\delta_{\mathrm{trop},i}^j(t)$、多路径误差 $\delta_{\mathrm{mul},i}^j(t)$、潮汐误差 $\delta_{\mathrm{tide},i}^j(t)$ 以及相对论效应误差 $\delta_{\mathrm{rel},i}^j(t)$ 和其他误差 $\varepsilon_{\mathrm{r}}(t)$, 则式(4-4)可转化为测码伪距观测方程的常用形式:

$$\begin{aligned}\rho_i^j(t) &= c\tau_i^j(t) \\ &= R_i^j(t) + c\delta t_{\mathrm{r},i}(t) - c\delta t_{\mathrm{s}}^j(t) + \delta_{\mathrm{ion},i}^j(t) + \delta_{\mathrm{trop},i}^j(t) \\ &\quad + \delta_{\mathrm{mul},i}^j(t) + \delta_{\mathrm{tide},i}^j(t) + \delta_{\mathrm{rel},i}^j(t) + \varepsilon_{\mathrm{r}}(t)\end{aligned} \tag{4-5}$$

式中,上标 j 与下标 i 共同表示该误差量与信号传输路径相关,时间变量 t 说明该误差量随时间发生变化,如电离层误差 $\delta_{\mathrm{ion},i}^j(t)$ 是与卫星 S^j 至观测站 T_i 路径相关的随时间变化的

误差量；卫星钟差 $\delta t_s^j(t)$ 虽然随时间变化，但只与卫星相关；类似地，接收机钟差 $\delta t_i(t)$ 也是随时间变化但只与接收机相关，这就说明对于同一接收机而言观测的所有伪距 $\{\rho_i^1(t), \cdots, \rho_i^N(t)\}$ 具有相同的接收机钟差；其他误差 $\varepsilon_r(t)$ 不仅包含观测噪声还包含未体现在式(4-5)中的其他误差，如设备硬件偏差。

式(4-5)给出的伪距观测量模型只是一个常规表达形式，实际应用中还需根据接收机实际工作环境以及定位精度的需要进行调整。此外，式(4-4)与式(4-5)建立的是 $\rho_i^j(t)$ 的连续时间模型，而接收机输出的伪距往往是离散时间序列，在第 k 个观测时刻，又作第 k 个观测历元，可将式(4-4)写为离散形式：

$$\rho_i^j(t_k) = R_i^j(t_k) + c\delta t_i(t_k) \text{ 或 } \rho_i^j(k) = R_i^j(k) + c\delta t_i(k) \tag{4-6}$$

式中，t_k 表示第 k 时刻的时间，即 $t_k = kT_s$，T_s 为离散时间间隔；$\rho_i^j(k)$ 是 $\rho_i^j(kT_s)$ 的简化写法。一般在不强调时序且不引起歧义时，涉及时序的“(t)”或“(k)”也可以省略以简化表达式，而在不需要区别多部接收机时，标识接收机的下标 i 则可以省略。

4.2　载波相位观测量

载波是导航卫星信号中的另一重要成分，对于载波信号而言，在某一时刻，载波不同位置上的相位不同，两者的相位差就表示了两点之间的传输距离。如图 4-3 所示，假设卫星钟与接收机钟均与系统时间同步，不存在卫星钟差与接收机钟差，载波信号从卫星端 S 传播到接收机端 R，若在 R 处的相位为 φ_i，在卫星端的相位为 φ^j，采用“周(cycle)”作相位单位，1 周表示一个完整的载波信号周期，对应 2π rad，而一个载波周期的传输距离为一个波长 λ，则其相位差与波长的乘积可以表示载波信号传输路径的长度，该相位差就是理想的载波相位。相位差整数部分记为 N_{RS}，小数部分记为 $\Delta\varphi$，可以写为

$$\varphi_i^j = (\varphi_i - \varphi^j) = N_{RS} + \Delta\varphi \tag{4-7}$$

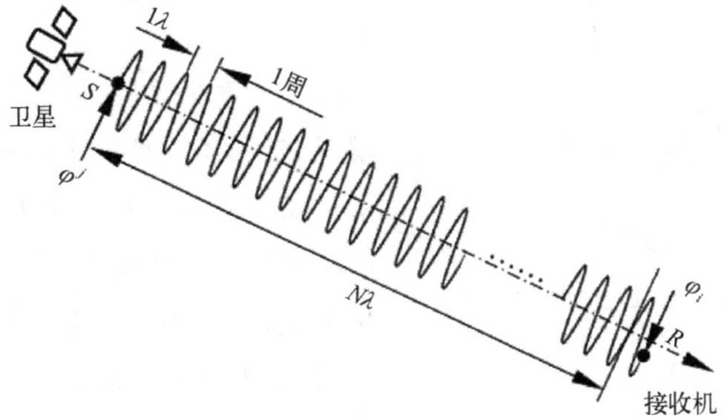

图 4-3　载波相位观测量概念示意图

4.2.1 载波相位观测量的提取

前文提到的相位 φ_i、φ^j 与相位差 φ_i^j 均为同一个时刻的相位值,接收机需要在该时刻同时获得接收机端与卫星端载波相位,再进行相位差的计算。但实际上,接收机并不能获得卫星端的相位 φ^j,也无法通过做差的方式获得载波相位观测量。

接收机内部利用载波跟踪环路跟踪卫星信号的载波分量,在不考虑误差的情况下,当载波环进入锁定状态,我们认为接收机本地载波与接收到的卫星信号载波同步,那么从 t_0 到 t 期间,本地载波的相位增量等于接收信号的相位增量。接收机正是通过测量一段时间的载波相位增量,进而估计载波相位观测量。

假设卫星信号于初始 t_0 时刻的理想载波相位为

$$\varphi_i^j(t_0)=\varphi_i(t_0)-\varphi^j(t_0)=N_i^j(t_0)+\delta\varphi_i^j(t_0) \tag{4-8}$$

式中,$N_i^j(t_0)$ 为初始时刻的整周数;$\delta\varphi_i^j(t_0)$ 为不足一周的小数部分相位。对 t_0 其后的任一历元 t 的载波相位可以表示为

$$\varphi_i^j(t)=\varphi_i(t)-\varphi^j(t)=N_i^j(t)+\delta\varphi_i^j(t) \tag{4-9}$$

两者之差记为 $\Phi_i^j(t)$,可以表示为

$$\begin{aligned}\Phi_i^j(t-t_0)&=\varphi_i^j(t)-\varphi_i^j(t_0)\\&=[\varphi_i(t)-\varphi_0(t)]-[\varphi^j(t)-\varphi^j(t_0)]\\&=N_i^j(t-t_0)+[\delta\varphi_i^j(t)-\delta\varphi_i^j(t_0)]\end{aligned} \tag{4-10}$$

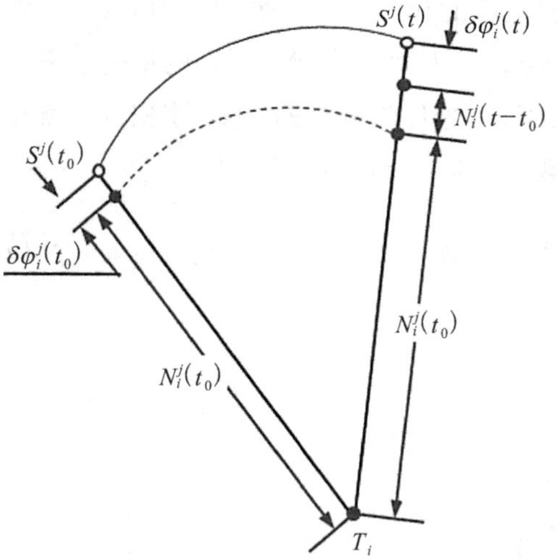

图 4-4 载波相位观测量

式中,$N_i^j(t-t_0)$ 表示从起始观测历元 t_0 至后续观测历元 t 之间载波相位增量的整周数,可由接收机在 t_0 至 t 时间自动连续计数来确定;$\delta\varphi_i^j(t)-\delta\varphi_i^j(t_0)$ 为相位增量的小数部分,可以通过累计载波环鉴相器输出的相位获得。上述载波相位观测量的几何意义可参见图 4-4。

相位增量 $\Phi_i^j(t-t_0)$ 是接收机实际可以测量获得的值,若要进一步获得载波相位,则还需要对 $\varphi_i^j(t_0)$ 赋一个初始值。若简单地将 t_0 时刻的伪距观测量 $\rho_i^j(t_0)$ 转换载波相位赋值给 $\varphi_i^j(t_0)$,则可以得到 t 时刻载波相位,也可以根据 t_0 时刻接收机与卫星的大概位置计算距离再确定初始的 $\varphi_i^j(t_0)$,但不论哪种方法都存在较大的误差,而载波波长短,大约为 20 cm,这相当于在 $\varphi_i^j(t_0)$ 以及之后的载波

相位中引入了一个未知的整周数的误差，即整周模糊度。

4.2.2　载波相位观测量模型

卫星的星钟与本地接收机的站钟并不严格同步，也就是载波信号的初相和本地振荡器频率初相并不一致。且卫星发射的载波信号也同样受到电离层和对流层的折射影响，亦会产生延迟误差。此外，潮汐、相对论效应以及其他因素等也会对测量造成影响。因此，测量的载波相位包含上述影响导致的误差，可以表示为

$$\begin{aligned}\lambda\varphi_i^j(t) = R_i^j(t) + \lambda N_i^j(t) + c\delta t_{\mathrm{r},i}(t) - c\delta t_{\mathrm{s}}^j(t) - \delta_{\mathrm{ion},i}^j(t) \\ + \delta_{\mathrm{trop},i}^j(t) + \delta_{\mathrm{mul},i}^j(t) + \delta_{\mathrm{tide},i}^j(t) + \delta_{\mathrm{rel},i}^j(t) + \varepsilon_{\mathrm{r}}(t)\end{aligned} \tag{4-11}$$

或

$$\begin{aligned}\varphi_i^j(t) = \frac{R_i^j(t)}{\lambda} + N_i^j(t) + f[\delta t_{\mathrm{r},i}(t) - \delta t_{\mathrm{s}}^j(t)] \\ + \frac{-\delta_{\mathrm{ion},i}^j(t) + \delta_{\mathrm{trop},i}^j(t) + \delta_{\mathrm{mul},i}^j(t) + \delta_{\mathrm{tide},i}^j(t) + \delta_{\mathrm{rel},i}^j(t) + \varepsilon_{\mathrm{r}}(t)}{\lambda}\end{aligned} \tag{4-12}$$

载波相位观测量模型与伪距观测量模型非常相似，影响伪距观测量的误差源也同样影响载波相位的测量。对比式（4－12）与式（4－5）不难看出，整周模糊度是载波相位独有的误差量，电离层延时误差 $\delta_{\mathrm{ion},i}^j(t)$ 在载波相位观测量与伪距观测量中符号相反。此外，多径误差与残余误差在式（4－12）与式（4－5）中具体的量值并不相同。

由于 GNSS 的载波频率高、波长短，所以用载波相位测量时，获得的测距精度高。假设测相精度为波长的 1%，对于 GPS 的两个常用载波而言，L1 载波波长为 19 cm，其测距精度为 19×1% = 0.19 cm；L2 载波波长为 24 cm，其测距精度为 0.24 cm。可见，利用载波相位进行定位，精度要比测码伪距定位精度高几个数量级，故载波相位观测量方法常被用于精密定位和载体姿态测量中。

4.2.3　周跳探测及整周模糊度固定

4.2.3.1　整周模糊度

整周模糊度是与接收机位置、卫星位置和起始观测历元有关的未知数，具有整数性质。在观测过程中，只要对卫星的跟踪不中断，它将保持为常量。在进行精密定位中，利用载波相位观测量求解接收机位置时，确定整周未知数/模糊度是一个极其关键的问题，一般整周模糊度解算过程可分为四个步骤。

（1）求解未知参数与模糊度的浮点解。将模糊度参数视为未知实数，不考虑其整数特性，直接利用最小二乘方法与其他未知参数共同求解。

（2）搜索确定模糊度整数解。利用模糊度的整数特性作为约束，将模糊度浮点解转化为整数解，称为模糊度固定。该过程通常是一对多映射过程，会存在多组不同的模糊度整数解，所以还需进一步对模糊度整数解进行可靠性验证。

（3）检验整数解的可靠性。对步骤（2）产生的模糊度整数解进行可靠性评估，满足检验条件的整数解才能接受，获得整周模糊度的固定整数解，否则保留模糊度浮点解。

（4）精确确定未知参数。将接受固定的模糊度整数解代入求解方程，重新求解未知参数，若未固定，则采用整周模糊度的浮点解。

在这四个步骤中，步骤（2）是整周模糊度解算的核心，产生了多种整周模糊度固定技术，下面仅介绍部分具有代表意义的算法。

1. 经典待定系数法

在经典静态相对定位中，尤其在基线较长的情况下，将整周模糊度作为待定系数，在数据计算中与其他参数一并求解的方法，是一种常用的方法。

一般是首先消去整周模糊度，在待求观测站的位置坐标确定之后，再求解相应的整周模糊度。整周模糊度解算结果的取值一般有整数解和非整数解两种情况。

1）整数解（固定解）

根据整周模糊度的物理意义，它具有整数的特性。但是，由解算所得的结果看，整周模糊度的解一般为非整数。此时可以将其取为相接近的整数，并作为已知参数再代入观测方程，重新解算其他的参数，在基线较短的相对定位中，若观测误差和外界误差（或其残差）对观测量的影响较小时，该整周模糊度的确定方法较为有效。

2）非整数解（实数解或浮动解）

在基线较长的静态相对定位中，当外界误差的影响比较大，求解的整周模糊度精度较低时（比如误差影响大于 0.5 个波长），将其取整不利于提高解的精度。此时所求得的整周模糊度虽然不是整数，但也可以直接以实数的形式代入观测方程，重新解算其他的参数。非整数解的方法适合于长基线的情况，这是整周模糊度的求解原则。

一般情况下，确定整周模糊度的经典待定参数法，是在基线向量未知的情况下，通过静态相对定位法来解算整周模糊度。该方法的主要缺点是所需观测时间较长。

2. 确定整周模糊度的马吉尔适配滤波法

在一些快速静态相对定位中，采用马吉尔适配滤波方法确定整周模糊度，并且受到了广泛的重视。该方法是由 Brown 和 Hwang 于 1983 年提出来的，获得了实际的应用。

马吉尔适配滤波包含若干个具有不同初始条件的并行卡尔曼滤波。它从这些并行的滤波中，用递归的方法，寻找能够最佳描述观测过程的参数，因此也称为并行滤波法。

马吉尔适配滤波法采用遍历搜索范围的方法获得概率密度的最大值。错误的整周未知数使概率密度趋近于 0，而正确的整周未知数使概率密度收敛于 1，以此控制使得对应的估计误差平方和为最小。

在全球卫星导航系统定位中,不同的初始条件,决定于所选择的整周模糊度的整数近似值,并行滤波的目的是寻找那些能使卡尔曼滤波的估计误差平方和为最小的整周模糊度。

马吉尔适配滤波法解算整周模糊度的时间,主要取决于所取整周模糊度近似值的偏差,即决定于寻找最佳整周模糊度的搜索范围。当所求的整周未知数的数量很多,或所取整周模糊度近似值的偏差较大时,所需要的解算时间将会显著增加。

3. 确定整周模糊度的动态法

1993 年,徕卡(Leica)公司成功地开发了动态模糊度解算(ambiguity resolution on the fly, AROF),突破了静态确定整周模糊度的局限,实现了精密实时动态相对定位方法。

AROF 的基本思想是:在载体运动过程中,载体上的 GNSS 接收机与参考站上的 GNSS 接收机同步观测共视卫星,利用快速解算整周模糊度方法,对卫星载波信号的观测值进行解算初始整周模糊度。并根据求解获得的整周模糊度,利用逆向求解的方法确定此前载体的各个瞬时位置。该方法在载体运动过程中,即使卫星失锁,也不需要停下来进行初始化工作,而是直接在载体运动过程中实现模糊度的求解。

徕卡公司在 1994 年推出的软件中,要求观测时段在 200 s 左右。该方法已在短距离(<10 km)实时动态相对定位中得到了成功的应用,定位精度可达厘米级。

4. 确定整周模糊度的 LAMBDA 方法

最小二乘模糊度分解调整(least-squares ambiguity decorrelation adjustment, LAMBDA)方法由 Tenuissen 提出,其主要特点是利用高斯整数变换,即 Z 变换来构造搜索范围,是一种模糊度搜索技术。LAMBDA 方法主要分为三步:参数的浮点解估计、整周模糊度的估计和参数的固定解的确定。在这三步求解过程中,利用估计协方差矩阵的相关信息,通过计算可以得到参数的解估计值和固定解的确定;而整周模糊度的估计就是利用 Z 变换对协方差矩阵进行去相关处理,尽量降低模糊度的相关性,之后搜索目标函数获得最优解——整周模糊度的固定解。LAMBDA 方法进行整周模糊度搜索依据的浮点解通过整数最小二乘求得;浮点解的精度依赖于观测量的精度,而模糊度整数解搜索依赖于浮点解的精度。因此,用 LAMBDA 方法进行模糊度固定一般需要较多的历元才能得到正确的整数固定值。

5. 三载波模糊度求解(three-carrier ambiguity resolution, TCAR)法

现代化后的 GPS、GALILEO 以及我国的北斗卫星导航系统都拥有多个信号频率,如何利用这些多频率辅助整周模糊度的解算是一个研究热点。TCAR 方法主要是利用载波相位观测值及其组合波长与观测噪声之间"层叠"关系直接确定整周模糊度值,具有计算简单、无须搜索的特点。

4.2.3.2　周跳的探测及修正

GNSS 接收机中对于卫星信号的失锁导致的整周模糊度的变化称为周跳,此时接收机

中载波相对观察值中的整周计数将发生突变。随着 GNSS 接收机对卫星信号失锁时间的长短不同,周跳有两种类型。

(1) 当卫星信号的接收被中断数分钟或更长的时间时,接收机在数个观测历元中不再有载波相位观测值,这类周跳容易被识别。

(2) 第 2 类周跳可能发生在两相邻观测历元之间,在失锁前后,每个历元都要包含整数和小数部分的相位观测值,然而整周数已有突变,不相衔接,所出现的周跳可能小至一周,也可能大至数百周。这类周跳很难识别。

无论哪类周跳,只要卫星信号被重新锁定,相位观测值中的小数部分并不受周跳影响,仍然是正确的。但由于失去了在信号中断期间的整周累计计数,因此与周跳发生前的整周数不相衔接,而且使其后的相位观测值均含有同样的整周误差。这就相当于相位观测量中含有了粗差,为此需要判断周跳的产生情况,尽快找到周跳发生的位置,并进行修复。

一般说来,在相位观测的历元序列中,对相邻历元的相位观测值取差,相邻相位观测值之差称为一次差;相邻一次差的差值称为二次差;以此类推,当取至 4~5 次差之后,距离变化时整周数的影响可以忽略,这时的差值,主要是由于振荡器的随机误差而引起的,因而应具有随机性的特点。当产生周跳时,产生的周跳将破坏上述相位观测量的正常变化规律,从而使其高次差的随机特性也受到破坏,为此可以利用该性质在相位观测时发现周跳。

某一历元的周跳被发现后,根据该历元前、后的正确观测值,利用高次插值公式,外推该历元的正确整周计数;或者根据相邻的几个正确的相位观测量,采用 n 阶多项式拟合的方法,推算上述整周计数的正确值。

目前生产的很多接收机在卫星信号失锁时都能自动报警,自动化程度比较高,为数据预处理中的周跳检测提供了有利条件,一般都不需人工干预。

4.3 多普勒频率观测量

GNSS 卫星在椭圆轨道上绕地球运行,卫星 S 相对于地面的 GNSS 接收机 T(观测站)存在着相对运动,因此,在用户接收机 T 接收到的导航卫星信号中存在着多普勒频移。

若卫星运动速度矢量为 $\boldsymbol{v}_S$,接收机 T 运动速度矢量为 $\boldsymbol{v}_R$,则接收机与卫星之间的相对运动速度矢量为 $\boldsymbol{v}_S-\boldsymbol{v}_R$,其在卫星与接收机径向上的速度 V 为

$$V=(\boldsymbol{v}_S-\boldsymbol{v}_R)\cdot\boldsymbol{h}=|\boldsymbol{v}_S-\boldsymbol{v}_R|\cos\alpha \tag{4-13}$$

式中,"·"表示向量内积;$\boldsymbol{h}$ 为卫星 S 与观测站 T 的单位向量,即卫星与观测站的径向方

向；α 为卫星与接收机矢量速度差的方向与径向的夹角，如图 4－5 所示。

若卫星 S 发射的信号频率为 f_L，则卫星与接收机相对运动产生的多普勒频率为

$$f_D = f_{L,r} - f_L = \frac{V}{c} f_L = \frac{(\boldsymbol{v}_S - \boldsymbol{v}_R) \cdot \boldsymbol{h}}{\lambda} \tag{4-14}$$

式中，$f_{L,r}$ 表示接收机接收信号的载波频率；c 为光速；λ 为波长。

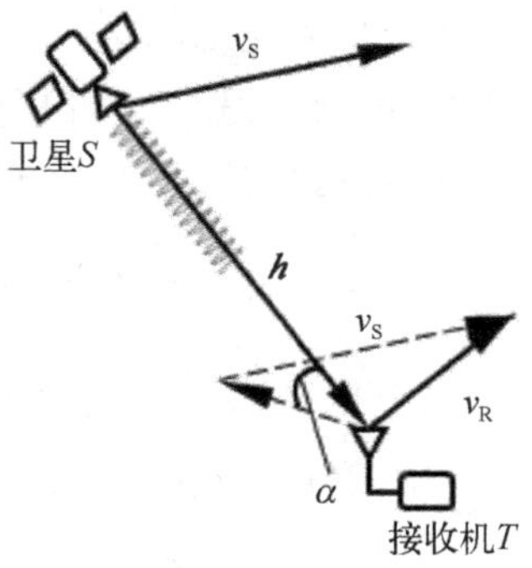

图 4－5　多普勒效应原理图

简单地说，接收机载波跟踪环路在跟踪接收载波的过程中，需要生成与接收载波相同的本地载波，这个本地载波由载波数字控制振荡器（numerically controlled oscillator, NCO）控制实现，相应地，接收载波的多普勒频率可以通过提取载波 NCO 的瞬时频率获得。

多普勒频率观测量反映了接收机与卫星的径向速度，即径向位移的变化率，也被称为伪距率观测量，对伪距观测量方程求导，忽略低频特性的电离层误差、对流层误差、多路径、潮汐、相对论效应等误差的情况下，可以获得多普勒频率观测量方程：

$$f_D(t) = -\frac{1}{\lambda}\dot{\rho}_i^j(t) = -\frac{\dot{R}_i^j(t)}{\lambda} - f[\delta\dot{t}_{r,i}(t) - \delta\dot{t}_s^j(t)] + \varepsilon_D(t) \tag{4-15}$$

式中，$\varepsilon_D(t)$ 为多普勒频率误差。但需要注意，虽然多普勒频率观测量可以被称为伪距率观测量，但实际的多普勒频率观测量的数值与直接用伪距计算的伪距率存在差异。

这里所说的多普勒频率观测量需要与积分多普勒观测量区别。通过载波 NCO 读取的多普勒频率是瞬时多普勒频率 $f_D(t)$，4.2 节载波相位观测量中提到，接收机载波跟踪环路可以输出相位增量，而多普勒频率在一段时间上的积分就是相位增量，即

$$\Phi_i^j(t_1 - t_0) = -\int_{t_0}^{t_1} f_D(t)\,\mathrm{d}t \tag{4-16}$$

式中，$\Phi_i^j(t_1 - t_0)$ 是积分多普勒观测量，较早期的接收机会输出该观测值，虽然在名称中包含多普勒，但经过积分后，积分多普勒观测量的本质仍然是相位增量而非频率，目前接收机输出载波相位观测量代替积分多普勒观测量的输出。

4.4　GNSS 观测量误差

GNSS 在实际的应用中，受到多种因素的影响，包含各种误差。按误差来源大体可以分为：与卫星有关的误差、与信号传播相关的误差、与接收设备相关的误差以及其他误差。这些误差共同影响 GNSS 定位结果，为便于理解与处理，通常将各项误差投影成接收

机至卫星方向上的距离，即等效距离误差，单位是 m，且各项误差之间被认为相互独立。在式(4－5)、式(4－11)与式(4－15)中的误差项均是各类误差的等效距离误差，为便于查阅，这里将伪距、载波相位和多普勒频率观测量方程汇总如下：

$$\rho_i^j(t) = R_i^j(t) + c\delta t_{\mathrm{r},\,i}(t) - c\delta t_{\mathrm{s}}^j(t) + \delta_{\mathrm{ion},\,i}^j(t) + \delta_{\mathrm{trop},\,i}^j(t) + \delta_{\mathrm{mul},\,i}^j(t) + \delta_{\mathrm{tide},\,i}^j(t) + \delta_{\mathrm{rel},\,i}^j(t) + \varepsilon_{\mathrm{r}}(t) \tag{4-17}$$

$$\lambda\varphi_i^j(t) = R_i^j(t) + \lambda N_i^j(t) + c\delta t_{\mathrm{r},\,i}(t) - c\delta t_{\mathrm{s}}^j(t) - \delta_{\mathrm{ion},\,i}^j(t) + \delta_{\mathrm{trop},\,i}^j(t) + \delta_{\mathrm{mul},\,i}^j(t) + \delta_{\mathrm{tide},\,i}^j(t) + \delta_{\mathrm{rel},\,i}^j(t) + \varepsilon_{\mathrm{r}}(t) \tag{4-18}$$

$$f_{\mathrm{D}}(t) = \frac{1}{\lambda}\dot{\rho}_i^j(t) = \frac{\dot{R}_i^j(t)}{\lambda} + f[\delta\dot{t}_{\mathrm{r},\,i}(t) - \delta\dot{t}_{\mathrm{s}}^j(t)] + \varepsilon_{\mathrm{D}}(t) \tag{4-19}$$

在伪距、载波相位以及多普勒频率观测量方程中，直接给出了常见的误差，这些误差的来源以及如何消减是本节内容的重点。这些观测量误差的减小方式大概可以分为两种：通过建立误差模型，从已知参数估计出误差量大小，再从观测量中减去该误差；或者，利用误差在不同观测量中的一致性，通过不同种类或不同频率的观测量组合，获得无某误差量的新观测量。最后再将减小或消除了关键误差项的伪距、载波相位、多普勒频率观测量用于定位、测速与测时解算。

4.4.1　与卫星有关的误差

与卫星相关的误差主要包含卫星时钟误差和卫星星历误差。它们主要是由卫星时钟的不准确，以及卫星星历的不准确造成的。卫星时钟误差与星历误差可以通过导航电文参数估计误差修正量消减，也可以利用诸如国际 GNSS 服务组织(IGS)发布的高精度钟差产品和精密星历产品获得更高精度的卫星时间与位置信息，而由于同一颗卫星的时钟误差与星历误差对所有接收机都相同，卫星时钟误差和卫星星历误差还可以通过差分方式消除(第 6 章介绍)。

4.4.1.1　卫星时钟误差

卫星时钟误差，也常称为星钟误差或卫星钟差，是卫星星载原子钟计时与 GNSS 系统时之间的差异。尽管 GNSS 卫星均装备有高精度的原子钟，但它们与理想的系统时间仍存在时钟偏差与频率漂移。

卫星时钟误差的总量 δt^{s} 可以通过下式估计得出：

$$\delta t^{\mathrm{s}} = \Delta t^{\mathrm{s}} + \Delta t_{\mathrm{r}} - T_{\mathrm{GD}} \tag{4-20}$$

式中，Δt^{s} 表示卫星钟偏差；Δt_{r} 是由相对论效应引起的偏差量；T_{GD} 为卫星信号的群波延时校正值。这三项均为与时间有关的量，单位是 s，乘以光速 c 后获得等效距离误差。卫星导航电文会直接给出 T_{GD} 及计算 Δt^{s} 与 Δt_{r} 的关键参数。

地面数据处理中心通过地面跟踪站对卫星的观测数据可以计算出每颗卫星的钟参

数，采用二次多项式来模拟卫星钟随时间的变化，卫星钟在时刻 t 的偏差可表示为二阶多项式形式，即

$$\Delta t^{s} = a_0 + a_1(t - t_0) + a_2(t - t_0)^2 \tag{4-21}$$

式中，t_0 为星钟修正参考时间；a_0 为钟差常值；a_1 为卫星钟钟速（或频率偏差）；a_2 为卫星钟的钟速变化率（或老化率）。这四项参数均编入导航电文，随卫星信号发布给用户。改正 Δt^{s} 后，各卫星钟之间的同步差可保持在 20 ns 以内，由此引起的等效距离偏差不超过 6 m。

相对论效应引起的偏差量 Δt_{r} 可根据北斗和 GPS 接口控制文件给出的公式计算：

$$\begin{aligned} \Delta t_{\mathrm{r}} &= Fe\sqrt{a}\sin E_k \\ F &= \frac{-2\sqrt{\mu}}{c^2} \end{aligned} \tag{4-22}$$

式中，e 为卫星轨道偏心率；a 为卫星轨道长半径；E_k 为卫星偏近点角；μ 为地球引力常数；c 为光速。其中，e 与 a 是卫星星历参数，也由导航电文直接给出，E_k 是在根据导航电文星历参数计算卫星位置的过程中获得，μ 与参考椭球相关，不同的参考椭球会有不同的引力常数。如此，卫星钟差误差可以通过已知量估计得出，在定位解算前从伪距观测量或载波观测量中去除 δt^{s}。

卫星钟差的变化率是多普勒频率观测量的主要误差，可以通过对式（4－20）求导获得，即

$$\delta\dot{t}^{s} = [a_1 + 2a_2(t - t_0)] + Fe\sqrt{a}\dot{E}_k\cos E_k \tag{4-23}$$

上述通过导航电文参数估计卫星钟差的方法能够为大多数动态载体提供足够精度的实时卫星钟差校正参数，但在一些对实时性要求不高却对精度要求极高的场合，就需要获得更高精度的卫星钟差校正量。如高精度精密单点定位的关键是获取亚纳秒级的卫星钟差。国际 GNSS 服务组织（IGS）已有的钟差产品采样率分别为 5 min 和 30 s，然而对于高采样率的地面站数据（如 1 Hz）或低轨卫星星载观测数据来说，通过内插的方法获取的钟差，其误差对精密单点定位影响较大。为此，IGS 数据分析中心发布 5 s 采样间隔卫星钟差。经检验，30 s 钟差产品的定轨误差可达 6 cm，而 5 s 钟差产品的定轨精度则达到 2 cm，这说明高采样率精密钟差产品可以使得精密单点定位中卫星钟误差造成的不确定因素大大减少，使高采样率观测值的定位结果更稳定、更精确。

4.4.1.2　卫星星历误差

卫星星历数据是由地面站测算后注入卫星，再由卫星播发给各个接收机。由于各监测站对 GNSS 卫星进行跟踪测量时的测量误差，以及由于影响卫星运动的各种摄动因素及它们的变化影响因素，导致在播发的星历中不可避免地存在着误差，从而导致根据卫星星历解算的卫星位置与实际卫星位置存在偏差，即卫星星历误差。其大小主要取决于卫

星跟踪站的数量及空间分布、观测值的数量及精度、轨道计算时所用的轨道模型及定轨软件的完善程度等。星历误差是 GNSS 定位的重要误差来源之一。

GNSS 卫星星历的数据来源主要有随导航电文播发的广播星历和由相关机构发布的精密星历两类。

广播星历是卫星信号导航电文中所携带的主要信息,根据控制中心跟踪站的观测数据进行外推后,通过 GNSS 卫星播发。由于对卫星上的各种摄动因素的大小及变化规律无法精确测算,所以预报数据中存在着较大的误差。从卫星电文中直接解译出来的星历参数所确定的卫星位置精度为 20~40 m,有时可达 80 m。GPS 在启用全球均匀分布的跟踪网进行测轨和预报后,由卫星星历参数计算的 GPS 卫星坐标可精确到 5~10 m。

精密星历是根据在一些已知精确位置的点上跟踪卫星来计算观测瞬间的卫星真实位置,并将这些实测资料进行拟合处理得到的星历。与广播星历相比,精密星历需要在观测后才能得到,对实时性要求高的场合较难应用,但是对静态精密定位具有重要意义。

因为星历误差对相距不太远的两个接收机观测站的影响基本相同,为此可以根据该性质对 GNSS 信号进行高精度处理,用户进行相对定位时基本不受星历误差的影响。

4.4.1.3 卫星天线相位中心偏差

卫星天线相位中心偏差是指卫星质心和卫星发射信号的天线相位中心之间的偏差,如图 4-6 所示。我们知道,卫星定轨中的轨道力模型是以卫星的质心为参考的,也就是说 IGS 等组织提供的精密星历所计算的卫星位置是卫星质心的位置,而 GNSS 信号是从卫星的天线相位中心发射的,我们利用 GNSS 接收机所测量的卫星到监测站的观测距离(相位或伪距)是卫星天线相位中心到地面 GNSS 接收机天线之间的距离。该误差项的大小通常为米级,因此在精密单点定位中,必须顾及 GNSS 卫星质心和卫星天线相位中心之间的偏差改正。

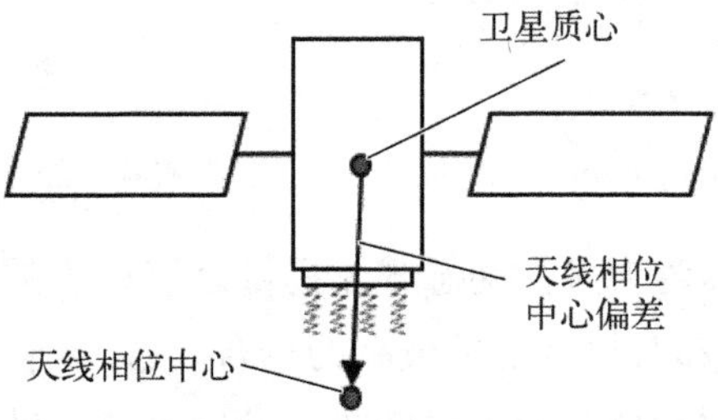

图 4-6 卫星天线相位中心偏差示意图

4.4.2 与卫星信号传播有关的误差

卫星信号从离地面 2 万公里左右的卫星向地面发射,必须穿过地球的电离层和对流层才能到达地表附近,地表形态也影响了接收的卫星信号,这类与 GNSS 信号传播以及传播环境有关的误差主要包括电离层延时误差、对流层延时误差和多路径效应。这类误差因与信号传输路径相关,同一接收机接收不同卫星信号或不同位置接收机接收同一卫星信号,都会因为信号传输路径不同而得到不同的电离层延时误差、对流层延时误差与多路径误差。

4.4.2.1 电离层延时误差

电离层是地球大气层中被太阳辐射和宇宙射线激励而电离的部分。一般认为,电离层从距离地面 35~70 km 向外延伸至大约 1 000 km，其中包含大量的自由电子与带正电荷的离子。电磁波在电离层中传输，受这些电子与离子的影响严重，会衰减和改变传输速度，发生折射、反射和散射现象。

卫星导航信号由载波、伪随机码与导航电文构成。载波是一个频率单一的正弦电磁波，单色（单一频率）正弦电磁波在介质中沿某一方向传播，同相位的点在空间中的传输速度称为相速度，等于自由空间中的光速 c 与介质对该频率电磁波的相折射率 n_p 的比，即

$$v_p = \frac{c}{n_p} \tag{4-24}$$

由于电离层对单色电磁波折射率小于 1，所以载波的相速度大于自由空间的光速。

伪随机信号和导航电文可以看成是由大量不同频率的正弦电磁波复合而成，若在理想真空中传输，其速度与载波速度相同。然而，电离层是色散介质，不同频率的正弦电磁波在电离层中传输的相速度不同，因此复合信号在电离层传输时，不同频率成分的波运动快慢不同，形成波群，这个波群的传输速度称为群速度 v_g，也是信号能量的传输速度，符合相对论理论，群速度总小于光速：

$$v_g = \frac{c}{n_g} \tag{4-25}$$

式中，n_g 表示群折射率。

忽略二阶及以上项，电离层中的相折射率与群折射率可以表示为

$$\begin{cases} n_p = 1 - 40.28 \dfrac{N_e}{f^2} \\ n_g = 1 + 40.28 \dfrac{N_e}{f^2} \end{cases} \tag{4-26}$$

式中，N_e 为电子密度，是一个随时间、位置变化的量，总是大于 0。电离层延时与信号在电离层的传输路径相关，假设传输路径为 S，则导航卫星信号的相延时 $\delta_{ion,\phi}$ 和群延时 $\delta_{ion,\rho}$ 可以表示为

$$\begin{cases} \delta_{ion,\phi} = \int_S (n_p - 1)\mathrm{d}l = -40.28\int_S \dfrac{N_e}{f^2}\mathrm{d}l = -40.28\dfrac{\mathrm{TEC}}{f^2} \\ \delta_{ion,\rho} = \int_S (n_g - 1)\mathrm{d}l = 40.28\int_S \dfrac{N_e}{f^2}\mathrm{d}l = 40.28\dfrac{\mathrm{TEC}}{f^2} \end{cases} \tag{4-27}$$

式中，TEC 为沿信号传输路径的电离层总电子含量。相延时 $\delta_{ion,\phi}$ 与群延时 $\delta_{ion,\rho}$ 就是载波相位观测量与伪距观测量中的电离层延时项，单位为 m，两项数值相同，但符号相反。在伪距观测量方程与载波相位观测量方程中，以 δ_{ion} 表示电离层延时的数值部分，因此 δ_{ion}

前的符号在两个公式中相反。

式(4－26)表明：① 对于某一频率的卫星信号，如果能够知道其传播路径的总电子含量 TEC，就可以计算出相应的电离层延时量；② 沿着相同传输路径的电离层延时与电磁波频率的平方成反比。因此，可以获得两种估计和校正电离层延时误差的思路：针对单频接收机，若可以获得 TEC，则可以计算电离层延时量，进而从观测量中减去电离层延时误差；若接收机可以接收双频或三频信号，也可以通过双频、三频观测量组合，构造无电离层延时误差的观测量，进而消除电离层延时误差影响。

1. 单频接收机电离层延时误差校正方法

根据式(4－27)，若接收机可以获得沿信号传输路径的电离层电子总含量 TEC，就可以估计出相应的电离层延时。然而，电离层电子密度随电离层高度变化而变化，受太阳活动和地磁活动影响，会表现出与地理位置相关的变化，还会出现与时间相关的日周期变化、季节性变化以及太阳活动周期变化。此外，卫星不断变化的位置与接收机所处位置的任意性，使得信号传输路径因时因地而大不同。常用的电离层延时模型会将电离层简化为一个高度面，给出该等高度面上垂直方向的电子总含量 VTEC 或垂直方向电离层延迟 $\delta_{ion,z}$，如图 4－7 所示，接收机需要在获得垂直方向的 VTEC 或 $\delta_{ion,z}$ 后，将其投影到信号传输路径，获得最终的电离层延时误差 δ_{ion}。电离层延时 δ_{ion} 与垂直方向电离层延迟 $\delta_{ion,z}$ 关系如图 4－7 所示。

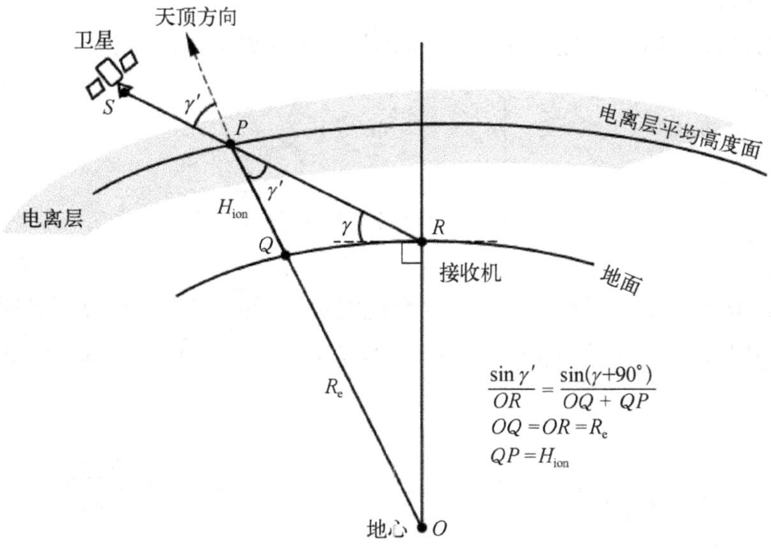

图 4－7　电离层延时与垂直方向电离层延时投影关系示意图

图 4－7 中，卫星 S 发射的信号在传播过程中，穿透电离层平均高度面的点，即接收机与卫星连线 SR 与电离层平均高度面的交点 P 称为电离层穿刺点。VTEC 指在电离层穿刺点处，沿天顶方向（地心 O 指向穿刺点 P 的方向）获得的电子总含量，相应地，$\delta_{ion,z}$ 为 P 点处沿 OP 方向的电离层延时量，则电离层延时 δ_{ion} 总可以写成：

$$\delta_{\text{ion}} = M_{\text{F}}\delta_{\text{ion},z} = M_{\text{F}} \cdot 40.28\frac{\text{VTEC}}{f^2} \tag{4-28}$$

式中，M_{F} 是关于 γ' 的投影函数，γ' 是实际信号传输路径方向 SR 与天顶方向 OP 的夹角，对三角形 OPR 应用正弦定理，可以获得

$$M_{\text{F}} = \frac{1}{\cos\gamma'} = \sqrt{1-\left(\frac{R_{\text{e}}\sin\gamma}{R_{\text{e}}+H_{\text{ion}}}\right)^2} \tag{4-29}$$

式中，R_{e} 是地球半径，由所选取的地球参考椭球确定；γ 为卫星高度角，在定位过程中容易获得；H_{ion} 为电离层平均高度，不同的电离层模型会选取不同的平均高度，根据使用的电离层模型确定。

VTEC 或 $\delta_{\text{ion},z}$ 则可以根据模型获得，如 Klobuchar 模型、北斗全球电离层延迟改正模型(BeiDou global ionospheric delay correction model, BDGIM)、格网电离层模型等。电离层延时误差模型并不唯一，随着技术的发展和需求的变化也在不断地进步。目前，GPS L1 C/A 信号与北斗卫星导航系统 B1I/B3I 信号的 D1 电文中提供 Klobuchar 电离层延时模型参数，北斗卫星导航系统在 D2 电文中还将提供北斗格网电离层垂直延迟参数，在 BIC/B2a 信号提供 BDGIM 参数。

1）Klobuchar 模型

Klobuchar 模型是基于三角余弦函数建立的电离层模型，已考虑电离层周日振幅与周期变化特性，基本可反映电离层的变化特征。该模型同时考虑了纬度差异性，默认最大电离层延迟出现时间为地方时 14:00，默认夜间电离层延迟为 5 ns，白天电离层延迟建模为本地时余弦函数。这种模型简便实用，在中纬度地区改正效果更好。

北斗二号系统与 GPS 均采用 Klobuchar 模型原理建立，但两者仍有细微区别。GPS 采用地固坐标系，其模型取地球半径 R_{e} 为 6 371 km，电离层平均高度 H_{ion} 为 350 km，且播发电离层参数的时间间隔较长。北斗 Klobuchar 模型在 GPS 的 Klobuchar 模型基础上进行改进，采用日固坐标系，地理经度与时间的统一度较好，其模型取 $R_{\text{e}} = 6\,378$ km，$H_{\text{ion}} = 375$ km，播发电离层参数的时间间隔为 1 h。

2）BDGIM

BDGIM 是基于改进的球谐函数建模，适用于全球范围的电离层延迟改正。模型取地球平均半径为 6 378 km，电离层薄层高度为 400 km。MEO 卫星与 IGSO 卫星在 B1C 和 B2a 频点播发 BDGIM 参数，发布时间间隔为 1 h。

3）格网电离层模型

格网电离层模型是将整个电离层中的自由电子沿垂直方向压缩至距离地面高度一定（$H_{\text{ion}} = 375$ km）的单层球面上，近似看成大气层上空的一个单层壳层，根据此理想化的单层电离层模型替代整个电离层作为共同的电离层参考面。

具体的实现过程为：配备有双频接收机的监测站利用双频信号频量与电离层延迟的

函数关系直接计算出其监测下可视卫星的实时电离层延迟值,同时给出在电离层参考面上该颗卫星的穿透点坐标信息,通过地面通信链路网实时传送给主控站;主控站处理获得的基本数据信息,计算得到电离层参考面上每个网格结点的垂直入射方向的电离层延迟值,作为修正参数由 GEO 卫星以导航电文的信息格式进行广播;用户则通过接收相关修正参数及卫星观测信息计算其在电离层参考面上的可视卫星的经纬度并对照接收获取的网格结点的电离层延迟数据,依据算法获得电离层延迟值。

需要说明的是,为方便分析,式(4-26)、式(4-27)仅给出了电离层延时的一阶项。在电离层电子总量 TEC = 10^8 个电子/m^2 时,GPS L1 频点上电离层延时二阶项和三阶项的影响分别为 1.6 cm 和 0.9 mm 左右;对 L2 而言,影响分别为 3.3 cm 和 2.4 mm 左右。而 Klobuchar 模型、BDGIM 与格网电离层模型并不是简单的一阶模型,它们都包含了对高阶项的校正。

2. 电离层延时误差双频校正法

目前北斗、GPS、GLONASS 和 GALILEO 卫星都能在至少两个频点上播发导航信号,而一颗卫星播发的导航信号,即使频率不同也必然经历相同的传输路径,在该传输路径上的 TEC 必然相等。因此,根据式(4-26)可以知道,接收机在不同载波频率上获得的伪距观测量,其包含的电离层延时误差不同,与频率的平方成反比,有 $\delta_{ion,B1}f_{B1}^2=\delta_{ion,B2}f_{B2}^2=\delta_{ion,B3}f_{B3}^2$,下标 B1、B2、B3 分别表示导航系统三个频点,而接收机对同一颗卫星不同频点上的观测伪距在减去对应的电离层延时后基本相等,即 $\rho_{B1}-\delta_{ion,B1}=\rho_{B2}-\delta_{ion,B2}=\rho_{B3}-\delta_{ion,B3}$。任取两个频率伪距 ρ_{B1} 与 ρ_{B2},可以得到:

$$\delta_{ion,B1}=-\frac{f_{B2}^2}{f_{B2}^2-f_{B1}^2}(\rho_{B2}-\rho_{B1}) \tag{4-30}$$

$$\rho_{B1,2}=\rho_{B1}-\delta_{ion,B1}=\frac{f_{B1}^2}{f_{B1}^2-f_{B2}^2}\rho_{B1}-\frac{f_{B2}^2}{f_{B1}^2-f_{B2}^2}\rho_{B2} \tag{4-31}$$

式中,$\delta_{ion,B1}$ 是利用双频观测量获得的 B1 频点上伪距观测量的电离层延时误差,其他频点上的电离层延时误差可以利用类似的方法或频率关系求得;$\rho_{B1,2}$ 是 B1 与 B2 频点的伪距观测量组合,仍然包含接收机到卫星距离、接收机与卫星钟差和其他一些误差,但不再包含电离层延时误差。

与伪距组合类似,可以得到载波相位组合,但由于整周模糊度在不同频率的载波相位上仍有可能不同,因此载波相位组合中,还包含了整周模糊度,即

$$\delta_{ion,B1}=\frac{f_{B2}^2}{f_{B2}^2-f_{B1}^2}[\lambda_{B2}(\varphi_{B2}-N_{B2})-\lambda_{B1}(\varphi_{B1}-N_{B1})] \tag{4-32}$$

利用双频校正法降低或者消除电离层延时误差,该方法可以广泛应用于双频接收机的高精度定位中。

4.4.2.2 对流层延时误差

对流层一般指高度在 50 km 以下的未被电离的中性大气层。卫星导航信号传播过程中,发生在中性大气层的信号延时统称为对流层延时,对流层延时误差也是精密定位中影响较大的误差之一,沿天顶方向的对流层延时误差大约为 2.3 m,在高度角为 10°时误差可达 20 m。

对流层的主要成分是空气和水汽,是非色散介质,对电磁波的折射率与频率无关,只能采用模型法予以修正。一个简单的对流层延时模型为

$$\delta_{\mathrm{trop}}=\frac{2.4225}{0.026+\sin\gamma}\mathrm{e}^{-0.13345\times10^{-4}H} \tag{4-33}$$

式中,H 为用户海拔,单位为 km;γ 为卫星高度角。该模型仅需知道用户接收机高度与卫星仰角即可计算出相应的对流层延时,可以修正掉大部分的对流层延时误差。

对流层延时虽然与信号频率无关,但受大气温度、湿度、气压等影响,精细的对流层延时模型更为复杂,将对流层延迟分为干分量和湿分量两部分。干分量主要取决于大气温度及压力,湿分量主要取决于信号传播路径上的大气湿度和密度,两者均表示为天顶方向的对流层折射量与同高度角相关的投影函数的乘积:

$$\delta_{\mathrm{trop}}=\delta_{\mathrm{trop,\,dry}}+\delta_{\mathrm{trop,\,wet}}=f_{\mathrm{dry}}(\gamma)\delta_{\mathrm{ZHD}}+f_{\mathrm{wet}}(\gamma)\delta_{\mathrm{ZWD}} \tag{4-34}$$

式中,$\delta_{\mathrm{trop,\,dry}}$ 和 $\delta_{\mathrm{trop,\,wet}}$ 分别为对流层延时的干分量与湿分量;$f_{\mathrm{dry}}(\gamma)$ 和 $f_{\mathrm{wet}}(\gamma)$ 分别为干、湿分量投影函数;δ_{ZHD} 和 δ_{ZWD} 分别为天顶方向干、湿分量延迟。对流层延时的天顶方向定义为地心指向接收机方向,不同于计算电离层延时的天顶方向,如图 4-8 所示。

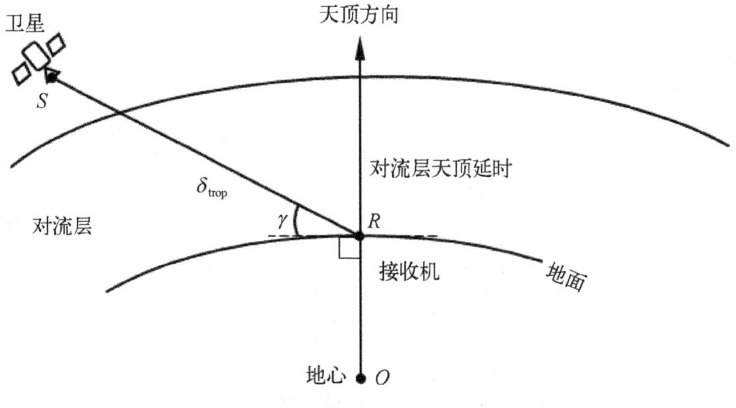

图 4-8　对流层延时与天顶方向对流层延时投影关系示意图

常用的对流层延时模型有 Hopfield 模型、Saastamoinen 模型等。下面具体给出 Saastamoinen 模型。

Saastamoinen 模型干、湿分量的投影函数一致:

$$f_{\mathrm{dry}}(\gamma)=f_{\mathrm{wet}}(\gamma)=\frac{1}{\cos(90^{\circ}-\gamma)} \tag{4-35}$$

天顶干、湿延时分别为

$$\begin{cases}\delta_{\mathrm{ZHD}} = \dfrac{0.002\,277p}{1 - 0.002\,6\cos(2\Phi) - 0.000\,28H \times 10^{-3}} \approx 0.002\,277p \\ \delta_{\mathrm{ZWD}} = 0.002\,277\left(\dfrac{1\,255}{T} + 0.05\right)u\end{cases} \tag{4-36}$$

式中，p、T 与 u 为大气相关参数和变量，分别表示大气压、温度及与相对湿度相关的量；γ、Φ 与 H 是与接收机位置相关的参数，分别表示接收机高度角、纬度和海拔。改进后的 Saastamoinen 模型整体表示为

$$\delta_{\mathrm{trop(Saas)}} = \frac{0.002\,277}{\cos(90^\circ - \gamma)}\left[p + \left(\frac{1\,255}{T} + 0.05\right)u - B\tan^2(90^\circ - \gamma)\right] + \delta R \tag{4-37}$$

式中，B 与 δR 是与接收机高度和高度角相关的改正量。虽然 Saastamoinen 模型及其改正模型中的大气压和气温可以通过接收机高度进行估算，但参数 u 还需要其他传感器提供的相对湿度测量量来确定。

4.4.2.3 多路径误差

多路径误差，或简称为多径误差，其产生原因是接收机采集到天线周围地物一次或多次反射的卫星信号。多径误差产生的环境分为视距环境和非视距环境，视距环境下接收信号中含有直射信号，而非视距环境下的接收信号中没有直射信号，其基本原理示意如图 4-9 所示。

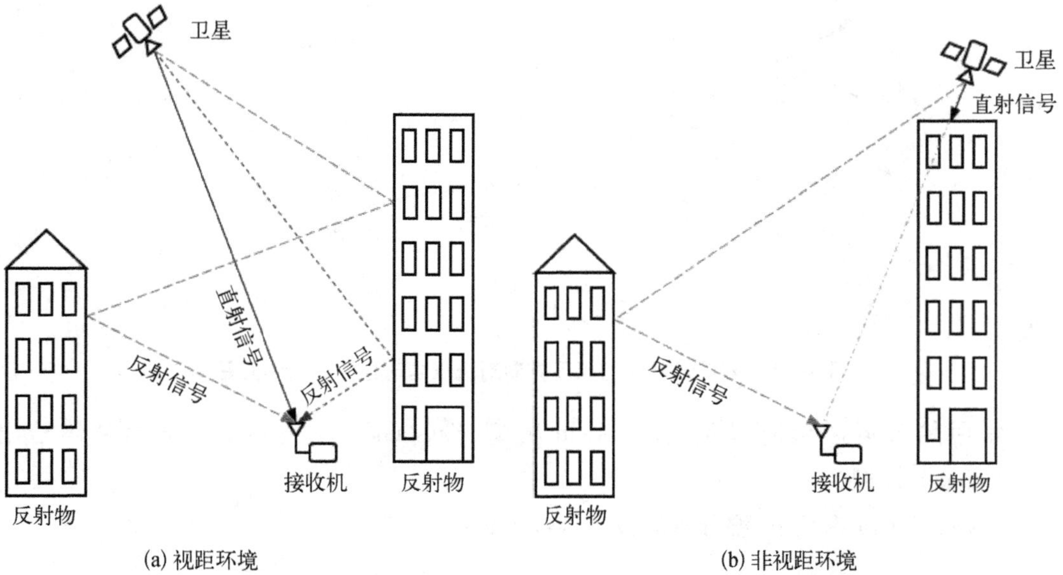

图 4-9 多路径效应原理示意图

多路径效应对于通信系统而言,能够提高通信信号的覆盖范围。然而对于以直达信号测距为基础的 GNSS 来说,却是非常不利的,能够造成极大的多路径误差。多路径效应的影响随着天线周围反射物面的性质而异,表 4－1 给出了不同反射物面对频率为 2 GHz 的微波信号的反射系数。

表 4－1　反射系数与不同反射物面的关系

	水　面	稻　田	野　地	森林山地
反射系数	1.0	0.8	0.6	0.3
损耗/dB	0	2	4	10

反射系数越大,物体对电磁波的反射效果越强,也越容易引起多路径效应。多路径误差不仅与反射物的反射系数有关,也与反射物离接收机的距离及卫星信号方向有关,因此难以建立准确的大范围适用的多路径误差改正模型。通常多径误差抑制技术分为天线增强技术、基带处理技术和后处理技术三类。

1. 天线增强技术

天线增强技术通过改进天线,减少天线对反射信号的接收,该方法主要在硬件层面通过天线选址、安装扼流圈等方式实现。降低多径误差和提高接收机观测数据质量最有效和最基本的措施是选择良好的天线场地,尽可能减少多径信号。良好的天线安装环境是抑制多径误差的治本之策,也是改善观测数据质量最有效的措施。天线场地选择应避免平静的水面、平坦光滑的地面和平整的建筑物表面等,这些都易反射信号形成较强多径效应。相反,天线场地应选择草丛、深耕田地、稠密森林或其他高度适当的有植被的地面,可以较好地吸收电磁波,减少多径反射。由于多径信号多数来自天线低仰角反射物,抗多径天线通过有效设计提高天线高仰角增益、降低低仰角增益达到抑制多径信号的目的,如扼流圈天线,如图 4－10 所示。

图 4－10　扼流圈天线

2. 基带处理技术

多径误差造成的相关峰畸变导致接收机跟踪误差增加,从而产生测距误差。基带处理技术集中在对接收机跟踪环路的改进,以适当修正或尽可能减少多径导致的相关峰畸变影响,包括窄相关技术、Double-Delta 技术、ELS(early late slope)技术和多径估计延迟锁定环路(multipath estimating delay lock loop, MEDLL)技术等。窄相关技术通过减小相关器间距,提高鉴相器对峰值点的灵敏度;Double-Delta 技术通过两组超前滞后相关器的线性组合构建鉴相函数;ELS 技术比较相关峰值两侧坡度偏差获得峰值位置;MEDLL 技术通过最大似然估计算法实现对多径信号伪码延迟、载波延迟和幅值估计。

3. 后处理技术

由于多径信号对伪距观测值造成的误差无法从根本上消除，可以对接收机观测数据采取事后处理的方法抑制多径误差。多径信号对载波相位观测值的影响远小于对伪距观测值的影响，且载波相位观测值精度远高于伪距观测值，可以采用载波相位平滑伪距的方法抑制多径误差，相位平滑后的伪距多径误差可以小于0.5 m。在双差相位观测值中可以利用信号信噪比信息来改正多径误差，可将多径影响降低到接收机噪声污染的量级，由于信噪比的测量值受接收机天线增益参数、相关器状态、多径效应等指标影响，由信噪比值通过谱分析方法正确地提取多径效应的发生频率具有一定的技术难度。

在实际工作环境中，多路径误差时刻在影响着 GNSS 接收机的测量精度，分析多径误差有助于掌握接收机观测数据质量和接收机天线周围环境情况。虽然 GNSS 接收机的多径效应有多种分析方法，但伪距频间组合、伪距与载波相位组合和多径误差三种分析方法相对比较简单，且可以较为准确地分析多径效应。GNSS 接收机多径抑制方法是目前研究的热点问题之一，虽然目前已提出多种多径抑制方法，但还没有一种方法能够很好地解决接收机的多径误差问题。

4.4.3 与接收设备有关的误差

GNSS 的观测量中存在与用户接收设备有关的误差，主要包括接收机噪声、接收机钟差及天线相位中心误差和载波相位观测的整周不定性影响。

4.4.3.1 接收机噪声

接收机噪声可以理解为由接收机内部引起的一系列难以被确定的误差的总和，包括电子器件的热噪声、信号量化误差、系统间和系统内不同卫星信号的互相关干扰、码跟踪环路与载波跟踪环路算法误差等。在同一部接收机中，有的误差在各观测量中表现一致，有的因处理通道不同又有不同的量值。整体上，这些误差难以确定在某时刻的具体大小，一般将其合效应简化为白噪声，包含在观测方程的 $\varepsilon_{\mathrm{r}}(t)$ 中。

4.4.3.2 接收机钟差

接收机钟差是 GNSS 接收机钟面时与标准 GNSS 系统时之间的差值，主要由接收机内部晶体振荡器的频率偏差与漂移引起。GNSS 接收机一般采用石英晶体振荡器，高精度石英晶体振荡器的日频率稳定度约为 10^{-11}/日，即使在某一时刻可以让接收机时间与 GNSS 系统时严格同步，经过一段时间后，接收机时钟也会与系统时逐步偏离，并且偏离量会随时间的推移持续增加。如果接收机钟与卫星钟之间存在 1 μs 的偏差，由此引起的等效距离误差也会达到 $1\ \mu\text{s}\times c\approx 300$ m。虽然可以采用高精度频标提高接收机时间标准的精度，如采用铷、铯、氢等原子钟代替石英晶体振荡器，但这显然会极大增加接收机的成本、体积和重量，在一些高精度应用场合虽然可以使用，但对广大民用领域而言，尚不具有可行性。由于接收机钟差仅与接收机相关，在某一时刻，同一接收机获得的对应不同卫星的观测量都有相同的接收机钟差，因此可以采用差分处理消除接收机钟差，而卫星导航也创造性地将该误差量作为待求解量与位置信息共同解算，很好地缓解了接收机钟与系统钟不同步的问题，使得卫星导航技术让普通大众也可以用得起、用得好。

4.4.3.3 天线相位中心误差和载波相位观测的整周不定性影响

GNSS 接收机测量的信号传输路径，其实是从卫星天线相位中心到用户接收机天线相位中心的路径。而天线的相位中心与其几何中心并不完全一致，存在少许偏差，这就导致了卫星端和接收机端的天线相位中心误差。根据天线性能的好坏，天线相位中心的偏差对相对定位结果的影响为数毫米至数厘米，这个量级的误差远远小于伪距测量误差，对采用伪距定位的普通应用需求可以忽略，但在需要毫秒级和厘米级高精度测量应用中，接收机的天线相位中心误差不能忽略，可以利用事先确定的改正模型来消除其影响。

4.4.4 其他误差

GNSS 的观测量，除受到与卫星、接收机和信号传播路径相关影响外，还受到一些与特定情况相关联的其他因素的影响，如地球自转影响、相对论效应误差、自然和人为干扰等。

4.4.4.1 地球自转影响

卫星信号从被卫星发射到被接收过程中，经过大概 68～83 ms 时间，在此期间地球的自转使得卫星与地球之间的相对位置发生了变化，当根据信号播发瞬时和星历参数计算卫星瞬时位置时，若不考虑地球自转，就会在 GNSS 接收机中产生相应的计算误差。因此，为获得正确的接收机位置，在计算卫星到接收机的几何距离时，必须考虑此影响。

地球自转影响可以通过地球自转形成的旋转矩阵修正卫星位置进行校正，对卫星坐标的改正公式为

$$\begin{pmatrix} X^{s'} \\ Y^{s'} \\ Z^{s'} \end{pmatrix} = \begin{bmatrix} \cos\alpha & \sin\alpha & 0 \\ -\sin\alpha & \cos\alpha & 0 \\ 0 & 0 & 1 \end{bmatrix} \begin{pmatrix} X^{s} \\ Y^{s} \\ Z^{s} \end{pmatrix} \tag{4-38}$$

式中，$X^{s'}$、$Y^{s'}$、$Z^{s'}$ 为改正后的卫星坐标；$\alpha = \omega_{ie} \cdot \Delta\tau$ 为地球在信号传输时转过的角度，ω_{ie} 为地球自转角速度，$\Delta\tau$ 为不含钟差的卫星信号传播时间。

4.4.4.2 相对论效应误差

由于卫星运行速度在几千米每秒，依据狭义相对论，GNSS 卫星时钟相对地面同类型时钟较慢，而由于卫星所处空间引力场低于地面，依据广义相对论，GNSS 卫星时钟相对地面时钟会更快些。两种效应综合影响下，GNSS 卫星时钟整体快于地面时钟，因此需要将卫星时钟频率略微调低，以此抵消相对论效应带来的钟快影响。在计算卫星钟调整量时，将卫星轨道简化为圆周，并且假设卫星运行速度不变，获得的调整量对应也是一个常数。但事实上，GNSS 卫星运行轨道是椭圆轨道，并且运行速度时变，采用常数调整后残余的误差量，即时钟频率常数补偿的残差量称为相对论效应误差，表示为

$$\delta_{\mathrm{rel}} = -\frac{2e_{\mathrm{s}}\sqrt{a_{\mathrm{s}}\mu}}{c}\sin E \tag{4-39}$$

式中，δ_{rel} 表示相对论效应误差，单位为 m；e_{s} 表示卫星轨道偏心率；a_{s} 表示卫星轨道长半轴；c 表示光速；E 表示卫星偏近点角。

4.4.4.3 自然和人为干扰

由于 GNSS 卫星导航系统的工作基础是无线电波，接收机接收到的 GNSS 信号非常微弱，同时民用 GNSS 信号的结构、频率和编码又完全公开，这就使得 GNSS 信号，与其他基于无线电的系统一样，易受到针对其设计的干扰信号的影响。这类干扰可能来自人为故意干扰，如敌方的无线电干扰设备、美国军方对 GPS 的选择可用性限制等，也可能来自人为的无意干扰，如一些诸如广播、电视等大功率无线电信号。此外，太阳风暴、磁暴等自然效应也会影响 GNSS 信号进而引起 GNSS 测距和定位性能降低。各种干扰因素使得 GNSS 的正常信号安全和可靠性受到威胁，所以增强接收机的抗干扰性是提高 GNSS 性能的一个重要方面。

4.5 观测量的数据组合

GNSS 包括多颗卫星，每颗卫星能够在两三个频点上播发多个信号，每个信号的伪码与载波又都可以提供伪距观测量和载波相位观测量，这就使得 GNSS 观测量非常丰富，接收机到每颗卫星的测距值可以有多个不同频率的伪距和载波相位观测量。通过对这些观测量进行组合，构建新的测量值，可以消除或削弱某些误差、促进整周模糊度求解，得到更高精度的 PVT 结果。

GNSS 观测量组合以伪距与载波相位的线性组合为主，包括伪距-伪距（$\rho-\rho$）组合、相位-相位（$\varphi-\varphi$）组合以及伪距与相位的组合。这些观测量可能来自同一颗卫星不同频率的信号，也可能来自不同卫星同频率信号。前者主要包括载波相位平滑伪距的伪距-相位组合、消电离层延时组合等，后者主要涉及差分技术。本节重点介绍一些常用的单星观测量组合。

4.5.1 单频观测量载波相位-伪距组合

对于单频接收机而言，伪距观测量误差往往较大，为了降低观测量误差，可以将同一颗卫星同一时刻的载波相位观测量与伪距观测量结合，通过不同的组合方式，实现载波相位平滑伪距提高伪距观测量精度以及构造无电离层延时误差的新观测量；也可以将不同卫星、不同接收机或不同时刻的同类观测量进行组合，即采用差分技术，消减观测量中的公共误差或近似误差。本节介绍同一卫星观测量组合实现的载波相位平滑伪距和消电离层延时组合的半和模型，差分组合将在第 6 章进行详细说明。

4.5.1.1 载波相位平滑伪距

载波相位平滑伪距可以表示为

$$\rho_{sm}(k)=\alpha\rho(k)+(1-\alpha)\cdot\{\rho_{sm}(k-1)+\lambda[\varphi(k)-\varphi(k-1)]\}$$
$$\rho_{sm}(0)=\rho(0) \tag{4-40}$$

式中，$\rho_{sm}(k)$ 表示第 k 个观测历元得到的平滑后的伪距观测量；α 为平滑系数，取值为 $0\leqslant\alpha\leqslant1$；$\rho(k)$ 表示第 k 个历元的伪距观测量；λ 为载波波长，$\varphi(k)$ 表示第 k 个历元的载波相位观测量。将上式整理后写成递推表达式，得

$$\rho_{sm}(k)=\rho_{sm}(k-1)+\alpha[\rho(k)-\rho_{sm}(k-1)]+(1-\alpha)\lambda[\varphi(k)-\varphi(k-1)]$$
$$\rho_{sm}(0)=\rho(0) \tag{4-41}$$

式中，$[\rho(k)-\rho_{sm}(k-1)]$ 表示 $k-1$ 到 k 历元的伪距增量；$\lambda[\varphi(k)-\varphi(k-1)]$ 表示 $k-1$ 到 k 历元相位增量，也是积分多普勒。由于伪距增量与相位增量皆测量的是卫星与接收机径向距离的变化，但由于伪距观测量误差在米级，而载波相位观测量误差可以达到厘米级，在利用载波相位平滑伪距后，若一段时间内载波相位没有周跳发生，所获得的新观测量 $\rho_{sm}(k)$ 会更加平滑。但也可以看到，$\rho(0)$ 引入的初始偏差较难消除。

每一时刻的载波相位平滑伪距是在前一时刻平滑伪距的基础上叠加伪距增量和相位增量的加权平均值获得。α 越接近 1，平滑伪距越接近伪距观测量，若 $\alpha=1$，则式(4-41)退化为纯伪距观测量；反之，α 越接近 0，平滑伪距与载波相位观测量越接近，若 $\alpha=0$，则可以看作是初值选取为 $\rho(0)$ 的载波相位观测量。一般取 $\alpha=1/L_{sm}$，L_{sm} 为平滑时间常数，介于 20~100 历元之间。

4.5.1.2　载波相位与伪距组合消电离层延时误差

载波相位与伪距观测量中的电离层延时误差数值相等，符号相反，因此可以通过组合同一颗卫星同一频率的载波相位和伪距观测量，达到消减电离层延时误差的目的。将载波相位观测量方程与伪距观测量方程简化为如下离散时间形式：

$$\rho(k)=R(k)+c[\delta t_r(k)-\delta t_s(k)]+\delta_{ion}(k)+\delta_{trop}^{j}(k)+\varepsilon_{r,\rho}(k)$$
$$\lambda\varphi(k)=R(k)+c[\delta t_r(k)-\delta t_s(k)]-\delta_{ion}(k)+\delta_{trop,i}^{j}(k)+\lambda N(k)+\varepsilon_{r,\varphi}(k) \tag{4-42}$$

则组合消电离层延时误差方程如下：

$$\begin{aligned}\rho_{\rho-\varphi}(k)&=\frac{\rho(k)+\lambda\varphi(k)}{2}\\&=R(k)+c[\delta t_r(k)-\delta t_s(k)]+\delta_{trop,i}^{j}(k)\\&\quad+\frac{\lambda N(k)}{2}+\frac{\varepsilon_{r,\rho}(k)+\varepsilon_{r,\varphi}(k)}{2}\end{aligned} \tag{4-43}$$

如式(4-43)所示，伪距与载波相位观测量组合在理论上，确实可以消除电离层延时误差，噪声误差也会有所减少，同时载波相位的使用也会引入整周模糊度。但若接收机输

出的伪距是载波相位平滑伪距，其电离层延时误差与载波相位的电离层延时误差不再构成相反数关系，该方法就会失效。

4.5.2 不同频伪距/载波相位观测量组合

同一颗卫星不同频率上的伪距与伪距 ($\rho-\rho$)、载波相位与载波相位 ($\varphi-\varphi$)，以及伪距与载波相位 ($\rho-\varphi$) 观测量也可以进行线性组合，组合后可以实现消除电离层影响、消除几何距离项影响、计算整周模糊度、检测周跳等多种功能。

以式(4-41)所示观测模型为例，对于伪距-伪距组合，通过接收机从一颗卫星不同频率信号获得的伪距 ρ_1、ρ_2 和 ρ_3 进行线性组合获得组合伪距，记 n_1、n_2 和 n_3 是常系数。由于接收机与卫星的距离、接收机钟差误差、卫星钟差误差，以及对流层延时误差与信号频率无关，在不同频率的伪距上数值相等，因此线性组合伪距 $\rho_{\text{com}}(k)$ 可表示为

$$\begin{aligned}\rho_{\text{com}}(k) &= n_1\rho_1(k)+n_2\rho_2(k)+n_3\rho_3(k)\\ &= (n_1+n_2+n_3)\{R(k)+c[\delta t_{\text{r}}(k)-\delta t_{\text{s}}(k)]-\delta_{\text{trop}}(k)\}\\ &\quad +\delta_{\text{ion, com}}(k)+\varepsilon_{\text{r, }\rho\text{c}}(k)\end{aligned} \tag{4-44}$$

式中，$\delta_{\text{ion, com}}(k)$ 表示组合后的电离层延时；$\varepsilon_{\text{r, }\rho\text{c}}(k)$ 表示组合后伪距噪声。

类似地，线性组合相位 φ_{com} 可以通过不同频率的载波相位获得，即

$$\begin{aligned}\varphi_{\text{com}} &= n_1\varphi_1+n_2\varphi_2+n_3\varphi_3\\ &= \left(\frac{n_1}{\lambda_1}+\frac{n_2}{\lambda_2}+\frac{n_3}{\lambda_3}\right)[R(k)+c(\delta t_{\text{r}}(k)-\delta t_{\text{s}}(k))+\delta_{\text{trop}}(k)]\\ &\quad +\frac{\delta_{\text{ion, com}}(k)}{\lambda_{\text{com}}}+N_{\text{com}}(k)+\frac{\varepsilon_{\text{r, }\varphi\text{c}}(k)}{\lambda_{\text{com}}}\end{aligned} \tag{4-45}$$

式中，下标 1、2、3 对应不同的频点；$\delta_{\text{ion, com}}(k)$、$N_{\text{com}}(k)$ 与 $\varepsilon_{\text{r, }\varphi\text{c}}(k)$ 分别表示组合后的电离层延时、整周模糊度及载波相位噪声。

电离层延时误差与信号频率有关，在不同频率伪距与载波相位观测量上不同，记为 $\delta_{\text{ion, 1}}$、$\delta_{\text{ion, 2}}$ 与 $\delta_{\text{ion, 3}}$，接收机噪声及整周模糊度与接收机处理通道和信号质量相关，在不同频率的观测量上也不相同。组合后的电离层延时误差、整周模糊度及接收机噪声表示为

$$\begin{cases}\dfrac{\delta_{\text{ion, com}}(k)}{\lambda_{\text{com}}}=n_1\dfrac{\delta_{\text{ion, 1}}(k)}{\lambda_1}+n_2\dfrac{\delta_{\text{ion, 2}}(k)}{\lambda_2}+n_3\dfrac{\delta_{\text{ion, 3}}(k)}{\lambda_3}\\ \qquad\qquad\quad =\left(\dfrac{n_1\lambda_1+n_2\lambda_2+n_3\lambda_3}{\lambda_1^2}\right)\delta_{\text{ion, 1}}(k)\\ N_{\text{com}}(k)=n_1N_1+n_2N_2+n_3N_3\\ \dfrac{\varepsilon_{\text{r, }\varphi\text{c}}(k)}{\lambda_{\text{com}}}=n_1\dfrac{\varepsilon_{\text{r, }\varphi 1}}{\lambda_1}+n_2\dfrac{\varepsilon_{\text{r, }\varphi 2}}{\lambda_2}+n_3\dfrac{\varepsilon_{\text{r, }\varphi 3}}{\lambda_3}\end{cases} \tag{4-46}$$

并且相位对应的载波频率与波长均与组合前任意载波频率与波长不同，其频率 f_{com} 和波长 λ_{com} 分别为

$$\begin{cases} f_{com} = n_1 f_1 + n_2 f_2 + n_3 f_3 \\ \lambda_{com} = \dfrac{c}{f_{com}} = \dfrac{1}{n_1/\lambda_1 + n_2/\lambda_2 + n_3/\lambda_3} \end{cases} \tag{4-47}$$

若组合相位对应的波长 λ_{com} 较长，则有利于解算整周模糊度，若组合相位对应的波长 λ_{com} 较短，在能够固定整周模糊度的前提下，有利于提高精度。上式也暗示了组合后的相位对应频率与波长不应为负数，即 $n_1 f_1 + n_2 f_2 + n_3 f_3 > 0$。

观测量组合的关键在于组合系数 n_1、n_2 和 n_3 的选取，通常组合后的相位需要满足：

（1）保留模糊度的整周特性；

（2）具有适当的波长；

（3）具有较小的电离层延时误差；

（4）具有较小的噪声水平。

伪距观测量不存在整周模糊度问题，选择组合系数时应满足（2）~（4）条件。根据这些条件，可以进一步得到：若 n_1、n_2 和 n_3 选取为整数，则可以较容易地保持模糊度的整周特性；而 $n_1\lambda_1 + n_2\lambda_2 + n_3\lambda_3 \to 0$ 可以获得较小的电离层延时误差。通过选择不同的 n_1、n_2 和 n_3 可以进行无电离层组合和无几何距离组合。

4.5.2.1　无电离层（Ionospheric-free，IF）组合

无电离层组合模型是基于电离层延迟的频率特性，通过双频、三频伪距或载波相位观测量的线性组合来消除观测量中的一阶电离层延迟，双频消电离层组合方程见 4.4.2.1 节。三频无电离层组合需要满足：

$$\begin{cases} n_1\lambda_1 + n_2\lambda_2 + n_3\lambda_3 = 0 \\ n_1 + n_2 + n_3 = 1 \end{cases} \tag{4-48}$$

对于式（4－48）可以有无数多组解，需要根据其他组合条件进一步筛选合适的组合系数。无电离层影响的相-相组合以及码-码组合能够将电离层的影响从观测值方程中剔除，而保持其他项不变，但是新组合的整周模糊度不再是一个整数，且组合观测值的标准差变大。

4.5.2.2　无几何距离（geometry-free，GF）组合

无几何距离组合是通过双频、三频伪距或载波相位观测量的线性组合来消除观测量中的几何距离项，组合系数需要满足条件如下。

伪距组合系数：

$$n_1 + n_2 + n_3 = 0 \tag{4-49}$$

载波相位组合系数：

$$\frac{n_1}{\lambda_1}+\frac{n_2}{\lambda_2}+\frac{n_3}{\lambda_3}=0 \tag{4-50}$$

由于接收机钟差、卫星钟差以及对流层延时误差与几何距离类似，均与频率无关，因此在无几何距离组合中，这些误差也会一同被消去，残留电离层延时误差和整周模糊度（载波相位组合），因此，可以用于评估电离层模型。另外，多普勒观测量间的消几何距离组合模式可以用于检验多普勒数据的质量。

4.5.2.3 无电离层无几何距离组合

Melbourne-Wübbena（MW）组合是一种无电离层无几何距离组合，如下式所示：

$$N_W=(\varphi_1-\varphi_2)-\frac{f_2-f_1}{f_2+f_1}\left(\frac{\rho_1}{\lambda_1}-\frac{\rho_2}{\lambda_2}\right) \tag{4-51}$$

式中，N_W 为宽巷模糊度；$\varphi_1-\varphi_2$ 为载波相位的宽巷组合；宽巷频率为$f_W=f_1-f_2$，其波长 $\lambda_W=c/f_W$，较组合前的两个载波波长更长。MW 组合能够消除几何距离项、接收机钟差、卫星钟差、对流层延时和电离层延时，剩余主要为整周模糊度和噪声项，一般用于计算宽巷整周模糊度，也可以用于周跳的探测。

在进行周跳探测时，逐历元计算宽巷模糊度 N_W，若历元间该值变化不大，则认为没有周跳，否则就认为有周跳发生。采用宽巷模糊度进行周跳探测不受接收机和卫星的几何位置、电离层折射以及卫星和接收机钟差的影响，适用于动态、非差观测值。与载波相位相比，该方法采用码伪距，噪声水平增大，针对的是宽巷观测值，因而可以探测出小周跳。但该方法无法独立地区分出发生周跳的频率。

4.5.2.4 电离层残差组合模式

考虑把 GNSS 观测量看成时间序列，消几何距离组合模式利用时间差分可以获得

$$\begin{aligned}\varphi_{GF}(k+1)-\varphi_{GF}(k)=&\frac{\delta_{\text{ion, com}}(k+1)-\delta_{\text{ion, com}}(k)}{\lambda_{\text{com}}}\\&+[N_{\text{com}}(k+1)-N_{\text{com}}(k)]+\frac{\varepsilon_{r,\varphi c}(k+1)-\varepsilon_{r,\varphi c}(k)}{\lambda_{\text{com}}}\end{aligned} \tag{4-52}$$

从式（4－52）中可以看出，由于消几何距离组合已经将距离、接收机与卫星钟差以及对流层延时误差消除，进一步时间差分后的数值仅与历元间电离层的变化、周跳以及载波相位观测值的噪声有关。若参与组合的各相位观测值均未发生周跳，整周模糊度为定值 $N_{\text{com}}(k+1)=N_{\text{com}}(k)$，时间差分后值为 0，该组合模式则反映了电离层延时误差的时间差分，即电离层残差。一般来说，相邻历元间所计算出的电离层残差非常小，相位噪声的变化一般也是平稳的，因此无周跳发生时该组合整体非常小。换言之，该组合值异常的突然变化可以表明在参与组合的至少一个相位观测值中发生了周跳，因此可以用该组合检测

周跳的发生情况。

4.5.3　组合算法与未组合算法的等价性说明

未组合的观测量和组合观测量模式是两种标准的 GPS 数据处理方法，不同的数据处理方法以及数据组合模式有不同的特点，在不同处理形式下，有利于方便地处理和解决相应的应用问题。

对于任意组合，只要转换矩阵可逆，由代数和矩阵相关理论可知，变换后的方程恒等于原方程。可以由代数线性变换理论证明组合观测量与未组合观测量相关算法之间的等价性，无论使用哪种算法其解向量和协方差矩阵都是对应相同的。

不同的组合可以获得更有效、更方便的数据处理的方式，为此消电离层、消几何距离组合公式能够获得比传统组合性能更好的特性。也就是说，无论采用何种组合模式，其获得的解和解的精度都是相同的，不可能得到不同解和不同精度的解，不同组合只能使相关问题更易处理和理解。同样，利用相-码组合模式的宽巷整周模糊度确定技术只可能得到更有效的整周模糊度搜索和解算办法，而不能得到更好或者更高精度的解。

思　考　题

1. 卫星导航观测量包含许多种误差，其中多路径效应误差产生的原理是什么，会造成什么影响？

2. 电离层延时误差产生的原因是什么？试简述单频接收机与双频接收机各自可以通过什么方法抑制或削弱电离层延时误差。

3. 若在低轨卫星上安装 GNSS 接收机，利用 GNSS 接收机实现对低轨卫星的定轨，试分析在该环境下，与地面接收机相比，GNSS 传播误差有哪些不同？

4. 载波相位存在整周模糊度，试讨论伪距是否存在整周模糊度问题。

5. 已知地面接收机位置与某导航卫星位置，试论述如何仿真计算该接收机与卫星间的伪距。

第5章 GNSS 导航解算原理

导航信息包括载体位置、速度、姿态与时间信息,全球卫星导航系统不仅能够为用户提供精确的位置、速度与时间信息,也可以提供载体姿态或航向信息,全方位满足导航需求。本章详细论述 GNSS 伪距单点定位、测速、定向/测姿与测时方法。

5.1 GNSS 定位原理

GNSS 定位,可依据用户接收机天线在定位中的状态是固定不变或不断运动,分为静态定位与动态定位;依据定位用观测量是伪距或是载波相位,分为伪距定位与载波相位定位;也可根据待测点在协议地球坐标系中的绝对位置或相对位置,分为单点定位(绝对定位)或相对定位(差分定位)。

单点定位采用单个 GNSS 接收机独立确定待测点在协议地球坐标系中的绝对位置,故也称为绝对定位。因其只需一台接收机即可实现独立定位,方便实施野外作业,数据处理亦比较简单,广泛应用于船舶导航、单兵定位、车辆定位、地质矿产勘探、暗礁定位和建立浮标等中低精度测量中。用户接收机利用伪距观测量进行单点定位,称为伪距单点定位,也称标准单点定位(standard point positioning, SPP),其是卫星导航系统最基础的定位方法,通常根据卫星广播星历计算卫星位置与卫星钟差,定位精度一般在米级到十米级。若接收机利用载波相位进行单点定位,测距精度较伪距可提高一两个数量级,配合精密星历与钟差产品计算更高精度的卫星位置与卫星钟差,定位精度能够达到分米,甚至厘米级,静态情况下精度更有可能达到毫米级,因此也称为精密单点定位(precise point positioning, PPP)。

相对定位采用不同接收机的同步观测资料,对各接收机的许多相同或者相似误差,如星钟误差、星历误差、对流层延时误差等,通过"求差"的方式消除或者大幅削弱,其定位精度高,也称为差分相对定位。由于同步工作的接收机处于静态或缓慢变化状态,相对定位广泛应用于大地测量、工程测量、地壳变形监测等静态或准静态精密定位等领域,随着飞行器空中加油、运载体协同作业的需求增大,动态相对定位也迎来更多的机遇与挑战。

由于北斗、GPS、GLONASS 和 GALILEO 播发不同频率的信号，一部接收机的观测量可以来自单个 GNSS 或不同 GNSS，也可以来自单一频率信号或不同频率信号，这些差异导致观测量误差模型发生了小量的变化，而与之对应的定位算法也需要进行相应的改变。本节将详细介绍单星座单频伪距观测量的单点定位算法，以此为基础说明多频与多星座单点定位的处理方法。

5.1.1　GNSS 定位基本原理

全球卫星导航系统采用三边测量法实现自身的定位，如图 5－1 所示。用户如果与某一颗卫星相距 r_1 距离，可以假想存在一个球面，该球面以卫星为球心，距离 r_1 为半径，用户位置必定在该球面上。如果用户至两颗卫星的距离分别为 r_1 与 r_2，则可获得两个相交的球面，而用户位置必定在两球面相交的圆环上。若再增加一个球面，三球面相交，形成两个交点，用户位置则必定为这两点之一。对于地面附近的用户而言，可以认为地球球面为第四个球面，排除距离地球更远的交点，将距离地球更近的交点作为最终的用户位置。当然，也可以通过更多的球面来唯一确定用户位置。

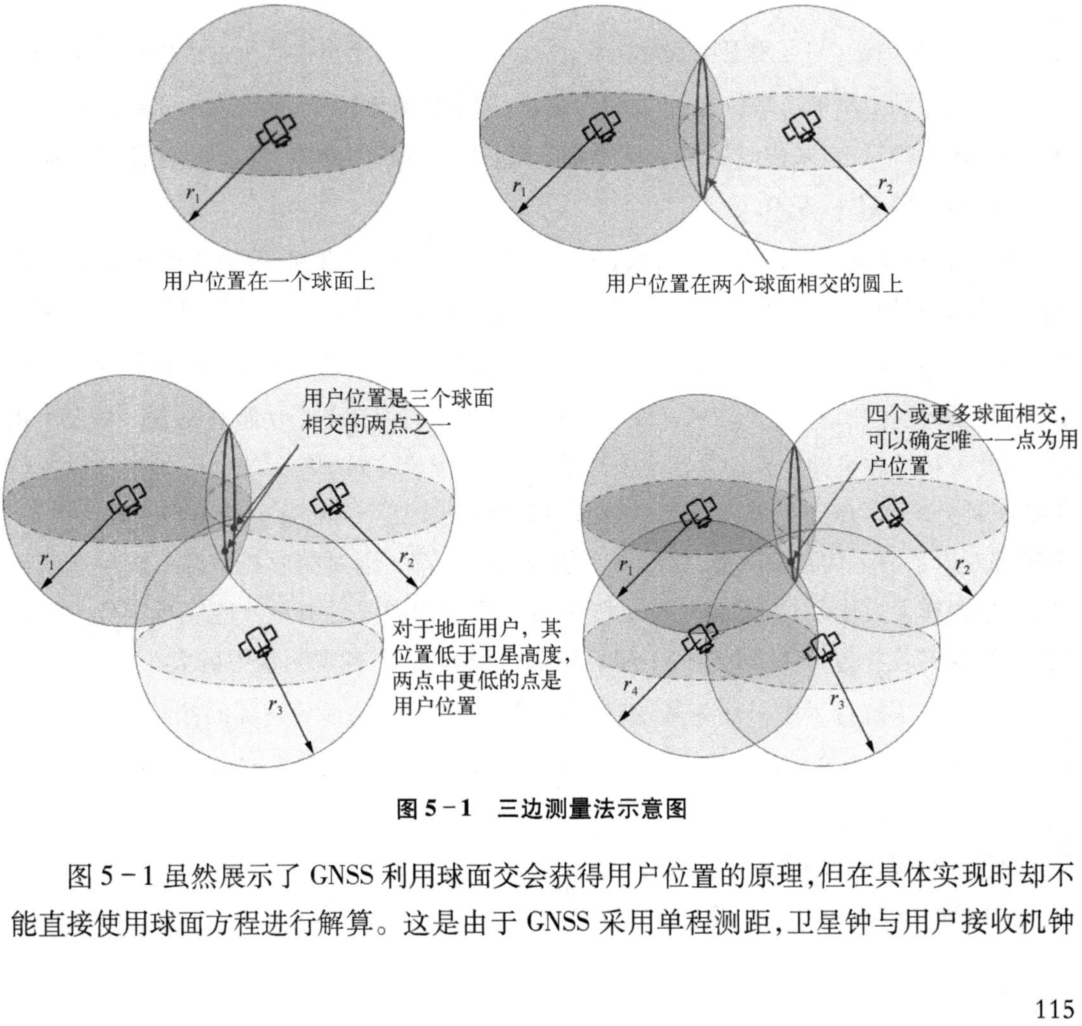

图 5－1　三边测量法示意图

图 5－1 虽然展示了 GNSS 利用球面交会获得用户位置的原理，但在具体实现时却不能直接使用球面方程进行解算。这是由于 GNSS 采用单程测距，卫星钟与用户接收机钟

之间难以保持严格同步,接收机钟差误差会使球面方程无法解算出接收机的准确位置。

5.1.2 单星座单频伪距单点定位算法

单星座单频定位算法是卫星导航最基本的定位算法,利用单接收机单 GNSS 单一频率信号的伪距进行定位,如采用北斗 B3 信号伪距观测量定位,或 GPS L1 信号伪距定位。根据第 4 章内容,在某一时刻,接收机估计的单一星座单频伪距观测量,忽略时间序列号 k 后可简写为

$$\begin{cases}\rho^1 = \sqrt{(x - x_s^1)^2 + (y - y_s^1)^2 + (z - z_s^1)^2} + c\tau_r + \varepsilon_r^1 \\ \rho^2 = \sqrt{(x - x_s^2)^2 + (y - y_s^2)^2 + (z - z_s^2)^2} + c\tau_r + \varepsilon_r^2 \\ \quad \vdots \\ \rho^N = \sqrt{(x - x_s^N)^2 + (y - y_s^N)^2 + (z - z_s^N)^2} + c\tau_r + \varepsilon_r^N \end{cases} \tag{5-1}$$

式中,ρ^j 表示接收机获得的距离卫星 j 的伪距,其电离层延时误差、对流层延时误差等已经通过模型修正,剩无法修正的接收机钟差 τ_r 与残余误差 ε_r^j; $j = 1, 2, \cdots, N$; N 表示用于定位的伪距数量,与可用卫星数量相等; $[x, y, z]^T$ 表示用户接收机三维位置; $[x_s^j, y_s^j, z_s^j]^T$ 表示第 j 颗卫星的三维位置; c 表示光速; τ_r 表示接收机钟差,单位为 s; ε_r^j 表示残余误差,包括接收机噪声、未建模的多路径误差等,简化为高斯白噪声,符合零均值方差为 σ^2 的正态分布,即 $\varepsilon_r^j \sim N(0, \sigma^2)$。

要获得接收机位置就需要求解式(5-1),但从式中可以看到,等号左边 ρ^j 是接收机测量伪距,等号右边的接收机三维位置 $[x, y, z]^T$、接收机钟差 τ_r 与随机误差 ε_r^j 均是未知量。对于未知量 τ_r 与 ε_r^j,我们采用不同的处理方式。注意到式(5-1)中接收机钟差 τ_r 与接收机三维位置 $[x, y, z]^T$ 均未标注上标 j,这是由于它们在各个伪距观测量 ρ^j 中大小相等,因此可将接收机钟差视作第四个未知量,与三维位置共同求解。当接收机三维位置与接收机钟差均作为待求解未知量后,式(5-1)需要至少四个方程才能获得唯一解,每一个方程都对应了一个伪距观测量,而每一个伪距观测量都是通过接收机跟踪一颗卫星获得的,这也解释了为什么 GNSS 定位中会强调需要至少四颗可见卫星才能实现定位。幸运的是,接收机通常会观测到更多的卫星。而随机误差 ε_r^j 在各观测量中的大小不同,无法估算,因此在求解过程中只能将其忽略,使得随机误差 ε_r^j 传递到解算的接收机位置 $[x, y, z]^T$ 与钟差 τ_r 上,形成估计误差。因此,下文先讨论无 ε_r^j 时,式(5-1)的求解方法,再讨论 ε_r^j 对解算结果的影响。

5.1.2.1 牛顿迭代法求解定位方程

忽略随机误差 ε_r^j 后,式(5-1)可写为

$$\begin{cases}\rho^1 = \sqrt{(x_s^1 - x)^2 + (y_s^1 - y)^2 + (z_s^1 - z)^2} + c\tau_r \\ \rho^2 = \sqrt{(x_s^2 - x)^2 + (y_s^2 - y)^2 + (z_s^2 - z)^2} + c\tau_r \\ \quad\vdots \\ \rho^N = \sqrt{(x_s^N - x)^2 + (y_s^N - y)^2 + (z_s^N - z)^2} + c\tau_r\end{cases} \tag{5-2}$$

显然,式(5-2)是关于$[x, y, z]^{\mathrm{T}}$与τ_r的四元非线性方程组。工程上,常用牛顿迭代法将非线性方程转化为线性方程,再配合最小二乘法实现对线性方程组的求解,解决多元未知量的求解问题。

牛顿迭代法基本思路是将非线性方程作为非线性函数进行泰勒级数展开,取其线性部分,通过逼近方式获得精确解。具体地,首先将伪距方程看作是关于变量$\boldsymbol{X}_r = [x, y, z, c\tau_r]^{\mathrm{T}}$的函数,记为$\rho^j(\boldsymbol{X}_r)$,对其在近似解$\boldsymbol{X}_r^- = [x^-, y^-, z^-, c\tau_r^-]^{\mathrm{T}}$处进行一阶泰勒级数展开,忽略二阶及以上的线性化误差。以式(5-2)中第j个伪距方程为例,其一阶泰勒级数展开式为

$$\rho^j(\boldsymbol{X}_r) = \rho^j(\boldsymbol{X}_r^-) + \dot{\rho}^j(\boldsymbol{X}_r^-)(\boldsymbol{X}_r - \boldsymbol{X}_r^-) \tag{5-3}$$

式中,

$$\rho^j(\boldsymbol{X}_r^-) = \sqrt{(x_s^j - x^-)^2 + (y_s^j - y^-)^2 + (z_s^j - z^-)^2} + c\tau_r^-$$

$$\dot{\rho}^j(\boldsymbol{X}_r^-) = \left.\frac{\partial\rho}{\partial x}\right|_{X_r^-}(x - x^-) + \left.\frac{\partial\rho}{\partial y}\right|_{X_r^-}(y - y^-) + \left.\frac{\partial\rho}{\partial z}\right|_{X_r^-}(z - z^-) + \left.\frac{\partial\rho}{\partial\tau_r}\right|_{X_r^-}c(\tau_r - \tau_r^-)$$

$$\left.\frac{\partial\rho}{\partial x}\right|_{X_r^-} = -\frac{x_s^j - x^-}{\sqrt{(x_s^j - x^-)^2 + (y_s^j - y^-)^2 + (z_s^j - z^-)^2}} = -e_x^j$$

$$\left.\frac{\partial\rho}{\partial y}\right|_{X_r^-} = -\frac{y_s^j - y^-}{\sqrt{(x_s^j - x^-)^2 + (y_s^j - y^-)^2 + (z_s^j - z^-)^2}} = -e_y^j$$

$$\left.\frac{\partial\rho}{\partial z}\right|_{X_r^-} = -\frac{z_s^j - z^-}{\sqrt{(x_s^j - x^-)^2 + (y_s^j - y^-)^2 + (z_s^j - z^-)^2}} = -e_z^j$$

$$\left.\frac{\partial\rho}{\mathrm{d}\tau_r}\right|_{X_r^-} = 1$$

式中,$\rho^j(\boldsymbol{X}_r)$为接收机测量得到的伪距;$\rho^j(\boldsymbol{X}_r^-)$为根据近似值估算伪距。$\rho^j(\boldsymbol{X}_r^-)$对$x$、$y$和$z$的偏导数恰是接收机指向卫星的单位向量,也称为方向余弦向量,记为$\boldsymbol{e}^j = [e_x^j \quad e_y^j \quad e_z^j]^{\mathrm{T}}$。定义$\Delta\boldsymbol{X}_r = \boldsymbol{X}_r - \boldsymbol{X}_r^- = [\Delta x, \Delta y, \Delta z, c\Delta\tau]^{\mathrm{T}}$,$\Delta\rho^j = \rho^j(\boldsymbol{X}_r) - \rho^j(\boldsymbol{X}_r^-)$,式(5-3)可改写为

$$\Delta\rho^j = \rho^j(\boldsymbol{X}_r) - \rho^j(\boldsymbol{X}_r^-) = -e_x^j\Delta x - e_y^j\Delta y - e_z^j\Delta z + c\Delta\tau_r \tag{5-4}$$

写成矩阵形式为

$$\Delta\boldsymbol{\rho} = \boldsymbol{G}\Delta\boldsymbol{X}_{\mathrm{r}} \tag{5-5}$$

式中，$\Delta\boldsymbol{\rho} = [\Delta\rho^1, \Delta\rho^2, \cdots, \Delta\rho^N]^{\mathrm{T}}$，称为伪距残差；$\boldsymbol{G}$ 为雅可比(Jacobi)矩阵，在 GNSS 定位方程中也称为几何矩阵：

$$\boldsymbol{G} = \begin{bmatrix} -e_x^1 & -e_y^1 & -e_z^1 & 1 \\ -e_x^2 & -e_y^2 & -e_z^2 & 1 \\ & \ddots & & \\ -e_x^N & -e_y^N & -e_z^N & 1 \end{bmatrix} \tag{5-6}$$

根据 $\Delta\boldsymbol{X}_{\mathrm{r}}$ 的定义，接收机三维位置与钟差则可以通过下式获得

$$\boldsymbol{X}_{\mathrm{r}} = \boldsymbol{X}_{\mathrm{r}}^{-} + \Delta\boldsymbol{X}_{\mathrm{r}} \tag{5-7}$$

式中，$\boldsymbol{X}_{\mathrm{r}}^{-}$ 为已知的近似解。这样对非线性定位方程组(5-2)的求解转换为了对线性方程组(5-5)的求解。

若接收机仅观测到四颗卫星，即仅有四个观测伪距，构建四个距离方程，$\boldsymbol{G}$ 为 4×4 的方阵，可以通过对 $\boldsymbol{G}$ 求逆获得 $\Delta\boldsymbol{X}_{\mathrm{r}}$。但观测卫星数往往超出四颗，几何矩阵 $\boldsymbol{G}$ 是一个 $N\times 4$ 的列满秩矩阵，此时不能直接对 $\boldsymbol{G}$ 求逆，则需要通过最小二乘获得 $\Delta\boldsymbol{X}_{\mathrm{r}}$ 的最优估计为

$$\Delta\boldsymbol{X}_{\mathrm{r}} = (\boldsymbol{G}^{\mathrm{T}}\boldsymbol{G})^{-1}\boldsymbol{G}^{\mathrm{T}}\Delta\boldsymbol{\rho} \tag{5-8}$$

或采用加权最小二乘估计获得 $\Delta\boldsymbol{X}_{\mathrm{r}}$ 的最优估计：

$$\Delta\boldsymbol{X}_{\mathrm{r}} = (\boldsymbol{G}^{\mathrm{T}}\boldsymbol{W}^{-1}\boldsymbol{G})^{-1}\boldsymbol{G}^{\mathrm{T}}\boldsymbol{W}^{-1}\Delta\boldsymbol{\rho} \tag{5-9}$$

式中，$\boldsymbol{W} = \mathrm{diag}([w_1 \quad w_2 \quad \cdots \quad w_N])$ 为权矩阵，形式并不唯一，可由信号质量、观测量噪声水平以及卫星高度角等确定。将解算出的 $\Delta\boldsymbol{X}_{\mathrm{r}}$ 代入式(5-7)可以获得更精确的方程解，多次迭代后 $\Delta\boldsymbol{X}_{\mathrm{r}}$ 趋向 0，$\boldsymbol{X}_{\mathrm{r}}$ 基本稳定，此时的 $\boldsymbol{X}_{\mathrm{r}}$ 是定位方程组(5-2)的最优解。

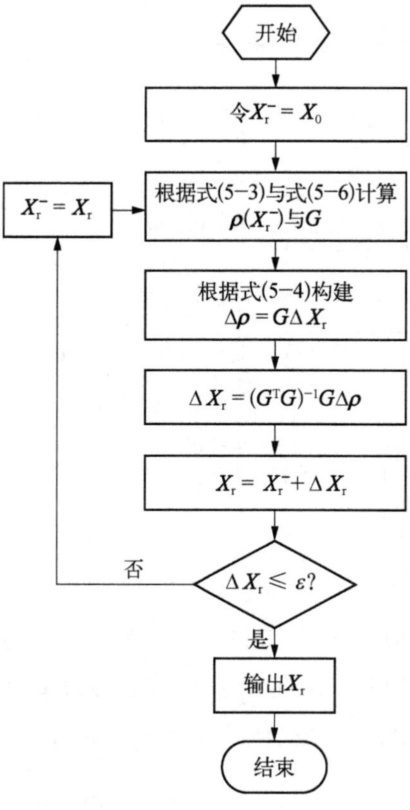

图 5-2　牛顿迭代法求解定位方程示意图

利用牛顿迭代法求解定位方程的过程如图 5-2 所示，该图中忽略了电离层延时等误差的修正。实际上，与接收机位置相关的误差，如电离层延时误差、对流层延时误差、地球自转引起的卫星位置变化，其补偿模型也是在迭代过程中随不断精确的 $\boldsymbol{X}_{\mathrm{r}}$

而变化,因此在迭代过程中估计并消减,而与接收机位置无关的卫星钟差则在迭代前,根据模型估计和消减。

5.1.2.2 观测卫星的几何分布及其对定位精度的影响

由于实际测量中,误差 $\boldsymbol{\varepsilon}_{\mathrm{r}}$ 无法获知具体数值、无法避免,因此,根据式(5-8)或式(5-9)解算出的 $\Delta\boldsymbol{X}_{\mathrm{r}}$ 实际上还包含了误差 $\boldsymbol{\varepsilon}_{\mathrm{r}}$ 导致的定位和测时误差。考虑误差量 $\varepsilon_{\mathrm{r}}^{j}(k)$ 的影响,则待求解定位方程(5-5)写为

$$\boldsymbol{G}\Delta\boldsymbol{X}_{\mathrm{r}} = \Delta\boldsymbol{\rho} + \boldsymbol{\varepsilon}_{\mathrm{r}} \tag{5-10}$$

对式(5-10)用最小二乘求解可得

$$\Delta\boldsymbol{X}_{\mathrm{r}} = (\boldsymbol{G}^{\mathrm{T}}\boldsymbol{G})^{-1}\boldsymbol{G}^{\mathrm{T}}(\Delta\boldsymbol{\rho} + \boldsymbol{\varepsilon}_{\mathrm{r}}) = (\boldsymbol{G}^{\mathrm{T}}\boldsymbol{G})^{-1}\boldsymbol{G}^{\mathrm{T}}\Delta\boldsymbol{\rho} + (\boldsymbol{G}^{\mathrm{T}}\boldsymbol{G})^{-1}\boldsymbol{G}^{\mathrm{T}}\boldsymbol{\varepsilon}_{\mathrm{r}} \tag{5-11}$$

与式(5-8)相比,上式多出的 $(\boldsymbol{G}^{\mathrm{T}}\boldsymbol{G})^{-1}\boldsymbol{G}^{\mathrm{T}}\boldsymbol{\varepsilon}_{\mathrm{r}}$ 就是由残余误差引起的定位与测时误差项,记为 $\boldsymbol{\varepsilon}_{\mathrm{Xr}} = [\varepsilon_x \quad \varepsilon_y \quad \varepsilon_z \quad \varepsilon_{\tau r}]^{\mathrm{T}}$,其误差均值与方差分别为

$$\begin{aligned} E(\boldsymbol{\varepsilon}_{\mathrm{Xr}}) &= E((\boldsymbol{G}^{\mathrm{T}}\boldsymbol{G})^{-1}\boldsymbol{G}^{\mathrm{T}}\boldsymbol{\varepsilon}_{\mathrm{r}}) = (\boldsymbol{G}^{\mathrm{T}}\boldsymbol{G})^{-1}\boldsymbol{G}^{\mathrm{T}}E(\boldsymbol{\varepsilon}_{\mathrm{r}}) \\ \mathrm{cov}(\boldsymbol{\varepsilon}_{\mathrm{Xr}}) &= E(\boldsymbol{\varepsilon}_{\mathrm{Xr}}\boldsymbol{\varepsilon}_{\mathrm{Xr}}{}^{\mathrm{T}}) = (\boldsymbol{G}^{\mathrm{T}}\boldsymbol{G})^{-1}\mathrm{cov}(\boldsymbol{\varepsilon}_{\mathrm{Xr}}) \end{aligned} \tag{5-12}$$

若每颗卫星的测距误差符合方差为 $\boldsymbol{\sigma}_{\mathrm{URE}}^{2}$ 的零均值正态分布,即 $E(\boldsymbol{\varepsilon}_{\mathrm{r}}) = 0$, $\mathrm{cov}(\boldsymbol{\varepsilon}_{\mathrm{Xr}}) = \sigma_{\mathrm{URE}}^{2}$,代入式(5-12)则可得

$$E(\boldsymbol{\varepsilon}_{\mathrm{Xr}}) = 0,\ \mathrm{cov}(\boldsymbol{\varepsilon}_{\mathrm{Xr}}) = (\boldsymbol{G}^{\mathrm{T}}\boldsymbol{G})^{-1}\sigma_{\mathrm{URE}}^{2} \tag{5-13}$$

式(5-10)至(5-12)反映了 GNSS 进行单点定位时测量误差到解算误差的传播,从式(5-12)中可以展示出 GNSS 定位误差受伪距误差与几何矩阵 $\boldsymbol{G}$ 影响,而几何矩阵又与卫星的空间几何分布有关,因此 GNSS 单点定位精度主要取决于两类因素:定位用伪距观测量精度与卫星空间几何分布,通常又称为卫星分布的几何构型。

令式(5-12)中:

$$\boldsymbol{H}_{\mathrm{G}} = (\boldsymbol{G}^{\mathrm{T}}\boldsymbol{G})^{-1} = \begin{bmatrix} h_{11} & h_{12} & h_{13} & h_{14} \\ h_{21} & h_{22} & h_{23} & h_{24} \\ h_{31} & h_{32} & h_{33} & h_{34} \\ h_{41} & h_{42} & h_{43} & h_{44} \end{bmatrix} \tag{5-14}$$

则定位与测时误差的协方差矩阵可展开为

$$\mathrm{cov}(\boldsymbol{\varepsilon}_{\mathrm{Xr}}) = \begin{bmatrix} \sigma_x^2 & \sigma_x\sigma_y & \sigma_x\sigma_z & \sigma_x\sigma_{\tau r} \\ \sigma_x\sigma_y & \sigma_y^2 & \sigma_y\sigma_z & \sigma_y\sigma_{\tau r} \\ \sigma_x\sigma_z & \sigma_y\sigma_z & \sigma_z^2 & \sigma_z\sigma_{\tau r} \\ \sigma_x\sigma_{\tau r} & \sigma_y\sigma_{\tau r} & \sigma_z\sigma_{\tau r} & \sigma_{\tau r}^2 \end{bmatrix} = \begin{bmatrix} h_{11} & h_{12} & h_{13} & h_{14} \\ h_{21} & h_{22} & h_{23} & h_{24} \\ h_{31} & h_{32} & h_{33} & h_{34} \\ h_{41} & h_{42} & h_{43} & h_{44} \end{bmatrix} \sigma_{\mathrm{URE}}^{2} \tag{5-15}$$

式中，等号两边主对角线元素相等，即 $\sigma_x^2 = h_{11}\sigma_{\mathrm{URE}}^2$、$\sigma_y^2 = h_{22}\sigma_{\mathrm{URE}}^2$、$\sigma_z^2 = h_{33}\sigma_{\mathrm{URE}}^2$ 与 $\sigma_{\tau r}^2 = h_{44}\sigma_{\mathrm{URE}}^2$，展示出了观测误差方差 σ_{URE}^2 经系数 h_{11}、h_{22}、h_{33} 与 h_{44} 放大向定位与测时误差的传递过程，系数 h_{11}、h_{22}、h_{33} 与 h_{44} 代表了卫星集合分布对观测量误差 σ_{URE}^2 在定位误差与接收机钟差误差上的放大。如此，$\boldsymbol{H}_{\mathrm{G}}$ 的主对角线元素可以表示卫星空间几何分布的优劣。

用卫星构架的几何性质表征卫星定位精度的物理量叫作精度衰减因子（DOP）。卫星的几何构架对解算误差的影响叫作几何精度衰减因子（geometric dilution of precision, GDOP），它一般表示为位置与测时误差与测距误差的比率，即

$$\mathrm{GDOP} = \sqrt{\mathrm{tr}(\boldsymbol{H}_{\mathrm{G}})} = \sqrt{h_{11} + h_{22} + h_{33} + h_{44}} \tag{5-16}$$

类似地，位置精度衰减因子（position dilution of precision, PDOP）以及时间精度衰减因子（time dilution of precision, TDOP）分别定义为

$$\mathrm{PDOP} = \sqrt{h_{11} + h_{22} + h_{33}} \tag{5-17}$$

$$\mathrm{TDOP} = \sqrt{h_{44}} \tag{5-18}$$

在一些情况下，我们需要用到水平或垂直位置误差系数，这就需要将 $\boldsymbol{\varepsilon}_{\mathrm{Xr}}$ 转换到当地水平坐标系下，即

$$\mathrm{cov}\left(\begin{bmatrix} \varepsilon_{\mathrm{E}} \\ \varepsilon_{\mathrm{N}} \\ \varepsilon_{\mathrm{U}} \\ \varepsilon_{\tau r} \end{bmatrix}\right) = \mathrm{cov}[\boldsymbol{U}\boldsymbol{\varepsilon}_{\mathrm{Xr}}] = \begin{bmatrix} \boldsymbol{C}_{\mathrm{e}}^{\mathrm{n}} & \boldsymbol{0}_{1\times 3} \\ \boldsymbol{0}_{3\times 1} & 1 \end{bmatrix} \boldsymbol{H}_{\mathrm{G}} \begin{bmatrix} \boldsymbol{C}_{\mathrm{e}}^{\mathrm{n}} & \boldsymbol{0}_{1\times 3} \\ \boldsymbol{0}_{3\times 1} & 1 \end{bmatrix}^{\mathrm{T}} \sigma_{\mathrm{URE}}^2 \tag{5-19}$$

式中，$\boldsymbol{C}_{\mathrm{e}}^{\mathrm{n}} = (\boldsymbol{C}_{\mathrm{e}}^{\mathrm{n}})^{\mathrm{T}}$ 是地球坐标系向地理坐标系的转换矩阵。令 $\boldsymbol{H}_{\mathrm{G}}^{\mathrm{e}} = \boldsymbol{U}\boldsymbol{H}_{\mathrm{G}}\boldsymbol{U}^{\mathrm{T}}$，水平精度衰减因子（horizontal dilution of precision, HDOP）与垂直精度衰减因子（vertical dilution of precision, VDOP）可从 $\boldsymbol{H}_{\mathrm{G}}^{\mathrm{e}}$ 相应的对角线元素获得，即

$$\mathrm{HDOP} = \sqrt{h_{11}^{\mathrm{e}} + h_{22}^{\mathrm{e}}} \tag{5-20}$$

$$\mathrm{VDOP} = \sqrt{h_{33}^{\mathrm{e}}} \tag{5-21}$$

此外，由于 $\boldsymbol{C}_{\mathrm{e}}^{\mathrm{n}}$ 是酉矩阵，扩展后的 $\boldsymbol{U}$ 也是酉矩阵，GDOP、PDOP、TDOP 通过 $\boldsymbol{H}_{\mathrm{G}}$ 和 $\boldsymbol{H}_{\mathrm{G}}^{\mathrm{e}}$ 计算的结果相同。

根据精度衰减因子与观测误差方差，GNSS 接收机定位与测时误差的方差可由下式估算：

$$\text{用户的空间位置误差} = \mathrm{PDOP} \times \text{测距误差} = \mathrm{PDOP} \times \sigma_{\mathrm{URE}} \tag{5-22}$$

$$\text{用户的水平位置误差} = \mathrm{HDOP} \times \text{测距误差} = \mathrm{HDOP} \times \sigma_{\mathrm{URE}} \tag{5-23}$$

$$\text{用户的垂直位置误差} = \mathrm{VDOP} \times \text{测距误差} = \mathrm{VDOP} \times \sigma_{\mathrm{URE}} \tag{5-24}$$

$$\text{用户的时间误差} = \mathrm{TDOP} \times \text{测距误差} = \mathrm{TDOP} \times \sigma_{\mathrm{URE}} \tag{5-25}$$

由前述各式可见，GNSS 单点定位的误差与精度衰减因子（DOP）的大小有关。因此，在伪距观测精度确定的情况下，如何尽量减少精度因子的数值，也是提高定位精度的一个重要途径。当可用卫星越多时，DOP 越小，定位误差越小，定位精度越高；反之，当可用卫星越少时，DOP 越大，定位误差越大，定位精度越低。

5.1.3　多星座联合伪距单点定位算法

在多星座定位中，伪距观测量来自不同的导航系统，而由于各导航系统采用了不同的空间坐标系统和时间参考系统，因此在进行多星座定位时必须首先进行各导航系统空间坐标系与时间参考系统的统一，即实现时空统一。

其中，空间坐标系均在国际地球参考系统（international terrestrial reference system，ITRS）框架下，差别微小，在导航等非精密定位应用中，北斗、GPS 和 GALILEO 采用的 CGCS2000、WGS－84 与 ITRS 坐标系差别很小，通常认为它们相互一致，可以无须进行坐标转换，但 GLONASS 采用的 PZ－90 坐标系则与其他坐标系统差异较大，需要通过七参数法将 GLONASS 卫星位置从 PZ－90 转换到其他坐标系。各导航系统的时间坐标系差异较大，必须进行时间的转换，由于多模接收机输出观测量通常已经统一到 UTC 或 GPST，因此，在计算卫星位置时，必须将接收机输出时间转换为各个系统时间，再估算信号发射时间和卫星位置。

即使在进行上述的时空统一后，不同卫星导航系统间仍存在微小的时间不同步，会引起一定的距离偏差，称作系统间偏差，因此在多星座观测量联合定位时，也不能简单地增加伪距观测方程，而必须对该系统间偏差进行处理，这也是多星座定位与单星座定位方程的最大差异。

以北斗卫星导航系统与 GPS 联合定位为例分析多星座定位中需要进行的时空统一与系统间偏差的处理。

1. 多星座观测量时空统一

对于北斗/GPS 联合定位，若接收机输出时间以 UTC 为基准，则当前信号接收时间 $t_{\mathrm{r,\,UTC}}$ 在 BDT 与 GPST 下分别为

$$
\begin{aligned}
t_{\mathrm{r,\,BDT}} &= t_{\mathrm{r,\,UTC}} + \Delta t_{\mathrm{U2B}} \\
t_{\mathrm{r,\,GPST}} &= t_{\mathrm{r,\,UTC}} + \Delta t_{\mathrm{U2G}}
\end{aligned}
\tag{5-26}
$$

式中，Δt_{U2B} 与 Δt_{U2G} 分别为 UTC 相对 BDT 与 GPST 的时间系统偏差。根据伪距观测量，可以估计出当前接收到的 GPS 信号与北斗信号发射时间为

$$
\begin{aligned}
t^{i}_{\mathrm{t,\,BDT}} &= t_{\mathrm{r,\,BDT}} - \frac{\rho^{i}_{\mathrm{B}}}{c} = t_{\mathrm{r,\,UTC}} + \Delta t_{\mathrm{U2B}} - \frac{\rho^{i}_{\mathrm{B}}}{c} \\
t^{j}_{\mathrm{t,\,GPST}} &= t_{\mathrm{r,\,GPST}} - \frac{\rho^{j}_{\mathrm{G}}}{c} = t_{\mathrm{r,\,UTC}} + \Delta t_{\mathrm{U2G}} - \frac{\rho^{j}_{\mathrm{G}}}{c}
\end{aligned}
\tag{5-27}
$$

式中，$t_{\mathrm{t,\,BDT}}^{i}$ 与 $t_{\mathrm{t,\,GPST}}^{j}$ 分别表示 BDT 与 GPST 下当前接收信号的发射时间，是用于计算卫星位置的重要参数，对于北斗卫星而言，其位置计算需要使用北斗时间下的发射时间，类似地，GPS 卫星位置也需要使用 GPST 下的发射时间进行计算。ρ_{B}^{i} 为第 i 颗北斗卫星对应的伪距观测量，ρ_{G}^{j} 为第 j 颗 GPS 卫星对应的伪距观测量。对于不同时间系统间的偏差，如 Δt_{U2B}，有两种处理方式：一种是利用系统时间定义确定时间系统间偏差，具体可回顾第 2 章相关内容；此外，像北斗导航电文已经包含与 UTC、GPST、GLONASST 和 GST 间偏差参数，因此，另一种方式可以直接利用电文播报的改正数校正系统间偏差，但该方法需要等待接收机获得完整的北斗导航电文，会使接收机首次定位时间增长。

2. *多星座联合定位方程*

仍以北斗与 GPS 联合定位为例，若当前时刻接收机观测到的导航卫星中，N 颗北斗卫星的伪距观测量与 M 颗 GPS 卫星的伪距观测量用于定位解算，则北斗与 GPS 的伪距联合观测方程表示为

$$\begin{cases} \rho_{\mathrm{B}}^{1} = \sqrt{(x_{\mathrm{B}}^{1} - x)^2 + (y_{\mathrm{B}}^{1} - y)^2 + (z_{\mathrm{B}}^{1} - z)^2} + c\tau_{\mathrm{r,\,B}} + \varepsilon_{\mathrm{B}}^{1} \\ \qquad\vdots \\ \rho_{\mathrm{B}}^{N} = \sqrt{(x_{\mathrm{B}}^{N} - x)^2 + (y_{\mathrm{B}}^{N} - y)^2 + (z_{\mathrm{B}}^{N} - z)^2} + c\tau_{\mathrm{r,\,B}} + \varepsilon_{\mathrm{B}}^{N} \\ \rho_{\mathrm{G}}^{1} = \sqrt{(x_{\mathrm{G}}^{1} - x)^2 + (y_{\mathrm{G}}^{1} - y)^2 + (z_{\mathrm{G}}^{1} - z)^2} + c\tau_{\mathrm{r,\,G}} + \varepsilon_{\mathrm{G}}^{1} \\ \qquad\vdots \\ \rho_{\mathrm{G}}^{M} = \sqrt{(x_{\mathrm{G}}^{M} - x)^2 + (y_{\mathrm{G}}^{M} - y)^2 + (z_{\mathrm{G}}^{M} - z)^2} + c\tau_{\mathrm{r,\,G}} + \varepsilon_{\mathrm{B}}^{M} \end{cases} \tag{5-28}$$

式中，下标 B 对应北斗导航系统相关物理量；下标 G 表示 GPS 相关物理量。在具体求解式(5-28)时，由于接收机钟差在北斗伪距观测量与 GPS 伪距观测量上有差异，因此可将 $\tau_{\mathrm{r,\,B}}$ 与 $\tau_{\mathrm{r,\,G}}$ 看作两个独立未知量与位置共同求解，也可以引入系统间偏差 τ_{B2G}，即 $\tau_{\mathrm{r,\,G}} = \tau_{\mathrm{r,\,B}} + \tau_{\mathrm{B2G}}$，对 $\tau_{\mathrm{r,\,B}}$ 与 τ_{B2G} 进行求解。

1）独立未知量求解

将 $\tau_{\mathrm{r,\,G}}$ 与 $\tau_{\mathrm{r,\,B}}$ 看作两个独立未知量与位置共同求解，则待求未知量数目增加到 5 个，线性化后的 BDS/GPS 联合定位方程表示为

$$\Delta\boldsymbol{\rho} = \begin{bmatrix} -e_{x,\,\mathrm{B}}^{1} & -e_{y,\,\mathrm{B}}^{1} & -e_{z,\,\mathrm{B}}^{1} & 1 & 0 \\ & & \ddots & & \\ -e_{x,\,\mathrm{B}}^{N} & -e_{y,\,\mathrm{B}}^{N} & -e_{z,\,\mathrm{B}}^{N} & 1 & 0 \\ -e_{x,\,\mathrm{G}}^{1} & -e_{y,\,\mathrm{G}}^{1} & -e_{z,\,\mathrm{G}}^{1} & 0 & 1 \\ & & \ddots & & \\ -e_{x,\,\mathrm{G}}^{M} & -e_{y,\,\mathrm{G}}^{M} & -e_{z,\,\mathrm{G}}^{M} & 0 & 1 \end{bmatrix} \begin{bmatrix} \Delta x \\ \Delta y \\ \Delta z \\ c\Delta\tau_{\mathrm{r,\,B}} \\ c\Delta\tau_{\mathrm{r,\,G}} \end{bmatrix} \tag{5-29}$$

2）引入系统间偏差 τ_{B2G} 求解

若将系统间偏差作为待求未知量，对 $\tau_{\mathrm{r,B}}$ 与 τ_{B2G} 进行求解，待求未知量数目依然增加到 5 个，而线性化后的 BDS/GPS 联合定位方程表示为

$$\Delta\boldsymbol{\rho}=\begin{bmatrix}-e_{x,\mathrm{B}}^{1} & -e_{y,\mathrm{B}}^{1} & -e_{z,\mathrm{B}}^{1} & 1 & 0\\ & & \ddots & & \\ -e_{x,\mathrm{B}}^{N} & -e_{y,\mathrm{B}}^{N} & -e_{z,\mathrm{B}}^{N} & 1 & 0\\ -e_{x,\mathrm{G}}^{1} & -e_{y,\mathrm{G}}^{1} & -e_{z,\mathrm{G}}^{1} & 1 & 1\\ & & \ddots & & \\ -e_{x,\mathrm{G}}^{M} & -e_{y,\mathrm{G}}^{M} & -e_{z,\mathrm{G}}^{M} & 1 & 1\end{bmatrix}\begin{bmatrix}\Delta x\\ \Delta y\\ \Delta z\\ c\Delta\tau_{\mathrm{r,B}}\\ c\Delta\tau_{\mathrm{B2G}}\end{bmatrix} \tag{5-30}$$

对于线性方程组(5－29)和(5－30)均可采用最小二乘法求解，过程与单系统定位方程组求解类似。当采用多系统联合定位时，由于各系统接收机钟差的差异，使得待求解未知量数目增加，若 GALILEO 与 GLONASS 观测量也参与联合定位，它们各自的接收机钟差也需要考虑，则待求未知量数目也需要继续增加，每增加一个系统就会增加一个未知量，双星座定位共有 5 个未知数，需要至少 5 颗卫星数据，而四系统时，未知数个数增加到 7，对可见星的需求也随之增加到 7 颗。当然，也需要看到多星座下可见星的数量大幅增加，通常可观测卫星数量远远高于定位最低要求。

5.1.4　相对定位算法

单点定位能够获得接收机在大地坐标系上的绝对位置，只需一部接收机即可工作。相对定位则需要至少两部接收机，用于确定同步观测接收机之间的相对位置，不直接解出接收机在大地坐标系上的绝对位置。相对定位通常采用载波相位作为观测量，通过对观测量求差，减小或消除大部分与时间和空间相关的误差项，计算相对复杂，但也极大提高了 GNSS 的定位精度。

5.1.4.1　差分观测模型

根据观测信息在卫星间、测站(接收机)间以及历元间的不同差分方式，可以分为星间差分、站间差分和历元间差分。不同接收机之间、不同卫星之间、不同历元之间的相位观测量的一次差，简称单差；对单差进行其他要素的再次差分，可以形成双差；若使用三种差分形式则称为三差。其中，单差和双差模型通常用于定位解算。

1. 单差观测模型

单差有站间差分、星间差分和历元间差分三种形式，如图 5－3 所示。

1）站间差分

站间差分是将同一时刻、不同接收机对同一颗卫星的观测值做差分运算，构成新观测量的单差，记作 $\Delta\varphi_{21}^{j}(t)$，可写为

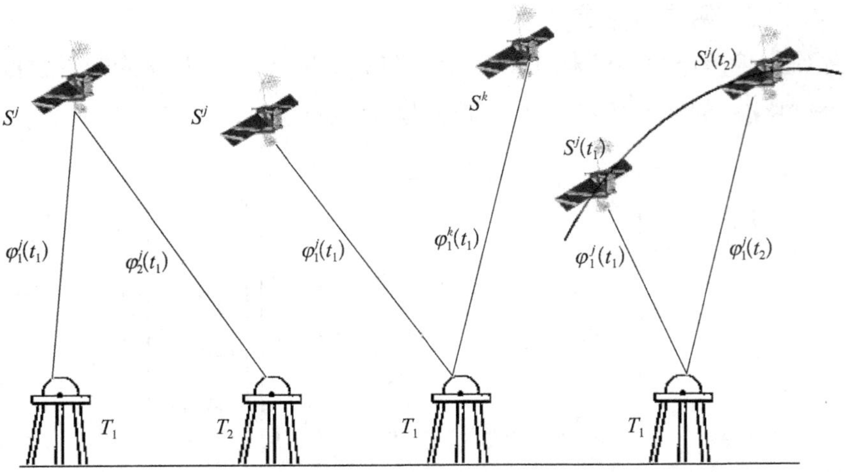

图 5－3　站间单差(左)、星间单差(中)与历元间单差(右)示意图

$$\Delta\varphi_{21}^j(t) = \varphi_2^j(t) - \varphi_1^j(t) \tag{5-31}$$

式中，上标 j 表示第 j 颗卫星；下标 2 表示待测接收机 T_2；下标 1 表示参考接收机 T_1；$\varphi_2^j(t)$ 与 $\varphi_1^j(t)$ 分别表示待测接收机与参考接收机测量的 t 时刻到卫星 j 的载波相位。将载波相位观测量模型简化为

$$\varphi_i^j(t) = \frac{R_i^j(t)}{\lambda} + N_i^j(t) + f[\delta t_i(t) - \delta t^j(t)] - \frac{\delta_{\text{ion},\,i}^j(t)}{\lambda} + \frac{\delta_{\text{trop},\,i}^j(t)}{\lambda} \tag{5-32}$$

将式(5－32)代入式(5－31)可得

$$\Delta\varphi_{21}^j(t) = \frac{R_{21}^j(t)}{\lambda} - f\delta t_{21}(t) + N_{21}^j(t) - \frac{\delta_{\text{ion},\,21}^j(t)}{\lambda} + \frac{\delta_{\text{trop},\,21}^j(t)}{\lambda} \tag{5-33}$$

式中，

$$R_{21}^j(t) = R_2^j(t) - R_1^j(t)$$
$$\delta t_{21}(t) = \delta t_2(t) - \delta t_1(t)$$
$$N_{21}^j(t) = N_2^j(t) - N_1^j(t)$$
$$\delta_{\text{ion},\,21}^j(t) = \delta_{\text{ion},\,2}^j(t) - \delta_{\text{ion},\,1}^j(t)$$
$$\delta_{\text{trop},\,21}^j(t) = \delta_{\text{trop},\,2}^j(t) - \delta_{\text{trop},\,1}^j(t)$$

对比式(5－32)，站间单差模型无卫星钟差项，说明站间单差的主要优点是消除了卫星星钟误差的影响，还可以消除与卫星相关的卫星轨道误差，在接收机 T_2、T_1 距离较近时，卫星 j 的信号传播到两个接收机的路径近似相等，此时站间差分也能削弱大气延时误差的影响。

2）星间差分

星间差分是将同一时刻、同一个接收机对不同卫星的观测值做差分运算，构成新观测量的单差，记作 $\nabla\varphi_1^{jk}(t)$。

$$\nabla\varphi_1^{jk}(t)=\varphi_1^j(t)-\varphi_1^k(t) \tag{5-34}$$

式中，$\varphi_1^j(t)$ 与 $\varphi_1^k(t)$ 分别表示接收机 T_1 在 t 时刻测量的到卫星 j 和卫星 k 的载波相位，将卫星 k 视作参考卫星。类似地，星间差分模型可写为

$$\nabla\varphi_1^{jk}(t)=\frac{R_1^{jk}(t)}{\lambda}-f\delta t^{jk}(t)+N_1^{jk}(t)-\frac{\delta_{\text{ion},1}^{jk}(t)}{\lambda}+\frac{\delta_{\text{trop},1}^{jk}(t)}{\lambda} \tag{5-35}$$

式中，$R_1^{jk}(t)$、$\delta t^{jk}(t)$、$N_1^{jk}(t)$、$\delta_{\text{ion},1}^{jk}(t)$ 与 $\delta_{\text{trop},1}^{jk}(t)$ 的定义可类比式(5-33)。星间单差消除了接收机钟差的影响。

3）历元间差分

历元间差分是将不同时刻、同一个接收机对同一卫星的观测值做差分运算，构成新观测量的单差，记作 $\delta\varphi_1^j(t)$。

$$\delta\varphi_1^j(t)=\varphi_1^j(t)-\varphi_1^j(t_1) \tag{5-36}$$

式中，$\varphi_1^j(t)$ 与 $\varphi_1^j(t_1)$ 分别表示接收机 T_1 在当前时刻和 t_1 时刻测量的到卫星 j 载波相位。

将式(5-36)代入式(5-32)可得

$$\begin{aligned}\delta\varphi_1^j(t)=&\frac{R_1^j(t)-R_1^j(t_1)}{\lambda}-f[\delta t_1(t)-\delta t_1(t_1)]+f[\delta t^j(t)-\delta t^j(t_1)]\\&+[N_1^j(t)-N_1^j(t_1)]-\frac{\delta_{\text{ion},1}^j(t)-\delta_{\text{ion},1}^j(t_1)}{\lambda}+\frac{\delta_{\text{trop},1}^j(t)-\delta_{\text{trop},1}^j(t_1)}{\lambda}\end{aligned} \tag{5-37}$$

对于静态或低速运动载体，经过 t_2-t_1 时间段后，位置变化较小，可近似认为大气延时误差不变，有 $\delta_{\text{ion},1}^j(t)-\delta_{\text{ion},1}^j(t_1)\approx 0$、$\delta_{\text{trop},1}^j(t)-\delta_{\text{trop},1}^j(t_1)\approx 0$；若该时间段未出现周跳，则 $N_1^j(t)-N_1^j(t_1)=0$。在该情况下，历元间单差消去了整周模糊度，削弱了大气延时误差的影响。

2. 双差观测模型

基于任意两种单差形式都可以构建双差，如图 5-4 所示，但常用双差是基于站间单差模型，进一步在不同卫星观测值间做差分运算，可构成站星双差观测模型，记作 $\nabla\Delta\varphi_{21}^{jk}(t)$。

$$\nabla\Delta\varphi_{21}^{jk}(t)=\Delta\varphi_{21}^j(t)-\Delta\varphi_{21}^k(t)=[\varphi_2^j(t)-\varphi_1^j(t)]-[\varphi_2^k(t)-\varphi_1^k(t)]\approx\frac{R_{21}^{jk}(t)}{\lambda}+N_{21}^{jk}(t) \tag{5-38}$$

式中，

$$R_{21}^{jk}(t)=[R_2^j(t)-R_1^j(t)]+[R_2^k(t)-R_1^k(t)]$$

$$N_{21}^{jk}(t)=[N_2^j(t)-N_1^j(t)]+[N_2^k(t)-N_1^k(t)]$$

站星双差已经将接收机钟差与卫星相关误差彻底消除，同时减小了电离层、对流层延迟等误差，在短基线情况下，大气延时误差通常可以忽略不计。因此，在精密相对定位求解中主要采用双差观测模型。

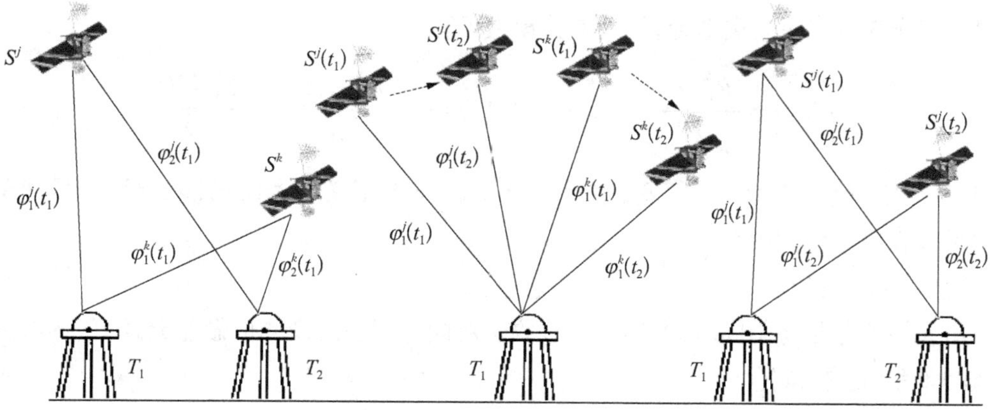

图 5-4　站星双差（左）、星间-历元间双差（中）与站间-历元间双差（右）示意图

3. 三差观测模型

三差是在双差基础上进行历元间差分，只有一个表达式，记作 $\delta\nabla\Delta\varphi_{21}^{jk}(t)$，有

$$\begin{aligned}\delta\nabla\Delta\varphi_{21}^{jk}(t) &= \nabla\Delta\varphi_{21}^{jk}(t) - \nabla\Delta\varphi_{21}^{jk}(t_1)\\ &= [\Delta\varphi_{21}^{j}(t) - \Delta\varphi_{21}^{k}(t)] - [\Delta\varphi_{21}^{j}(t_1) - \Delta\varphi_{21}^{k}(t_1)]\\ &= [\varphi_2^j(t) - \varphi_1^j(t)] - [\varphi_2^k(t) - \varphi_1^k(t)]\\ &\quad - [\varphi_2^j(t_1) - \varphi_1^j(t_1)] + [\varphi_2^k(t_1) - \varphi_1^k(t_1)]\end{aligned} \tag{5-39}$$

三差模型的突出优点是进一步消除了整周模糊度的影响。

5.1.4.2　相对定位方程

相对定位中通常采用站星双差载波观测模型进行相对定位解算。基准站 T_1 坐标为 (x_1, y_1, z_1)，流动站 T_2 坐标为 (x_2, y_2, z_2)，记流动站 T_2 相对基准站 T_1 的位置为 $(\Delta x, \Delta y, \Delta z)$，其中 $\Delta x = x_2 - x_1$，$\Delta y = y_2 - y_1$，$\Delta z = z_2 - z_1$。某时刻同步观测卫星 j 和 k，坐标分别为 (x^j, y^j, z^j)，(x^k, y^k, z^k)。将双差载波相位观测方程(5-38)在基准站位置 (x_1, y_1, z_1) 处进行一阶泰勒展开，将 $(\Delta x, \Delta y, \Delta z)$ 视作待求量，可得线性化方程：

$$\lambda \cdot \nabla\Delta\varphi_{21}^{jk}(t) = [\boldsymbol{e}_2^j - \boldsymbol{e}_2^k] \cdot \begin{bmatrix}\Delta x\\ \Delta y\\ \Delta z\end{bmatrix} + N_{21}^{jk}(t) \tag{5-40}$$

若基准站和流动站同时观测 m 颗卫星，为方便表示，取 1 号卫星为参考星，则可组成单历元的观测方程矩阵为

$$\begin{bmatrix} \lambda \cdot \nabla\Delta\varphi_{21}^{21}(t) \\ \lambda \cdot \nabla\Delta\varphi_{21}^{31}(t) \\ \vdots \\ \lambda \cdot \nabla\Delta\varphi_{21}^{m1}(t) \end{bmatrix} = \begin{bmatrix} e_{2,x}^{2} - e_{2,x}^{1} & e_{2,y}^{2} - e_{2,y}^{1} & e_{2,z}^{2} - e_{2,z}^{1} \\ e_{2,x}^{3} - e_{2,x}^{1} & e_{2,y}^{3} - e_{2,y}^{1} & e_{2,z}^{3} - e_{2,z}^{1} \\ \vdots & \vdots & \vdots \\ e_{2,x}^{m} - e_{2,x}^{1} & e_{2,y}^{m} - e_{2,y}^{1} & e_{2,z}^{m} - e_{2,z}^{1} \end{bmatrix} \begin{bmatrix} \Delta x \\ \Delta y \\ \Delta z \end{bmatrix} + \begin{bmatrix} N_{21}^{21} \\ N_{21}^{31} \\ \vdots \\ N_{21}^{m1} \end{bmatrix} \tag{5-41}$$

由式(5－41)可见,方程数目为 $m-1$,变量个数为 $m+2$,单历元解算会发生秩亏现象,但是,在没有周跳或失锁等状况发生时,双差模糊度变量不随时间而改变,因此,通过多历元数据联合可解算出所有未知参数。

5.2　GNSS 测速原理

对于绝大部分 GNSS 用户而言,载体的速度是非常重要的运动参数。GNSS 接收机可以采用获取的观测量估算用户速度,通常可以用两种方法来实现:平均速度法和多普勒频移测速法。

5.2.1　平均速度法

载体的平均速度通过载体一段时间的位移量求解,假设在第 k 个观测时刻,即观测历元,测定的载体实时位置为 $\boldsymbol{P}(k)=[x(k) \quad y(k) \quad z(k)]^{\mathrm{T}}$,在前一时刻第 $k-1$ 个历元测定的载体实时位置为 $\boldsymbol{P}(k-1)=[x(k-1) \quad y(k-1) \quad z(k-1)]^{\mathrm{T}}$,则载体的运动速度可以简单表示为

$$\bar{\boldsymbol{v}}_{\mathrm{r}} = \frac{\boldsymbol{P}(k) - \boldsymbol{P}(k-1)}{\Delta t} \tag{5-42}$$

式中,Δt 为两个观测历元的时间差;$\bar{\boldsymbol{v}}_{\mathrm{r}}$ 为载体的平均速度矢量。

这种载体速度测定方法,计算简单,不需要其他新的观测量。只要选定测速取样周期 Δt 和前后两次的载体定位数据即可。该测速方法的本质仍是解决定位问题,在动态定位过程中,定位与测速可以同时实现。

对于不同的载体,在平均速度计算过程中,应取合适的时间间隔,过长或过短的时间间隔,将使平均速度不能正确地近似载体的实际速度。一般来说,这种平均速度方法对于高速载体的速度描述,其正确性不如对低速运动载体速度的描述。在船舶导航、陆地车辆导航中可以使用这种测速方法。在求取飞机速度导航参数中,采用这种测速方法将具有较大的误差。

5.2.2　多普勒频移测速法

由第 4 章可知,多普勒频率观测量包含 GNSS 卫星和用户接收机之间的相对运动,若

可以获得 GNSS 卫星速度，则可以通过多普勒频率观测量估算用户接收机的速度。多普勒频移观测量模型为

$$-\lambda f_{\mathrm{d}}^{j}=\dot{\rho}^{j}=\dot{R}^{j}+c\dot{\tau}_{\mathrm{r}}+\varepsilon_{\dot{\rho}}^{j} \tag{5-43}$$

式中，f_{d}^{j} 为接收机测量的来自卫星 j 的载波多普勒频率，并已经经过了卫星钟漂补偿；$\lambda f_{\mathrm{d}}^{j}$ 表示伪距变化率，单位为 m/s，包含接收机与卫星相对运动、接收机钟差变化率以及误差。将接收机与卫星 j 距离变化率 $\dot{R}^{j}$ 展开，参考伪距观测方程线性化的方法，式(5-43)可写为

$$-\lambda f_{\mathrm{d}}^{j}=\dot{\rho}^{j}=\begin{bmatrix}e_x^j & e_y^j & e_z^j\end{bmatrix}\left(\begin{bmatrix}\dot{x}_s^j\\ \dot{y}_s^j\\ \dot{z}_s^j\end{bmatrix}-\begin{bmatrix}\dot{x}_r\\ \dot{y}_r\\ \dot{z}_r\end{bmatrix}\right)+c\dot{\tau}_{\mathrm{r}}+\varepsilon_{\dot{\rho}}^{j}$$

经整理得

$$\begin{bmatrix}e_x^j & e_y^j & e_z^j & -1\end{bmatrix}\begin{bmatrix}\dot{x}_r\\ \dot{y}_r\\ \dot{z}_r\\ c\dot{\tau}_{\mathrm{r}}\end{bmatrix}=\lambda f_{\mathrm{d}}^{j}+\begin{bmatrix}e_x^j & e_y^j & e_z^j\end{bmatrix}\begin{bmatrix}\dot{x}_s^j\\ \dot{y}_s^j\\ \dot{z}_s^j\end{bmatrix}+\varepsilon_{\dot{\rho}}^{j} \tag{5-44}$$

式中，$[e_x^j \quad e_y^j \quad e_z^j]$ 为用户接收机至观测卫星 j 的方向矢量；$[e_x^j \quad e_y^j \quad e_z^j \quad -1]$ 与定位方程解算过程中的几何矩阵行向量相同。将卫星速度矢量记为 $\boldsymbol{v}_{\mathrm{s}}^{j}=[\dot{x}_s^j \quad \dot{y}_s^j \quad \dot{z}_s^j]^{\mathrm{T}}$，接收机速度矢量记为 $\boldsymbol{v}_{\mathrm{r}}=[\dot{x}_r \quad \dot{y}_r \quad \dot{z}_r]^{\mathrm{T}}$，接收机钟差变化率与接收机钟差类似，作为未知量与接收机三维速度一起求解，则式(5-44)可写为

$$\begin{bmatrix}e_x^j & e_y^j & e_z^j & -1\end{bmatrix}\begin{bmatrix}\boldsymbol{v}_{\mathrm{r}}\\ c\dot{\tau}_{\mathrm{r}}\end{bmatrix}=\lambda f_{\mathrm{d}}^{j}+\begin{bmatrix}e_x^j & e_y^j & e_z^j\end{bmatrix}\boldsymbol{v}_{\mathrm{s}}^{j}+\varepsilon_{\dot{\rho}}^{j} \tag{5-45}$$

若接收机此时获得 N_s 个多普勒观测量，令 $b^{j}=-\lambda f_{\mathrm{d}}^{j}+[e_x^j \quad e_y^j \quad e_z^j]\boldsymbol{v}_{\mathrm{s}}^{j}$ 为观测向量 $\boldsymbol{b}$ 的第 j 行，$\varepsilon_{\dot{\rho}}^{j}$ 为误差向量 $\boldsymbol{\varepsilon}_{\dot{\rho}}$ 的第 j 行，则测速方程可写为

$$-\boldsymbol{G}\begin{bmatrix}\boldsymbol{v}_{\mathrm{r}}\\ c\dot{\tau}_{\mathrm{r}}\end{bmatrix}=\boldsymbol{b}+\boldsymbol{\varepsilon}_{\dot{\rho}} \tag{5-46}$$

与定位方程的求解不同，测速方程已经是线性化方程，不再需要多次迭代，可直接通过最小二乘法求解。忽略误差项 $\boldsymbol{\varepsilon}_{\dot{\rho}}$，载体速度与接收机钟差变化率可根据下式计算：

$$\begin{bmatrix}\boldsymbol{v}_{\mathrm{r}}\\ c\dot{\tau}_{\mathrm{r}}\end{bmatrix}=-(\boldsymbol{G}^{\mathrm{T}}\boldsymbol{G})^{-1}\boldsymbol{G}^{\mathrm{T}}\boldsymbol{b} \tag{5-47}$$

而观测误差 $\boldsymbol{\varepsilon}_{\dot{\rho}}$ 引起的测速误差则表示为

$$\mathrm{cov}\left(\begin{bmatrix} \boldsymbol{v}_\mathrm{r} \\ c\dot{\tau}_\mathrm{r} \end{bmatrix}\right) = (\boldsymbol{G}^\mathrm{T}\boldsymbol{G})^{-1}\boldsymbol{G}^\mathrm{T}\mathrm{cov}(\boldsymbol{\varepsilon}_{\dot{\rho}})(\boldsymbol{G}^\mathrm{T}\boldsymbol{G})^{-1}\boldsymbol{G}^\mathrm{T} = (\boldsymbol{G}^\mathrm{T}\boldsymbol{G})^{-1}\sigma_{\dot{\rho}}^2 \tag{5-48}$$

由于多普勒测速误差方程系数阵的结构式与单点定位时的误差方程系数阵相同,因此采用多普勒频移法测量载体的速度时,为保证测速精度,也需要对卫星分布图形做出与单点绝对定位相同的要求。

根据多普勒频移观测值获取方式的不同,测速方法可以进一步分为三类:原始多普勒频移测速、载波相位导出多普勒频移测速和载波相位时间差分(time differenced carrier phases, TDCP)测速。其中,原始多普勒频移测速中多普勒观测值由接收机提供,精度取决于接收机输出的多普勒频移观测值精度,通常为厘米每秒级;载波相位导出多普勒频移测速中的多普勒频移观测值由载波相位微分得到,通常采用一阶中心差分法求取,观测值需要至少连续 3 个历元,精度可达毫米每秒级;TDCP 测速是通过计算载体历元间的位移求解平均速度,观测值需要至少连续 2 个历元,实时性相较于载波相位导出多普勒频移测速法更好,精度可达毫米每秒级。

在多普勒频移测速方法中,导航卫星的运行速度可以根据导航电文所提供的轨道参数进行计算,因此导航卫星的运行速度是当作已知条件来进行应用的。对于高动态的载体速度观测,如飞机的速度观测常采用观测载波信号的多普勒频移方法。

5.3　GNSS 定向、测姿原理

根据所配置的接收机天线的多少,GNSS 测姿方法分为单天线测姿方法和多天线测姿方法。但两者所测姿态并不相同,GNSS 多天线测姿可测载体真姿态,而单天线测姿则只能获得载体的伪姿态。

我们首先明确真姿态与伪姿态的差别:

真姿态是通常意义上的姿态,即常规姿态,指机体坐标系相对于地理坐标系的转角关系,用欧拉角 ($\psi \quad \theta \quad \gamma$) 表示。以“右-前-上”载体坐标系为例,$\psi$ 为航向角,是机体系 Y_b 轴在水平面上投影与地理坐标系北向之间的夹角,取值范围为 0°~360°或-180°~180°,顺时针为正;θ 为俯仰角,是 Y_b 与当地水平面之间的夹角,取值范围为-90°~90°,抬头为正;γ 为横滚角,是 X_b 与水平面之间的夹角,取值范围为-90°~90°,顺时针为正。

伪姿态是轨迹坐标系相对于当地地理坐标系的转角关系,用欧拉角 ($\psi_s \quad \theta_s \quad \gamma_s$) 表示。$\psi_s$ 为伪航向角,是轨迹系 Y_s 在水平面上投影与地理坐标系北向之间的夹角,取值范围为 0°~360°或-180°~180°,顺时针为正;θ_s 为伪俯仰角,是 Y_s 与当地水平面之间的夹角,取值范围为-90°~90°,抬头为正;γ_s 为伪横滚角,以 X_s 轴在水平状态时指向为参考轴,X_s 绕 Y_s 转动的角度,代表可观察到的速度矢量的侧向变化率,取值范围为-90°~90°,顺时针为正。

5.3.1 单天线测姿原理

GNSS 单天线测姿对载体的体积、成本等要求较低，是一种低成本的姿态测量方案，能为传统的姿态测量系统提供备份。由于单天线测姿获得的是伪姿态，还需进一步修正，使得单天线测姿分两个步骤：首先利用载体速度或加速度矢量测量载体伪姿态，再利用伪姿态角与载体姿态角度的转换关系，求解出相应的载体航向与水平姿态角度，实现单天线的定向测姿。

5.3.1.1 GNSS 单天线测量伪姿态

载体速度矢量表征了载体的运动轨迹，因此载体速度矢量在水平面上的投影与北向夹角就是载体的伪航向，速度矢量与水平面夹角是伪俯仰角。GNSS 接收机通过多普勒测速法可以得到载体在地固地心直角坐标系下的运动速度，再利用坐标转换可以得到载体在当地水平坐标系下的运动速度，即载体相对地球在东、北、天方向上的运动速度 $\boldsymbol{v} = [v_e,\ v_n,\ v_u]$。载体的伪航向角，可以通过东向和北向速度计算得到，即

$$\psi_s = \arctan\left(\frac{v_e}{v_n}\right) \tag{5-49}$$

相应地，伪俯仰角是载体速度方向与水平面的夹角，通过天向速度和水平速度求出，即

$$\theta_s = \arctan\left(\frac{v_u}{\sqrt{v_e^2 + v_n^2}}\right) \tag{5-50}$$

其中，ψ_s 表示伪航向角，取值范围为$-180° \sim 180°$，北偏东为正；θ_s 表示伪俯仰角，取值范围为$-90° \sim 90°$，向上为正。

载体的伪横滚角需要通过载体速度与加速度计算。首先对载体速度 $\boldsymbol{v} = [v_e,\ v_n,\ v_u]$ 求微分，获得载体在当地水平坐标系下的加速度 $\boldsymbol{a} = [a_e,\ a_n,\ a_u]$，取加速度 $\boldsymbol{a}$ 沿 $\boldsymbol{v}$ 法线方向分量 $\boldsymbol{a}^n$；同样地，取重力加速度 $\boldsymbol{g} = [0,\ 0,\ -g_0]$ 沿 $\boldsymbol{v}$ 法线方向分量 $\boldsymbol{g}^n$，即

$$\begin{cases} \boldsymbol{a}^n = \boldsymbol{a} - \boldsymbol{a}^t = \boldsymbol{a} - \dfrac{\boldsymbol{a} \cdot \boldsymbol{v}}{|\boldsymbol{v}|} \cdot \dfrac{\boldsymbol{v}}{|\boldsymbol{v}|} \\ \boldsymbol{g}^n = \boldsymbol{g} - \boldsymbol{g}^t = \boldsymbol{g} - \dfrac{\boldsymbol{g} \cdot \boldsymbol{v}}{|\boldsymbol{v}|} \cdot \dfrac{\boldsymbol{v}}{|\boldsymbol{v}|} \end{cases} \tag{5-51}$$

式中，· 表示内积；|●|表示取模。

由于在实际运动中，法向加速度分量 $\boldsymbol{a}^n$ 是由提升加速度 $\boldsymbol{l}$ 和沿速度法向的重力加速度分量 $\boldsymbol{g}^n$ 合成的，那么在此提升加速度 $\boldsymbol{l}$ 可以视为由载体的升力加速度和重力加速度合力产生 $\boldsymbol{l} = \boldsymbol{a}^n - \boldsymbol{g}^n$，如图 5－5、图 5－6 所示。

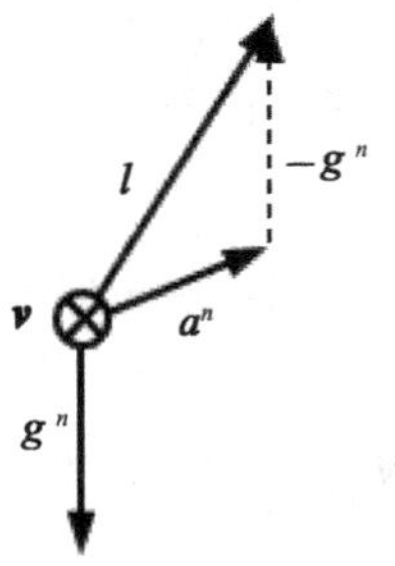

图 5－5　提升加速度示意图

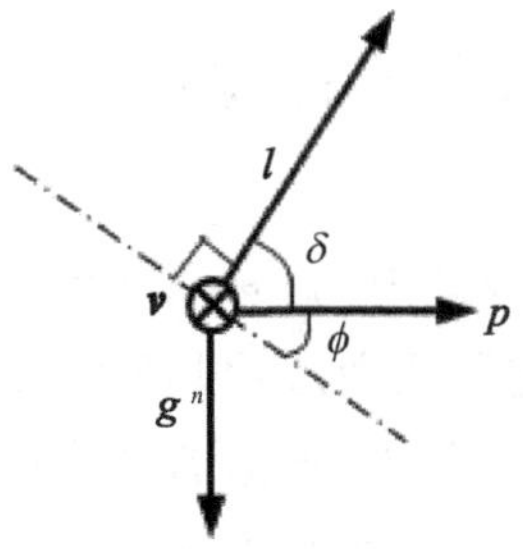

图 5－6　伪横滚角示意图

利用 $\boldsymbol{g}$ 和 $\boldsymbol{v}$ 可以构造一个与 $\boldsymbol{a}^n$ 共平面的水平向量 $\boldsymbol{p}$，即 $\boldsymbol{p}=\boldsymbol{g}\times\boldsymbol{v}$，$\boldsymbol{l}$ 和 $\boldsymbol{p}$ 的夹角为 δ，与伪横滚角相差 90°，因此可以得到伪横滚角：

$$\gamma_s = 90^\circ - \delta = \arcsin\left(\frac{\boldsymbol{l}\cdot\boldsymbol{p}}{|\boldsymbol{l}||\boldsymbol{p}|}\right) \tag{5-52}$$

5.3.1.2　从伪姿态计算常规姿态

常规姿态与伪姿态间有一定角度差异，需要利用坐标系角度旋转进行修正。以俯仰角与伪俯仰角之间存在的攻角为例，若飞机攻角为 α，将导航坐标系到机体坐标系、导航坐标系到轨迹坐标系、轨迹坐标系到机体坐标系的坐标转换矩阵分别记为 $R_n^b(\psi,\theta,\gamma)$、$R_n^s(\psi_s,\theta_s,\gamma_s)$ 和 $R_s^b(0,\alpha,0)$，其相互关系可写为

$$R_n^b(\psi,\theta,\gamma) = R_s^b(0,\alpha,0)R_n^s(\psi_s,\theta_s,\gamma_s) \tag{5-53}$$

式中，

$$R_n^b(\psi,\theta,\gamma) = \begin{bmatrix}\cos\gamma & 0 & -\sin\gamma\\ 0 & 1 & 0\\ \sin\gamma & 0 & \cos\gamma\end{bmatrix}\begin{bmatrix}1 & 0 & 0\\ 0 & \cos\theta & \sin\theta\\ 0 & -\sin\theta & \cos\theta\end{bmatrix}\begin{bmatrix}\cos\psi & \sin\psi & 0\\ -\sin\psi & \cos\psi & 0\\ 0 & 0 & 1\end{bmatrix}$$

$$= \begin{bmatrix}\cos\gamma\cos\psi - \sin\gamma\sin\theta\sin\psi & \cos\gamma\sin\psi + \sin\gamma\sin\theta\cos\psi & -\sin\gamma\cos\theta\\ -\cos\theta\sin\psi & \cos\theta\cos\psi & \sin\theta\\ \sin\gamma\cos\psi + \cos\gamma\sin\theta\sin\psi & \sin\gamma\sin\psi - \cos\gamma\sin\theta\cos\psi & \cos\gamma\cos\theta\end{bmatrix}$$

$$R_s^b(0,\alpha,0) = \begin{bmatrix}1 & 0 & 0\\ 0 & \cos\alpha & \sin\alpha\\ 0 & -\sin\alpha & \cos\alpha\end{bmatrix}$$

$$R_n^s(\psi_s,\theta_s,\gamma_s) = \begin{bmatrix}\cos\gamma_s & 0 & -\sin\gamma_s\\ 0 & 1 & 0\\ \sin\gamma_s & 0 & \cos\gamma_s\end{bmatrix}\begin{bmatrix}1 & 0 & 0\\ 0 & \cos\theta_s & \sin\theta_s\\ 0 & -\sin\theta_s & \cos\theta_s\end{bmatrix}\begin{bmatrix}\cos\psi_s & \sin\psi_s & 0\\ -\sin\psi_s & \cos\psi_s & 0\\ 0 & 0 & 1\end{bmatrix}$$

可得

$$\sin\theta = \cos\alpha\sin\theta_s + \sin\alpha\cos\gamma_s\cos\theta_s \tag{5-54}$$

当飞机攻角 $\alpha = 0$ 时，$\sin\theta = \sin\theta_s$，$\sin\gamma = \sin\gamma_s$，即 $\theta = \theta_s$，$\gamma = \gamma_s$，伪姿态和常规姿态一致。

当伪横滚角 $\gamma_s = 0$ 时，$\sin\theta = \cos\alpha\sin\theta_s + \sin\alpha\cos\theta_s = \sin(\alpha + \theta_s)$，即 $\theta = \theta_s + \alpha$，此时，常规俯仰角等于伪航迹角和攻角之和。

飞机在实际飞行中，攻角需要借助其他的辅助设备获得。考虑到一般情况下攻角较小，由攻角造成的伪姿态与真姿态之间的差值也较小。

整体上，GNSS 单天线测姿精度依赖于测速精度。对于速度大的载体，测量噪声相对测量速度较小，单天线测姿精度较高，因此单天线测姿更适合于速度较大载体；此外，提高测速精度，也可以改善单天线测姿的适用范围。

5.3.2 多天线测姿原理

若在载体上安装两根 GNSS 天线，两根 GNSS 天线之间的连线形成一条基线，当该基线与载体纵轴线重合时，该基线与地理系夹角对应载体的航向角和俯仰角；当该基线与载体横轴线重合时，该基线与地理系夹角对应载体的航向角和横滚角；若载体上同时存在 2 条基线，至少有三根天线，则根据天线面与地理系的关系，可以同时获得载体的航向角、俯仰角和横滚角。在安装环境及成本不受限制时，多天线测姿可以提供更可靠的载体真姿态。本节以三天线为例说明多天线测姿原理。

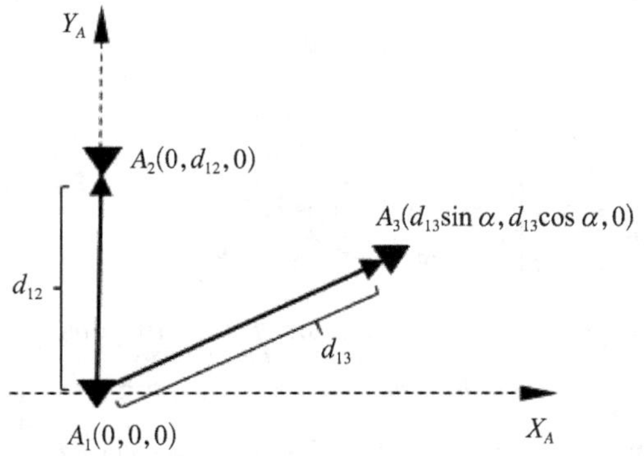

图 5-7　三天线配置及其天线坐标(平面)

三天线测姿系统可采用如图 5-7 所示的布局方式，取天线 A_1 为主天线，其余为从天线，主天线 A_1 安置在载体质心上方，从天线 A_2 安装在载体纵向轴线上，与 A_1 相距 d_{12}，从天线 A_3 安装在 A_1A_2 基线侧面，与 A_1 相距 d_{13}，三天线不共线，夹角 $\angle A_3A_1A_2$ 为 α。

天线坐标系以主天线为坐标原点，沿载体纵轴向基线 A_1A_2 为 Y 轴，Z 轴过原点且垂直天线平面，X 轴垂直 Y 轴向右，构成右手坐标系，用下标 A 标识。该定义下的天线坐标系在理想情况下与“右-前-上”载体坐标系重合，通过天线坐标系相对地理坐标系的转角关系，就可以获得载体的姿态角。

若载体相对地理坐标系无转角关系，即航向角、俯仰角与横滚角均为 0，此时天线坐标系 X_A 轴指向东方向，与地理坐标系 E 轴重合；Y_A 指向北方向，与地理坐标系 N 轴重合；Z_A 指向天向，与地理坐标系 U 轴重合。令主天线 A_1 的位置为(0, 0, 0)，在天线坐标系中从天线坐标为 $A_2(0,\ d_{12},\ 0)$、$A_3(d_{13}\sin\alpha,\ d_{13}\cos\alpha,\ 0)$，如图 5-7 所示，称 A_1A_2 为基线矢

量 $\boldsymbol{d}_{12}$，A_1A_3 为基线矢量 $\boldsymbol{d}_{13}$。在该状态下，从天线相对主天线在天线坐标系下的位置与其在地理坐标系下的位置一致。

当载体发生姿态变换时，根据欧拉公式，机体坐标系和导航坐标系之间的姿态转换矩阵 $\boldsymbol{C}_b^n = R_b^n(\gamma, \theta, \psi) = [R_n^b(\psi, \theta, \gamma)]^{-1}$ 表示如下：

$$
\begin{aligned}
\boldsymbol{C}_b^n &= R_Z(\psi)R_X(\theta)R_Y(\gamma) \\
&= \begin{bmatrix} \cos\psi & -\sin\psi & 0 \\ \sin\psi & \cos\psi & 0 \\ 0 & 0 & 1 \end{bmatrix} \begin{bmatrix} 1 & 0 & 0 \\ 0 & \cos\theta & \sin\theta \\ 0 & -\sin\theta & \cos\theta \end{bmatrix} \begin{bmatrix} \cos\gamma & 0 & -\sin\gamma \\ 0 & 1 & 0 \\ \sin\gamma & 0 & \cos\gamma \end{bmatrix}
\end{aligned}
\tag{5-55}
$$

天线坐标系与载体系固联，载体姿态的变化也表示了天线坐标系相对地理系的转动，姿态改变后从天线相对主天线的位置虽然在天线坐标系下未变，但在地理坐标系下则变为

$$\boldsymbol{A}_2^n = \boldsymbol{C}_b^n \boldsymbol{A}_2,\ \boldsymbol{A}_3^n = \boldsymbol{C}_b^n \boldsymbol{A}_3 \tag{5-56}$$

将上式展开，可得到

$$\boldsymbol{A}_2^n = \begin{bmatrix} \Delta E_2 \\ \Delta N_2 \\ \Delta U_2 \end{bmatrix} = \begin{bmatrix} \cos\theta\sin\psi \\ \cos\theta\cos\psi \\ \sin\theta \end{bmatrix} \boldsymbol{d}_{12} \tag{5-57}$$

$$
\begin{gathered}
R_X(\theta)R_Z(\psi)\boldsymbol{A}_3^n = R_Y(\gamma)\boldsymbol{A}_3 \\
\begin{bmatrix} \Delta E_3' \\ \Delta N_3' \\ \Delta U_3' \end{bmatrix} = \begin{bmatrix} \cos\gamma & 0 & -\sin\gamma \\ 0 & 1 & 0 \\ \sin\gamma & 0 & \cos\gamma \end{bmatrix} \boldsymbol{A}_3 = \begin{bmatrix} \cos\gamma \cdot \boldsymbol{d}_{13}\sin\alpha \\ \boldsymbol{d}_{13}\cos\alpha \\ \sin\gamma \cdot \boldsymbol{d}_{13}\sin\alpha \end{bmatrix}
\end{gathered}
\tag{5-58}
$$

式中，$\boldsymbol{A}_2^n = [\Delta E_2 \quad \Delta N_2 \quad \Delta U_2]^{\mathrm{T}}$ 表示地理坐标系下基线矢量 $\boldsymbol{d}_{12}$ 的坐标；$\boldsymbol{A}_3^n = [\Delta E_3 \quad \Delta N_3 \quad \Delta U_3]^{\mathrm{T}}$ 表示地理坐标系下基线矢量 $\boldsymbol{d}_{13}$ 的坐标；$\boldsymbol{A}_3^{n'} = [\Delta E_3' \quad \Delta N_3' \quad \Delta U_3']^{\mathrm{T}}$ 表示基线矢量 $\boldsymbol{d}_{13}$ 依次绕 Z 轴、X 轴旋转后的坐标。

从式(5-57)、式(5-58)中可以发现，当测量得到基线矢量 $\boldsymbol{d}_{12}$ 与 $\boldsymbol{d}_{13}$ 在地理系下的坐标后，就可以进一步计算出载体的三个姿态角，即

$$
\begin{cases}
\psi = \arctan \dfrac{\Delta E_2}{\Delta N_2} \\[2ex]
\theta = \arctan \dfrac{\Delta U_2}{\sqrt{\Delta N_2^2 + \Delta E_2^2}} \\[2ex]
\gamma = \arctan \dfrac{\Delta U_3'}{\Delta E_3'}
\end{cases}
\tag{5-59}
$$

简单而言,三天线测姿是通过三根固联在载体上的天线确定载体坐标系,测量天线间的相对位置——基线矢量,确定载体坐标系相对地理坐标系的转角关系。因此三天线测姿也分为两个步骤,首先确定两条基线矢量,其次根据基线矢量确定载体姿态。基线的测量是典型的相对定位,具体可回顾 5.1.4 节,姿态估计采用式(5-59),但还需调整姿态角的取值范围。

5.4 GNSS 授时原理

随着高技术的发展,在天文、空间技术、导航、通信等科技领域,精密测时是一项极其重要的任务。同时,在生产和计量部门,也需要高精度的时间和频率。因此,精密测时,或者使用户之间保持时间的同步是现代科技、经济建设和社会生活中不可缺少的内容。现代武器试验、战争需要它保障;智能化交通运输系统的建立和数字化地球的实现需要它支持;现代通信网和电力网建设也越来越增加了对精确时间和频率的依赖。

我国的北斗卫星导航系统、美国 GPS、俄罗斯 GLONASS 和欧盟的 GALILEO 均可提供 RNSS 授时,主要的授时方式包括单站授时和共视授时,也可以将两者相结合形成综合授时。我国北斗卫星导航系统除提供 RNSS 授时外,还继承了北斗 2 号的基于有源定位的卫星无线电定位服务(radio determination satellite service, RDSS),可以提供 RDSS 单向和双向授时。北斗卫星导航系统的授时方式分类如图 5-8 所示。

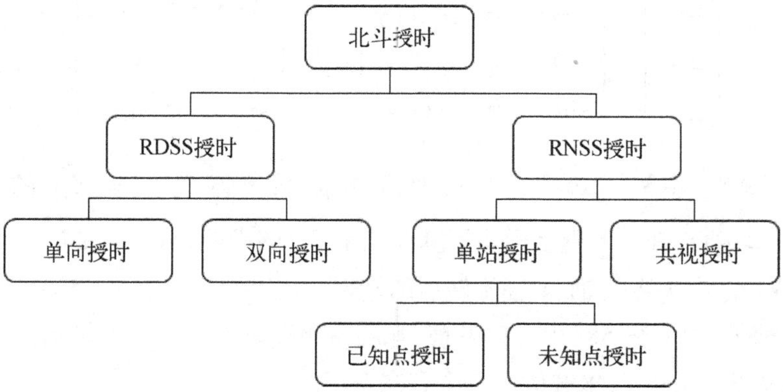

图 5-8 北斗卫星导航系统的授时方式分类

5.4.1 RNSS 授时

RNSS 授时中,GNSS 接收机接收导航卫星信号,依靠测量的接收机至卫星的伪距或载波相位进行时间测定,不上传数据至卫星,也是一种单向授时方式,可以分为单站授时、共视授时和综合授时。

（1）单站授时：仅利用一台 GNSS 接收机实现测时，但根据接收机位置是否已知又分为已知点授时和未知点授时。

（2）共视授时：在两个/多个观测站各设置一台 GNSS 接收机，同步观测一颗卫星测定两个/多个用户时钟的相对偏差，从而达到高精度时间对比目的。

（3）综合授时：与单站多星测量模式相似，在各站观测所有可视范围内的卫星，同时又与共视法相似进行同步观测，并交换两站数据进行综合处理。该结果与共视法精度相当，但可靠性得到了有效的提高。

5.4.1.1　单站测时法

一般所说的单站测时法是采用 GNSS 接收机在特定观测站上进行测时，观测站位置已知。假设历元 t，GNSS 接收机置于坐标已知的观测站 T^i，对卫星 S^j 进行观测，则由伪距观测方程式可得伪距为

$$\begin{aligned}\rho_i^j(t) = R_i^j(t) + c\delta t_{\mathrm{r},\,i}(t) - c\delta t_{\mathrm{s}}^j(t) + \delta_{\mathrm{ion},\,i}^j(t) + \delta_{\mathrm{trop},\,i}^j(t) \\ + \delta_{\mathrm{tide},\,i}^j(t) + \delta_{\mathrm{rel},\,i}^j(t) + \varepsilon_{\mathrm{r}}(t)\end{aligned} \tag{5-60}$$

由于用户观测站在协议地球坐标系下的坐标值已知，卫星 S^j 位置可由 GNSS 接收机收到的导航电文的星历参数求得，所以可以解算出卫星和观测站之间的距离 $R_i^j(t)$。根据 GNSS 接收机测量的传播时间延迟，可以获得由卫星 S^j 到观测站 T^i 的伪距观测量 $\rho_i^j(t)$。而卫星钟差 δt_{s}^j 和电离层延时误差 $\delta_{\mathrm{ion},\,i}^j$ 可由导航电文中相关参数推算改正，对流层延时误差 $\delta_{\mathrm{trop},\,i}^j$、潮汐误差 $\delta_{\mathrm{tide},\,i}^j$、相对论效应误差 $\delta_{\mathrm{rel},\,i}^j$ 通过模型改正。根据式(5－60)可以得到 GNSS 接收机在历元 t 时刻的钟差：

$$\begin{aligned}\delta t_{\mathrm{r},\,i}(t) = \frac{1}{c}[\rho_i^j(t) - R_i^j(t)] + \delta t_{\mathrm{s}}^j(t) \\ - \frac{1}{c}[\delta_{\mathrm{ion},\,i}^j(t) + \delta_{\mathrm{trop},\,i}^j(t) + \delta_{\mathrm{tide},\,i}^j(t) + \delta_{\mathrm{rel},\,i}^j(t) + \varepsilon_{\mathrm{r}}(t)]\end{aligned} \tag{5-61}$$

钟差 $\delta t_{\mathrm{r},\,i}(t)$ 是接收机时间与 GNSS 时间的差异，用 $\delta t_{\mathrm{r},\,i}(t)$ 去校正接收机时钟，即可使 GNSS 接收机时钟与 GNSS 系统时间同步。在 GNSS 导航电文中，还含有 GNSS 系统时与协调世界时(UTC)之间的偏差，根据 $\delta t_{\mathrm{r},\,i}(t)$ 与该偏差就可以将接收机时间同步到协调世界时。

全球的任意地点 GNSS 接收机都可以连续收到卫星发射的信号，而卫星的信号都统一于 GNSS 系统时，故地球上任何一地的时间，都可以不需经过站间通信而统一到 GNSS 系统时。

由式(5－61)也可以看出，用户时钟相对于 GNSS 系统时的偏差 $\delta t_{\mathrm{r},\,i}(t)$，其精确程度主要取决于 GNSS 接收机的观测误差、观测站的给定坐标的误差、卫星的轨道误差、卫星钟差和大气折射改正误差等，$\delta t_{\mathrm{r},\,i}(t)$ 的精度也决定了用户时钟的 GNSS 时校正精度。

当接收机位置精确已知，只需一颗卫星的观测量就可以估计出接收机钟差，实现时间的同步。估计接收机钟差是单站授时的关键一步，在接收机位置未知时，回顾式（5－8）会发现，接收机至少观测4颗卫星，便可同时求解出观测站的坐标和接收机钟差。这种情况下，测时的精度与定位卫星的状态及接收机的性能有关。

5.4.1.2 共视测时法

共视测时法由于具有高精度、设备简单、全天候和全球覆盖等优点，成为时间系统中应用最广泛的测时手段。

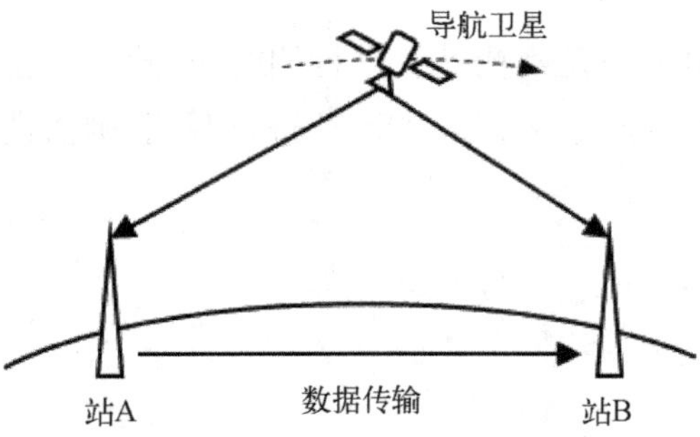

图5－9 共视测时法原理

卫星共视测时法基本原理如图5－9所示。两地面站根据导航卫星星历，选择两站均可的共视时间和卫星，在选择的时间段内，同时观测同一卫星信号，从而测得本地钟与导航卫星钟的钟差，再经过修正可得本地钟与导航系统钟差，两站交换测量数据，将两个钟差数据相减，即可得到两站钟差，实现两地面站同步。

上述方法也是站际单差的应用，消除了卫星钟差的影响，卫星的轨道误差亦明显减弱。同时，若两观测站相距较近，则卫星发射信号传播到站A和站B的路径几乎相似，它们受大气层折射及电离层的影响几乎相同，相对误差几乎为零。因此，利用共视法所得的站际相对钟差精度较高。

共视测时法可以消除卫星钟差影响，明显减小卫星轨道误差以及大气折射误差影响，其时间对比精度与测站之间距离以及观测值精度有关。共视测时法能将两站共同的误差消除或减弱，因此极大提高同步精度，可达1～10 ns，为国际原子时系统最广泛的比对手段，但其同步精度仍受大气传播延迟制约和多径效应等因素影响。北斗共视法（Beidou common view，BD CV）也是基于以上原理，通过对北斗导航系统总站和国家授时中心同时跟踪、观测某颗卫星，进行实时或事后数据交换，得到原始观测数据和星历文件，剔除异常数据后查找共视卫星挑选匹配，获得两站钟差。

5.4.2 RDSS授时

5.4.2.1 RDSS单向授时

RDSS单向授时由主控站播发授时信号至导航卫星，导航卫星向覆盖区转发授时信号，用户接收到授时信号后解算时间信息，完成本地时间测定。北斗导航系统一代单向授时采用该种方法，其精度为100 ns。

RDSS单向授时原理简述如图5－10所示，地面中心站在系统时间 t_0^{GNSST} 时刻播发授时信号，授时信号上行传播 τ_{up} 后至导航卫星，导航卫星转发授时信号至用户授时终端，授时信号下行传播时延为 τ_{down}，忽略卫星与终端的硬件延时并假设大气延时误差已通过模

型改正，终端接收到授时信号的时间为 t_1^{rec}，对应的测量伪距为 ρ，即

$$\frac{\rho}{c} = t_1^{rec} - t_0^{GNSST} \tag{5-62}$$

式中，伪距 ρ 是信号从地面中心站经卫星到终端的伪距。若终端时间与主控站时间同步，则 $\tau_{up} + \tau_{down}$ 与上式相等，两者之差即为用户授时终端的钟差，写为

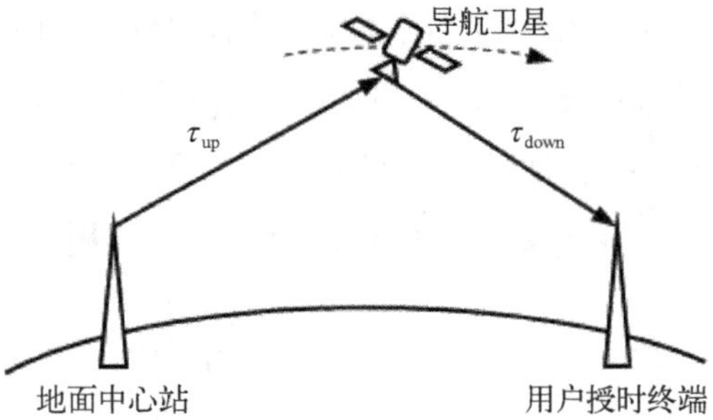

图 5－10　RDSS 单向授时原理

$$\delta t_r = (t_1^{rec} - t_0^{GNSST}) - (\tau_{up} + \tau_{down}) = \frac{\rho}{c} - (\tau_{up} + \tau_{down}) \tag{5-63}$$

式中，τ_{up} 与 τ_{down} 根据地面中心站位置、卫星位置与用户授时终端位置解算获得。

5.4.2.2　RDSS 双向授时

RDSS 双向授时要求用户接收机同时具有接收与发射功能，简化的 RDSS 双向授时过程如图 5－11 所示，授时终端向地面中心站发送定时申请，地面中心站播发时标信号，经导航卫星转发至用户授时终端，终端接收时标信号后返回时标信号，经卫星转发至地面中心，地面中心根据时标信号的往返传播伪距及中心站、卫星和用户终端的位置，计算出中心站到用户端的正向传播时延，再将该正向传播时延通过 RDSS 链路发送给用户授时终端，由授时终端利用正向传播时延估计自身钟差。

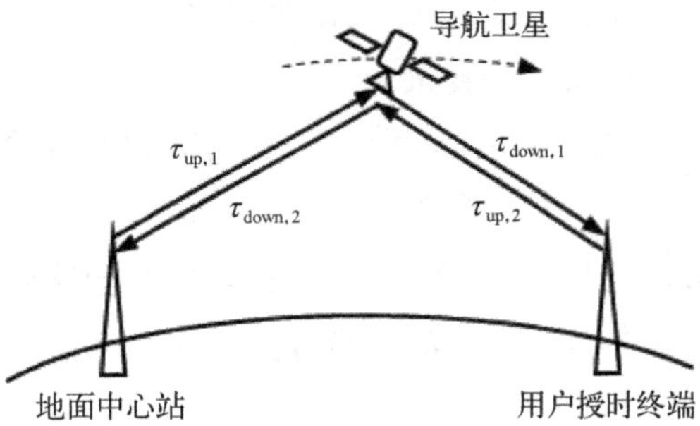

图 5－11　RDSS 双向授时示意图

RDSS 授时过程中时标从中心站播发至用户授时终端的时延为正向传播时延，记为 τ_1，与单向授时情况类似，若中心站播发时标信号时间为 t_0^{GNSST} 时刻，时标信号经过时延 $\tau_{up,1}$ 上行至卫星，再经过时延 $\tau_{down,1}$ 至用户终端，忽略卫星与终端的硬件延时误差以及大气延时误差，终端接收到时标信号的时间记为 t_1^{GNSST}，则有

$$t_1^{GNSST} - t_0^{GNSST} = \tau_{up,1} + \tau_{down,1} = \tau_1 \tag{5-64}$$

式中，t_1^{GNSST} 是利用中心站时标发射时间推算的终端接收时间，终端测量的接收时间记为 t_1^{rec}，两者的差异是终端的接收机钟差。

用户终端返回时标信号，从终端至卫星时延为 $\tau_{up,2}$，从卫星至地面中心站时延为 $\tau_{down,2}$，则中心站重新接收到时标信号的时间记为 t_2^{GNSST}，则有

$$\begin{gathered} t_2^{GNSST} - t_1^{GNSST} = \tau_{up,2} + \tau_{down,2} = \tau_2 \\ t_2^{GNSST} - t_0^{GNSST} = \tau_1 + \tau_2 \end{gathered} \tag{5-65}$$

若卫星相对地面中心站与用户终端静止，有 $\tau_{up,1}=\tau_{down,2}$，$\tau_{down,1}=\tau_{up,2}$，$\tau_1=\tau_2$，则正向传播时延 τ_1 是中心站播发和最终接收时标信号的时间差的一半，但卫星运动会导致 $\tau_1\neq\tau_2$，中心站需要依据卫星星历和用户位置计算正向传输时延。

中心站将正向传输时延播发给用户终端，用户终端利用 τ_1 计算自身钟差，有

$$\delta t_r=(t_1^{rec}-t_1^{GNSST})-\tau_1=\frac{\rho}{c}-\tau_1 \tag{5-66}$$

5.4.3 各种测时方法精度比较分析

卫星授时可以实现发播信号大面积的覆盖，除卫星授时外，还有短波授时、长波授时、网络授时和电话授时等授时手段，它们的精度有较大的不同。

短波授时的基本方法是由无线电台发播时间信号，用户用无线电接收机接收时间信号，然后进行本地对时。短波时间信号覆盖面积大，设备简单，但因它受电离层的影响，其定时误差达毫秒量级，应用范围有限。

长波授时利用长波（低频）进行时间频率传递与校准，是一种覆盖能力比短波强，传播时延比较稳定，校准的准确度更高的授时方法，但设备较为复杂。

网络授时和电话授时，采用用户询问方式向用户提供标准时间信号，受网络和地域的限制，难以大范围覆盖。

与经典的测时方法相比，GNSS 测时的精度较高，且设备简单、经济、可靠，可在全球连续实时地进行，获得了广泛的应用。表 5－1 比较了各种不同时间同步方法。

表 5－1 不同时间同步方法比较

时间同步方法	传输方式	作用距离	同步精度	扩展性	连续性	成本
时间码同步方法	直流	<200 m	亚微秒	一般	全时段	低
	交流	<100 km	1 μs			
秒脉冲	同轴线缆	<100 m	1 ns	一般	全时段	低
网络时间协议	双绞线或光纤	双绞线 100 m 光纤 1 km	1 μs	强	全时段	低
	以太网	无限制	1 ms			
精确时钟同步协议	双绞线或光纤	双绞线 100 m 光纤 1 km	1 ns	强	全时段	一般
	以太网	无限制	1 μs			

续　表

时间同步方法	传输方式	作用距离	同步精度	扩展性	连续性	成本
短波	短波	<3 000 km	1 ms	差	全时段	低
长波	长波	<3 000 km	1 μs	一般	局部时段	低
数字卫星电视	微波	卫星覆盖区	<100 ns	一般	全时段	高
单向时间频率	微波	卫星覆盖区	数十纳秒	一般	全时段	高
双向时间频率	微波	卫星覆盖区	亚纳秒	一般	全时段	高
共视法	微波	卫星覆盖区	1~10 ns	一般	全时段	较低
无线激光时间同步	激光	卫星覆盖区	<100 ps	差	局部时段	高

思　考　题

1. GNSS 单点定位精度因子为：GDOP，PDOP，VDOP，HDOP，TDOP。试回答：

(1) 若 GDOP = 5，VDOP = 2，TDOP = 2，计算 PDOP 和 HDOP 值。

(2) 若此时测距码速率为 2.046 Mcps，对齐精度为 1%，则水平位置精度和三维位置精度大致是多少？

2. 根据课程学习内容，从原理上分析以下两种说法：

(1) 全球卫星导航系统至少需要 4 颗可见卫星，才能实现定位。

(2) 只要有 4 颗可见卫星且观测量有效，全球卫星导航接收机就可以解算出用户位置。

3. 一辆货车正在倒车，车载接收机显示当前速度为北向速度 0.5 m/s，东向速度 0.5 m/s，天向速度为 0，该货车的航向角是多少？

第6章 GNSS 增强技术

GNSS 定位性能从精度、完好性、连续性与可用性四个方面进行评价，相应地，增强 GNSS 定位性能就需要针对这四个方面进行提高。目前，GNSS 增强技术按其增强效果可以分为精度增强技术、完好性增强技术以及连续性与可用性增强技术。其中，精度增强技术主要依据差分定位原理与精密定位原理；完好性增强技术主要依据完好性监测原理；连续性与可用性增强技术主要依靠伪卫星增强技术与低轨卫星增强技术。

6.1 GNSS 定位性能评价

随着“基于性能导航”理念的提出，人类对现代导航应用的需求不再仅仅局限于精度，对于完好性、连续性、可用性都提出了相应的要求。

精度(accuracy)：是用于描述导航系统估计位置与真实位置相符程度的统计概念。导航领域中通常采用导航误差概率分布的 95% 置信区间上界表示精度。此外，导航误差的均方根误差(root mean square error, RMSE)也是导航精度的常用表征。

完好性(integrity)：是指导航系统在定位精度无法满足需求时及时发出告警的能力。当精度不足时，只要系统通过告警保证用户及时知悉，系统仍可保持完好性。

连续性(continuity)：是指系统在计划运行阶段内不中断地向用户提供满足精度要求的导航服务的概率，反映了导航系统的可靠性。

可用性(availability)：是指系统提供可靠导航服务的时间占系统总运行时间的比例。可用性既与导航系统相关也与系统所工作的环境相关，在导航系统同时满足所需精度、完好性、连续性的基础上，系统方可保持可用性。

本部分重点对精度与完好性相关指标进行介绍。

1. 精度

精度是测量值或估计值与真实值的接近程度，定位精度即指卫星导航系统输出的定位结果与接收机天线真实位置的接近程度。精度往往用真实值与测量值或估计值之间差值，即误差的数字特征或统计特征来表示，误差越小，代表精度越高。

以定位精度为例,定义定位误差(positioning error, PE)为用户根据卫星信号及其辅助定位信号所确定的自身位置与真实位置(实际为接收机天线位置)的差值,即

$$\boldsymbol{\varepsilon}_k = [\varepsilon_{E,k} \quad \varepsilon_{N,k} \quad \varepsilon_{U,k}]^{\mathrm{T}} = [E_k - E_k^{\mathrm{true}} \quad N_k - N_k^{\mathrm{true}} \quad U_k - U_k^{\mathrm{true}}]^{\mathrm{T}} \tag{6-1}$$

式中,$\varepsilon_{E,k}$、$\varepsilon_{N,k}$与$\varepsilon_{U,k}$表示k时刻东、北、天向位置误差;E_k、N_k与U_k分别表示k时刻测量的东、北、天向位置;上标 true 表示真实值。

由于误差包含随机成分,一次测量计算获得的误差值并不能表示系统的真实精度情况,因此需要利用大量测量结果,提取其数字特征或统计特征进行描述。常用的数字特征包括均值(或数学期望)、最大值、标准差、RMSE,常用的统计特征如方差、圆概率误差(circular error probable, CEP)或球概率误差(spherical error probable, SEP)等。

1) 方差(σ^2)与标准差

方差是各测量值或估计值与其均值之差平方的平均数,反映了观测值到其均值的平均离散程度。标准差(standard deviation)是方差的平方根。取一维东向位置误差方差σ_E^2、二维水平位置误差方差σ_H^2与三维位置误差方差σ^2为例:

$$\begin{aligned}
\sigma_E^2 &= \sqrt{\frac{1}{K}\sum_{k=1}^{K}(E_k - \bar{E})^2} \\
\sigma_H^2 &= \sqrt{\frac{1}{K}\sum_{k=1}^{K}[(E_k - \bar{E})^2 + (N_k - \bar{N})^2]} = \sigma_E^2 + \sigma_N^2 \\
\sigma^2 &= \sqrt{\frac{1}{K}\sum_{k=1}^{K}[(E_k - \bar{E})^2 + (N_k - \bar{N})^2 + (U_k - \bar{U})^2]} = \sigma_E^2 + \sigma_N^2 + \sigma_U^2
\end{aligned} \tag{6-2}$$

其中,K为测量次数;北向、天向位置误差方差σ_N^2与σ_U^2的计算与东向位置误差方差计算类似。$\bar{E}$、$\bar{N}$与$\bar{U}$分别表示东、北、天向位置均值或期望。在进行误差分析时,通常假设误差服从零均值正态分布,即$\varepsilon_{E,k} \sim N(0, \sigma_E^2)$,表示误差偏离真值$1 \cdot \sigma_E$内的概率是68%,也表示了在一系列测量值中,68%的测量值误差在偏离真值$1 \cdot \sigma_E$的范围内,类似地,误差偏离真值$2 \cdot \sigma_E$、$3 \cdot \sigma_E$内的概率分别为95%、99%。若系统A给出高程定位误差是10 m(1σ),系统B给出其高程定位误差为10 m(3σ),表示系统A高程定位误差小于10 m的概率为68%,系统B高程定位误差小于10 m的概率为99%,系统B的高程定位精度要优于系统A。

2) 均方根误差(RMSE)

均方根误差是各测量值或估计值与真值之差平方的平均数,是将误差平方后,求其均值,再求根,取东向位置误差RMSE_E、水平位置误差RMSE_H、三维位置误差RMSE为例:

$$\mathrm{RMSE}_E = \sqrt{\frac{1}{K}\sum_{k=1}^{K}\varepsilon_{E,k}^2} = \sqrt{\frac{\varepsilon_{E,1}^2 + \varepsilon_{E,2}^2 + \cdots + \varepsilon_{E,K}^2}{K}}$$

$$\mathrm{RMSE}_H = \sqrt{\frac{1}{K}\sum_{k=1}^{K}(\varepsilon_{E,k}^2 + \varepsilon_{N,k}^2)} = \sqrt{\mathrm{RMSE}_E^2 + \mathrm{RMSE}_N^2} \tag{6-3}$$

$$\mathrm{RMSE} = \sqrt{\frac{1}{K}\sum_{k=1}^{K}\boldsymbol{\varepsilon}_k^{\mathrm{T}}\boldsymbol{\varepsilon}_k} = \sqrt{\mathrm{RMSE}_E^2 + \mathrm{RMSE}_N^2 + \mathrm{RMSE}_U^2}$$

其中，K 为测量次数；北向、天向位置均方根误差 RMSE_N 与 RMSE_U 的计算与东向位置均方根误差计算类似。在实际测量中，由于真值测不准，可以利用更高精度的测量手段提供参考位置，用参考位置代替真值计算均方根误差。若接收机静止，且接收机输出的位置无偏，也可以将位置均值作为参考位置求解均方根误差。以东向位置误差为例，均方根误差、误差均值与标准差关系如下：

$$\mathrm{RMSE}_E = \sqrt{\mu_E^2 + \sigma_E^2} \tag{6-4}$$

式中，$\mu_E = \bar{E} - E^{\mathrm{true}}$，表示误差 $\varepsilon_1, \varepsilon_2, \cdots, \varepsilon_K$ 的均值。若误差均值 μ_E 近似为零，或远小于标准差，则均方根误差与误差标准差近似相等。

3）圆概率误差（CEP）或球概率误差（SEP）

圆概率误差（CEP）与球概率误差（SEP）可以更直观地描述水平位置误差与三维位置误差。假设以水平参考位置为圆心，ε_r 为半径做误差圆，50%（或 95%）的定位误差落在该圆内，表示误差出现在圆内的概率为 50%（或 95%），ε_r 表示圆误差。若描述三维位置误差，则以三维参考位置为圆心，ε_r 为半径做误差球，50%（或 95%）定位结果在该误差球内，ε_r 表示球误差。在不特别指明的情况下，CEP 与 SEP 对应的误差置信概率为 50%。例如，系统 A 定位误差为 5 m（CEP）或 CEP = 5 m，表示系统 A 水平定位误差在 5 m 内的概率为 50%。

圆概率误差与球概率误差的计算较为复杂，往往采用经验公式：

$$\mathrm{CEP} = 0.59(\sigma_E + \sigma_N) \tag{6-5}$$

$$(\mathrm{CEP})_{95} = 2.08\mathrm{CEP} = 1.2272(\sigma_E + \sigma_N) \tag{6-6}$$

$$\mathrm{SEP} = 0.51(\sigma_E + \sigma_N + \sigma_U) \tag{6-7}$$

2. 完好性

完好性，也称为完备性，是系统用户对该系统所提供信息可信程度的一种量化表示，包括该系统给其用户提供高效警告信息的功能和性能。当系统误差超过限定值时，系统将提供给用户对应的警告信息，因此完好性参数对于保证用户安全具有重要意义，通常包括三个参数：完好性风险、警告限值和警告时间。

（1）完好性风险：导航系统定位误差超过警告限值时，不向用户告警的概率，通常在

10^{-7} 至 10^{-5} 量级。

（2）警告限值（alert limit，AL）：或称告警门限，是根据用户需求设定的最大容许定位误差。

（3）警告时间：从误差超出警告限值至用户接到警告信息所需的时间间隔。

由于在实际应用中，用户的真实位置无法获得，真实的定位误差也就无法计算，这就需要采用某种方法对定位误差进行估计，即用户接收机依据各种定位/辅助定位信息预估的定位误差定义为保护水平（protection level，PL）。保护水平在一定程度上能够作为定位误差（PE）的近似值，然而考虑到完备性风险，保护水平需要按概率适当放大，以确保其总比定位误差大（PL > PE）。

如此，基于定位误差、保护水平和警告限值的完好性评价如图 6－1 所示。

当 PE < PL < AL 时，系统能正常使用；

若 PL > AL，则系统给出警告信息，此时无论系统真实定位误差 PE 是否超过警告限值，系统均不可用；

若 PL < PE，则完好性信息有误，是不安全的，这种情况应通过仔细设计 PL 的估计算法而尽量避免。

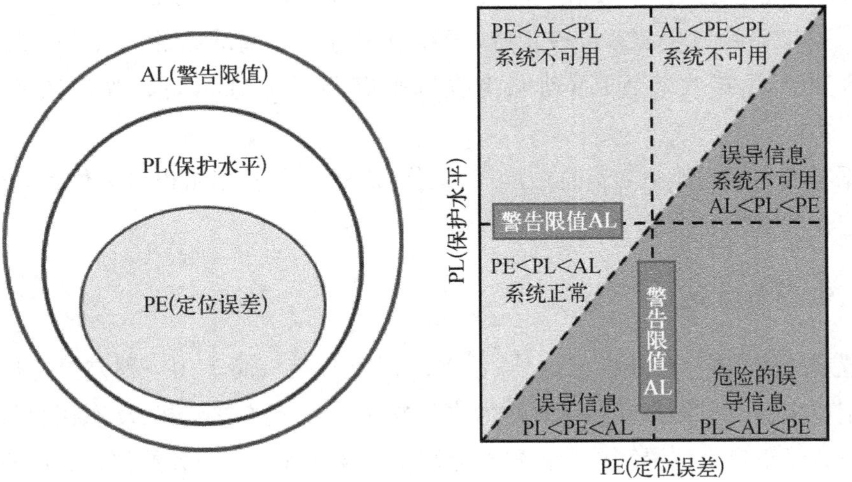

图 6－1　完好性评价示意图

6.2　GNSS 差分定位原理

GNSS 接收机伪距或载波相位观测量误差包含与卫星相关误差、与传播相关误差以及与接收机相关误差。其中，与卫星相关误差是不同接收机所共有的，即不同接收机相同时刻的测量量中，对同一颗卫星的星钟误差与星历误差相等；传播误差与信号传播路径相关，传播路径近似，对应测量量中的诸如电离层延时误差、对流层延时误差也近似相等。

如此，同一区域的不同接收机对同一颗卫星的观测量就包含相同或相似的误差成分，其产生的定位误差、观测量误差也近似相等。若其中有一台接收机位置精确已知，可以反算出这些误差并将其播发给周边的其他接收机，那么，其他接收机就可以将这些误差从自身扣除，提高定位精度，这也是 GNSS 差分定位最朴素的思想。

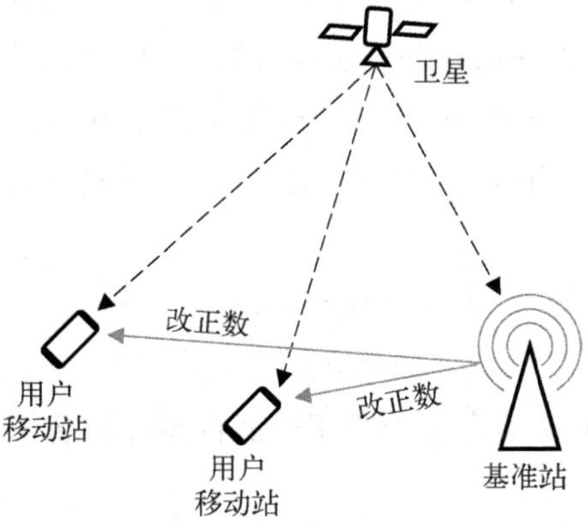

图 6－2　差分定位基本原理示意图

基于上述想法，GNSS 差分定位的基本原理是：一部或多部 GNSS 接收机安装在位置坐标精确已知的地面点上，称为基准站接收机（或简称基准站、差分台），其余接收机则安装在待测位置的载体上，称为动态接收机或用户接收机；基准站接收机跟踪视场中所有的可见卫星，以便与所有动态接收机实现同步观测，同时，基准站接收机根据精确已知的坐标位置，求出差分改正数（又称差分数据），并实时播发给动态接收机；动态接收机接收并利用差分改正数修正自身定位结果，提高定位精度，如图 6－2 所示。

可见，实现差分技术需要在卫星导航系统外增设基准站与无线数据链，并改进动态接收机。基准站用以生成差分改正数；无线数据链包含基准站的无线发射装置与动态接收机上的无线接收装置；而动态接收机则需要增加适配差分改正数的差分定位算法。

根据基准站发送改正数信息的形式，差分 GNSS 定位技术可以分为位置差分定位、伪距差分定位和载波相位差分定位。

6.2.1　位置差分定位

位置差分定位中，差分改正数是“位置改正数”，是最简单的一种差分定位形式。基准站将定位坐标与已知坐标的误差作为改正数，播发给动态接收机，动态接收机直接利用位置改正数修正自身位置结果。位置差分定位涉及基准站改正数的估计与用户接收机的位置修正两部分，具体如下。

1. 基准站接收机估计位置改正数

$$\begin{cases}\Delta x_{cor} = x_{ref}^{*} - x_{ref} \\ \Delta y_{cor} = y_{ref}^{*} - y_{ref} \\ \Delta z_{cor} = z_{ref}^{*} - z_{ref}\end{cases} \tag{6-8}$$

式中，Δx_{cor}、Δy_{cor}、Δz_{cor} 表示基准站生成的三维位置改正数；x_{ref}^{*}、y_{ref}^{*}、z_{ref}^{*} 表示精确已知的基准站三维位置；x_{ref}、y_{ref}、z_{ref} 表示基准站测量的三维位置。

2. 动态接收机修正用户位置

$$\begin{cases} x_u^* = x_u + \Delta x_{\text{cor}} \\ y_u^* = y_u + \Delta y_{\text{cor}} \\ z_u^* = z_u + \Delta z_{\text{cor}} \end{cases} \tag{6-9}$$

式中，x_u^*、y_u^*、z_u^* 表示修正后的动态接收机三维位置；x_u、y_u、z_u 表示动态接收机测量的自身三维位置。

从式(6－8)、式(6－9)可以看到，位置差分定位只需传输 Δx_{cor}、Δy_{cor}、Δz_{cor} 三个数，易于数据的无线传输，算法也简单易行，普通接收机也均可改装位置差分用户接收机。但由于基准站位置改正数的生成与当时观测卫星相关，因此，位置差分需要基准站接收机和动态接收机观测相同的卫星，并且采用相同的定位算法。此外，位置差分适合用户在距离基准站 100 km 之内的情况，随着用户与基准站距离的增加，位置差分精度也会随之降低。整体上，位置差分定位的应用并不常见。

6.2.2　伪距差分定位

伪距差分定位依靠基准站估计并播发伪距改正数至用户接收机，用户接收机修正伪距观测量后再进行定位。首先，在基准站上，参考接收机求解得到接收机至可见卫星的距离，并将计算结果与含有误差的测量值加以比较，求出其误差。然后，将所有卫星的测距误差传送给用户，用户利用此测距误差来修正测量的伪距。最后，用户利用修正后的伪距求解出本身的位置，就可消除公共误差，提高定位精度。伪距差分能得到米级的定位精度，是目前使用较为广泛的一种差分技术。

1. 基准站接收机估计伪距改正数

基准站接收机测量出全部卫星的伪距 $\rho_{\text{ref}}^{(i)}$，$i = 1, 2, \cdots, N$，利用卫星星历求解卫星位置 $[x_s^{(i)}, y_s^{(i)}, z_s^{(i)}]^{\mathrm{T}}$，由于基准站三维位置 $[x_{\text{ref}}, y_{\text{ref}}, z_{\text{ref}}]^{\mathrm{T}}$ 精确已知，则可以根据测量伪距、卫星位置与基准站位置，反求出每一时刻卫星到基准站的真实距离 $R_{\text{ref}}^{(i)}$，再进一步求出伪距修正量。

基准站到卫星真实距离为

$$R_{\text{ref}}^{(i)} = \sqrt{(x_s^{(i)} - x_{\text{ref}})^2 + (y_s^{(i)} - y_{\text{ref}})^2 + (z_s^{(i)} - z_{\text{ref}})^2} \tag{6-10}$$

式中，上标(i)代表卫星编号；下标 s 代表卫星；下标 ref 代表基准站接收机。

基准站测量伪距可写为

$$\rho_{\text{ref}}^{(i)} = R_{\text{ref}}^{(i)} + c[\delta t_{\text{ref}} - c\delta t_s^{(i)}] + \delta_{\text{ion, ref}}^{(i)} + \delta_{\text{trop, ref}}^{(i)} + \varepsilon_{\text{ref}} \tag{6-11}$$

根据上式，伪距改正数可定义为

$$\Delta\rho_{\text{corr}}^{(i)} = R_{\text{ref}}^{(i)} - \rho_{\text{ref}}^{(i)} = -[c(\delta t_{\text{ref}} - c\delta t_s^{(i)}) + \delta_{\text{ion, ref}}^{(i)} + \delta_{\text{trop, ref}}^{(i)} + \varepsilon_{\text{ref}}] \tag{6-12}$$

2. 动态接收机伪距差分改正

基准站需要按照一定的频率更新并播发 $\Delta\rho_{\mathrm{corr}}^{(i)}$ 给动态接收机，若动态接收机伪距修正时刻为 t，基准站伪距改正数播发时刻为 t_0，则动态接收机伪距修正量为

$$\Delta\rho_{\mathrm{corr},\,u}^{(i)}(t) = \Delta\rho_{\mathrm{corr}}^{(i)} + \Delta\dot{\rho}_{\mathrm{corr}}^{(i)}(t - t_0) \tag{6-13}$$

动态接收机测量出伪距 $\rho_u^{(i)}(t)$，再加上伪距改正数 $\Delta\rho_{\mathrm{corr},\,u}^{(i)}(t)$，便可求得经过改正的伪距，即

$$\rho_u^{*(i)}(t) = \rho_u^{(i)}(t) + \Delta\rho_{\mathrm{corr},\,u}^{(i)}(t) \tag{6-14}$$

根据第5章单点定位原理，只要观测 $3+M$（M 表示星座数）颗卫星，利用改正后的伪距 $\rho_u^{*(i)}(t)$ 即可计算用户坐标。

伪距差分定位的改正数针对基准站能提供的所有卫星，用户可根据自己的需要选用，在观测卫星上不需要完全一致。但与位置差分相似，伪距差分定位虽然能将基准站和用户接收机的绝大部分公共误差消除，但随着用户到基准站距离的增加，系统误差也会随之增大。

6.2.3 载波相位差分定位

用户观测 GNSS 卫星的载波相位与来自基准站的载波相位，组成相位差分观测值再进行实时处理。实现载波相位差分 GNSS 的方法分为两类：修正法和差分法。前者与伪距差分类似，基准站将载波相位改正数发送给用户接收机，后者是将基准站采集的载波相位观测值实时发送给用户站进行差分解算。

载波相位差分技术又称为实时动态（real time kinematic，RTK）技术，RTK 工作原理是：基准站放置一台接收机。其他接收机置于载体（称为移动站）上，基准站和移动站同时接收完全相同的 GNSS 信号（同一时间、同一卫星发射的信号）。采用修正法进行载波相位差分定位时，由于基准站已知精确位置信息，可以将基准站所获得的观测值与已知位置信息进行比较，得到 GNSS 载波相位差分改正值。然后将改正值通过数据传输系统实时传递给移动站，移动站利用改正值修正自身位置。载波相位差分技术与伪距差分相似，但由于载波相位观测量存在整周模糊度，需要预先解算整周模糊度，确定整周模糊度后，单星座下只要观测4颗卫星即可实现定位。载波相位差分可使定位精度达到厘米级甚至毫米级，大量应用于需要高精度位置的领域。同样，随着用户到基准站距离的增加，定位误差也会随之增大。

6.2.4 网络 RTK 技术与连续运行参考站系统

前文介绍的 RTK 技术需要在测区内或附近控制点上架设基准站，用户接收机与基准站不能相距过远，传统 RTK 服务区域有限。网络 RTK 则是一种基于多个基准站的高精度

定位技术,它通过在较大区域内均匀布设基准站,利用这些基准站的观测值和已知坐标进行数据解算,为区域内的用户接收机计算并播发改正数,从而使用户接收机获得高精度的定位结果。这种技术通过消除电离层、对流层等误差影响,提高了定位的可靠性和有效工作范围。与传统 RTK 技术相比,网络 RTK 允许流动站与基准站之间的距离更远,通常可达 50~100 km,从而扩大了应用范围。

由于网络 RTK 基准站的分布较为稀疏,用户接收机实际位置可能与任何一个基准站都不接近,如何为区域内任意位置的用户提供高品质的差分改正数就成为网络 RTK 的一个关键技术。网络 RTK 差分信息的生成方式有虚拟参考站(virtual reference station, VRS)法、区域改正数(area correction parameter, FKP)法和主辅站技术,相比较而言,VRS 建站技术更加成熟。

虚拟参考站技术就是在一定区域内架设一定数量的基准站,精确测定这些基准站的位置及变化率,基准站连续接收卫星信号,同时接收流动站发送的接收机概略位置信息,并将信息传送至信息处理中心。处理中心根据移动站的位置"虚拟"出一个参考站,根据各真实基准站上的实际观测值,通过一定的数学模型内插出该虚拟参考站观测值,再将虚拟参考站的观测量与坐标播发给用户接收机。用户接收机则根据接收到的虚拟参考站观测量与坐标位置,采用差分法求解自身位置。虚拟参考站的位置通常是在用户接收机附近几米到几十米的范围内,这样就保证了虚拟参考站与用户接收机观测量的相关性。

网络 RTK 的实现依赖于庞大的基准站网络——连续运行参考站(continuously operating reference stations, CORS)系统,该系统通过联合众多基准站的数据,提供实时的 GNSS 改正信息,实现服务区域内的高精度定位。CORS 集成 GNSS 导航定位、无线通信、计算机、测绘等多种技术,是一个利用现代计算机技术对海量数据进行优化,利用现有的公共通信网络作为传输手段,实时地向不同类型、不同需求的用户自动地提供经过检验的不同类型的 GPS 观测值(载波相位、伪距),各种改正数、状态信息,以及其他有关 GPS 服务项目的系统。目前,CORS 已经被广泛应用于包括大地测量学和地球动力学科及其相关交叉学科、区域或全球参考框架的维护、各种等级的工程测量、车辆导航、飞机和船舶导航、采矿、林业、精细农业等方面。

6.2.4.1 CORS 的发展

CORS 是从这种"台站网"的思想演化而来。最早的台站网理论源于 20 世纪 80 年代,加拿大提出"主动控制系统"(active control system)理论。其主要思想是在某一区域范围内建立永久性的参考站点组成主动控制系统,用于向用户提供改进后的预报星历和其他改正参数,进而提高流动站的定位精度。

国际海运事业无线电技术委员会(Radio Technical Commission for Maritime Services, RTCM)制定在差分全球定位系统和实时动态操作使用的标准,于 1983 年 11 月提出了 GNSS 差分数据信号格式标准: RTCM SC104。德国联邦制图和大地测量局在 2004 年 9 月发布了 NTEIP1.0,即通过互联网进行 RTCM 网络传输的协议(networked transport of RTCM via internet protocol, NTRIP)。该协议逐步完善,成为目前 CORS 主要的数据传输协议,为 RTCM SC104 标准之一。

20 世纪 90 年代初,国际大地测量协会(International Association of Geodesy, IAG)在考察 GPS 全球精密定位方法、精度和应用潜力期间,提出在全球范围内建立永久性的 GPS 观测站,并常年连续向全球广大用户提供观测数据和事后精密星历,至此"台站网"的思想才得以实现。1994 年成立的 IGS 成为该次全球会战结果的民间主管组织,大大推动了 GPS 精密定位技术的发展及其在地球动力学、大气环境变化监测等方面的应用。

在 IGS 的影响下,很多国家和地区相互间合作建立了常年不间断跟踪 GNSS 卫星的基准站。美国、加拿大、澳大利亚、英国、日本、德国等国家先后建立了自己的国家级 CORS,欧洲永久性连续运行网(EUREF Permanent Network, EPN)是洲际 CORS 代表,基本上平均每隔几十千米就有一个基准站。

我国的 CORS 建设,从 20 世纪 90 年代 8 个国家级基准站发展到覆盖全国网络,有国家级 CORS 支撑北斗地基增强服务,也有众多省级、市级 CORS。北斗系统通过移动通信向用户提供 GAS 服务,用户可通过本服务实现实时米级、分米级、厘米级和事后毫米级的高精度定位。北斗地基增强系统由北斗增强站、通信网络系统、数据处理系统及播发系统等组成,为用户提供广域增强数据产品、区域增强数据产品、后处理高精度数据产品服务。

6.2.4.2 CORS 结构

CORS 需要根据需求建立起全年运行的城市级、地区级或国家级的 GNSS 基准站,然后利用通信网络的信息传输技术将各个基准站的数据传给管理中心,数据经过管理中心的处理后,再通过通信网络发布给用户。为完成相关工作,CORS 系统的主要组成,包括基准站、管理中心和用户接收机,如图 6-3 所示。

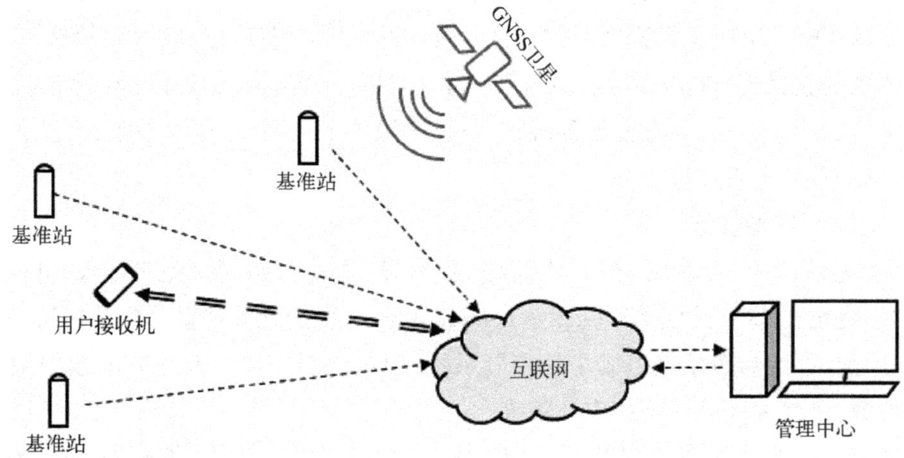

图 6-3 CORS 系统主要组成部分

(1) 基准站:负责采集 GPS 原始数据并将采集数据发送到管理中心。

(2) 管理中心:数据在管理中心经过数据处理后,形成数据中心,管理中心可以向用户发布原始的 GPS 数据以及各种类型的 RTK 改正数据。

（3）用户接收机：接收和处理管理中心发来的数据包，并提供定位信息。

6.3　GNSS 完好性监测技术

完好性通常是指当 GNSS 出现故障导致某项运行参数偏差过大，或者由于系统多项因素的综合影响，而使系统提供的定位结果超过规定限值时，GNSS 及时发现并通告用户的能力，它是评价 GNSS 性能的重要指标之一。将完好性概念与实际导航场景结合起来，已然成为发展导航应用的迫切需求。然而差分处理无法消除卫星故障引起的定位误差，只能通过及早发现和通知用户剔除故障星来消除，因此，GNSS 完好性监测是保证卫星系统能够正常工作的重要手段。

完好性监测技术主要是完成卫星导航系统的故障检测功能，并对检测到的故障及时报警，从而确保其在规定范围内具有较好的工作能力。完好性监测技术在 GPS、GLONASS 的建设阶段并没有受到充分重视，但在系统使用过程中却表现出了极其重要的作用。20 世纪 80 年代，国外已开展导航系统完好性的相关研究工作。民用航空领域要求导航系统具有完好性监测功能，以便在某个导航系统或设备发生故障时，导航系统能够实现故障的检测、识别与隔离。而随着自动驾驶、无人平台的发展和应用，完好性需求也从民用航空领域扩展至其他领域。

本节概述完好性监测的四种形式，并对其中接收机自主完好性监测技术进行更详细的介绍。

6.3.1　完好性监测分类

根据执行完好性监测的载体与对外界信息依赖程度的差异，卫星导航系统完好性的研究主要包括地面增强完好性监测（ground augmentation integrity monitoring, GAIM）、卫星自主完好性监测与用户段的自主完好性监测三大类，用户段的自主完好性监测可进一步分为接收机自主完好性监测（receiver autonomous integrity monitoring, RAIM）与机载自主完好性监测（aircraft autonomous integrity monitoring, AAIM）。

1. 地面增强完好性监测（GAIM）

地面增强完好性监测也是外部检测站完好性监测，需要在地面设置专门的监测网，用于监测 GNSS 卫星状况，再将监测结果广播给用户。

地面增强完好性监测借助于地面监测站收集视野内所有卫星发送的导航信号，产生伪距测量值并计算出伪距误差，以此为基础判断 GNSS 卫星的误差是否在允许的范围内。若超过一定的门限，就通过星地数据链路或者某种形式的无线电数据链向服务区域内的用户发出告警，不得使用故障卫星所对应的观测量。美国的广域增强系统（WAAS）和区域增强系统(LAAS)都属于外部监测方法,同时也利用广域差分或区域差分技术提高用户接收机精度。

2. 卫星自主完好性监测

卫星自主完好性监测则是在卫星端完成完好性监测功能,可以在 GNSS 卫星也可以在其他卫星,如低轨卫星。GNSS 卫星自我监测信号质量,或使用低轨卫星监测 GNSS 卫星信号质量,再将监测结果播发给用户。

3. 接收机自主完好性监测(RAIM)

接收机自主完好性监测是在用户接收机层面实现的完好性监测方法,相比其他类型的完好性监测,RAIM 具有实现简单、成本低、不需要外界信息辅助的特点,同时能够对用户接收机所处多路径、信号干扰等实际情况进行监测和评估,在 GNSS 完好性的研究中占据着重要的位置。RAIM 的基本思想是根据不同观测量之间的冗余约束关系对定位结果的有效性进行判决,对不合理的观测量进行隔离和排除,保证卫星定位结果的合理性。

4. 机载自主完好性监测(AAIM)

机载自主完好性监测也是在用户端实现的完好性监测,与 RAIM 相比,AAIM 引入机载其他导航设备,如气压高度表、惯性导航系统等,与 GNSS 接收机观测数据组合进行完好性监测。由于卫星导航系统具有系统信号输出频率低、易受电磁干扰、存在卫星星历误差及易受电离层和对流层影响的特点,且当飞机高速运动时接收机容易对所跟踪的卫星信号失锁,严重影响导航系统的可靠性。惯性导航系统(inertial navigation system, INS)不依赖外界信息、不受电磁干扰影响,是一种自主导航方式,其误差虽随时间增长,但短时间内具有较好精度水平。气压高度表、空速表和无线电高度表等机载传感器是民用航空器的必备仪表,这三类仪表分别提供飞机飞行的海拔、空速和相对于陆地的相对高度等信息,指示飞机的飞行状态,为飞机的飞行安全提供保障。因此,可利用来自其他机载传感器如惯导和气压高度表的导航信息辅助实现对北斗导航系统的完好性监测。

6.3.2 接收机自主完好性监测(RAIM)

接收机自主完好性监测(RAIM)可自行监测卫星导航系统完好性,不依赖于外部信息,常用伪距残差检测法、最大解分离法与奇偶矢量法。特别需要说明的是,由于完好性监测基于观测量的冗余,卫星几何分布以及星数会影响 RAIM 算法对故障星的检测与识别,需要对 RAIM 的可用性进行判别。因此,完整的接收机自主完好性监测算法需要包含: ① RAIM 是否可用的检测;② 是否存在故障的检测;③ 故障源自哪颗/些卫星的检测。

以基于伪距残差的 RAIM 算法与基于奇偶矢量法的 RAIM 算法为例进行说明。

6.3.2.1 基于伪距残差的 RAIM 算法

1. 基于伪距残差的故障检测

根据 5.1 节中用户位置更新量为 $\Delta\boldsymbol{X}_{\mathrm{r}}=(\boldsymbol{G}^{\mathrm{T}}\boldsymbol{G})^{-1}\boldsymbol{G}^{\mathrm{T}}\Delta\boldsymbol{\rho}$, 定位后伪距残差可以表示为

$$\boldsymbol{v} = \Delta\boldsymbol{\rho} - \boldsymbol{G}\Delta\boldsymbol{X}_{\mathrm{r}} = [\boldsymbol{I} - \boldsymbol{G}(\boldsymbol{G}^{\mathrm{T}}\boldsymbol{G})^{-1}\boldsymbol{G}^{\mathrm{T}}]\Delta\boldsymbol{\rho} = \boldsymbol{S}\Delta\boldsymbol{\rho} \tag{6-15}$$

式中，$\boldsymbol{S}$ 为投影矩阵。式(6－15)通过定位前残差与几何矩阵估算出定位后残差量。

通常假设 $\boldsymbol{v}$ 各个分量相互独立，在正常情况下，即没有卫星故障时，符合 0 均值正态分布，$\boldsymbol{v} \sim N(0, \sigma_0^2)$，$\sigma_0^2$ 为方差。利用其标准差进行归一化或标准化后，$\boldsymbol{v}/\sigma_0$ 符合标准正态分布，$\boldsymbol{v}/\sigma_0$ 各元素平方和则符合自由度为 $N-4$ 的中心卡方分布，N 表示当前可见卫星星数。记 $\mathrm{SSE} = \boldsymbol{v}^{\mathrm{T}}\boldsymbol{v}$，则有 $\mathrm{SSE}/\sigma_0^2 \sim \chi_{N-4}^2$。若存在卫星故障，则 SSE/σ_0^2 服从自由度为 $N-4$ 的非中心卡方分布，记 λ 为非中心化参数，有 $\mathrm{SSE}/\sigma_0^2 \sim \chi_{N-4,\lambda}^2$。

检验统计量通常构建为

$$T = \sqrt{\frac{\mathrm{SSE}}{N-4}} \tag{6-16}$$

当虚警率固定时，可通过以下公式计算得到 SSE/σ_0^2 的门限值：

$$P\left(\frac{\mathrm{SSE}}{\sigma_0^2} < \mathrm{SSE}_0\right) = \int_0^{\mathrm{SSE}_0} f_{\chi_{N-4}^2}(x)\,\mathrm{d}x = 1 - P_{\mathrm{FA}} \tag{6-17}$$

其中，P_{FA} 表示虚警率，SSE_0 表示 SSE/σ_0^2 的检测门限，对于检测量 T，其检测门限为

$$T_{\mathrm{d}} = \sigma_0\sqrt{\mathrm{SSE}_0/(N-4)} \tag{6-18}$$

当 $T < T_{\mathrm{d}}$ 时，完好性检测通过，当前伪距均可用，定位结果是可靠的；当 $T \geqslant T_{\mathrm{d}}$ 时，完好性检测不通过，存在故障卫星，当前定位结果不可靠。

2. 故障检测和故障识别的算法实现

在 RAIM 检测到故障时，需要进行故障识别，排除有故障的卫星，若不能够正确识别，则向用户报警。为了进一步识别和剔除故障卫星，通常采用巴尔达数据探测法，仍基于最小二乘残差矢量构造检验统计量：

$$d_i = \frac{|v_i|}{\sigma_0\sqrt{Q_{vii}}} \tag{6-19}$$

式中，$|v_i|$ 表示残差向量第 i 个元素，对应第 i 颗可见卫星；Q_{vii} 为残差权逆阵第 i 行第 i 列元素。本节示例均未考虑权阵，残差权逆阵即为单位阵，$d_i = |v_i|/\sigma_0$ 为标准化残差，在无故障时服从标准正态分布，存在故障时则服从均值非零的正态分布。

由 n 颗卫星所对应的 n 个检测统计值，总的误警率由系统事先给出，表示为 P_{FA}，则每个统计值的误警率为总误警率的平均值 P_{FA}/n，则有

$$P(d_i > T_0) = \frac{2}{\sqrt{2\pi}}\int_{T_0}^{\infty} \mathrm{e}^{-\frac{x^2}{2}}\,\mathrm{d}x = P_{\mathrm{FA}}/N \tag{6-20}$$

根据检测门限值 T_0，对应第 i 颗卫星的检测统计量 d_i 与阈值 T_0 对比，如果 $d_i > T_0$，则表明识别到第 i 颗卫星有故障，应将其剔除。剔除故障卫星后，再次进行 RAIM 检测。

此外，也可以不计算门限，在 $T \geqslant T_d$ 时，根据标准化残差的大小，总是将 d_i 最大的一项认为是由故障卫星导致，剔除对应的伪距，再进行式(6-16)~式(6-18)的检测步骤，直至 RAIM 检测通过或检测失效为止。

3. RAIM 可用性判断

单星座情况下，用于定位卫星星数超过 5 颗，RAIM 检测可用，而只有当卫星星数超过 6 颗时，才能够辨识并剔除故障卫星，此外，RAIM 检测的可用性还与卫星的几何分布有关，几何分布太差时，漏检率增加。鉴于此，在进行 RAIM 检测时，需要对该时刻的可见卫星数和可见卫星几何构型进行验证，判断其是否能够满足故障检测的需求，即进行 RAIM 的可用性判断。

卫星存在故障时，漏检率增加的原因是 SSE/σ_0^2 不再是中心卡方分布，因此，若事前给定漏检率 P_{MD}，在存在卫星故障时，则应满足下式：

$$P\left(\frac{\mathrm{SSE}}{\sigma_0^2} < \mathrm{SSE}_0\right) = \int_0^{\mathrm{SSE}_0} f_{\chi^2_{N-4,\lambda}}(x)\,\mathrm{d}x = P_{\mathrm{MD}} \tag{6-21}$$

依据上式求得非中心化参数 λ，根据 λ 计算水平保护值(horizontal protection level, HPL)与垂直保护值(vertical protection level, VPL)：

$$\mathrm{HPL} = \sigma_0\sqrt{\lambda} \times \max\left(\sqrt{\frac{A_{1i}^2 + A_{2i}^2}{S_{ii}}}\right) \tag{6-22}$$

$$\mathrm{VPL} = \sigma_0\sqrt{\lambda} \times \max\left(\sqrt{\frac{A_{3i}^2}{S_{ii}}}\right) \tag{6-23}$$

式中，A_{1i}、A_{2i}、A_{3i} 分别表示定位解算矩阵 $\boldsymbol{A} = (\boldsymbol{G}^{\mathrm{T}}\boldsymbol{G})^{-1}\boldsymbol{G}^{\mathrm{T}}$ 的第 1 行、第 2 行和第 3 行中第 i 列的元素；S_{ii} 表示投影矩阵 $\boldsymbol{S}$ 第 i 行第 i 列元素。

定义水平告警门限(horizontal alert limit, HAL)与垂直告警门限(vertical alert limit, VAL)，判定可用性的准则为：若 $\mathrm{HPL} \leqslant \mathrm{HAL}$($\mathrm{VPL} \leqslant \mathrm{VAL}$)，RAIM 检测算法可用；若 $\mathrm{HPL} > \mathrm{HAL}$($\mathrm{VPL} > \mathrm{VAL}$)，RAIM 检测算法不可用。

6.3.2.2 基于奇偶矢量法的 RAIM 监测算法

奇偶矢量法通过对观测矩阵 $\boldsymbol{G}$ 进行 QR 分解，构造奇偶空间矢量来体现观测量的粗差，使得 GNSS 的故障检测和识别的实现更简单、更直观。基于奇偶矢量法的 RAIM 监测算法整体思路与基于伪距残差的 RAIM 监测算法一致，但检测量构造存在差别，相应地，算法可用性判别也存在一定的变化。

1. 基于奇偶矢量法的故障检测

为更清楚地阐述奇偶空间法的原理，首先假设伪距观测误差 $\varepsilon = 0$，对几何矩阵 $\boldsymbol{G}$ 进行 QR 分解：

$$\boldsymbol{G} = \boldsymbol{Q}\boldsymbol{R} \tag{6-24}$$

$$\boldsymbol{Q}^{\mathrm{T}} = \begin{bmatrix} \boldsymbol{Q}_X \\ \boldsymbol{Q}_P \end{bmatrix},\ \boldsymbol{R} = \begin{bmatrix} \boldsymbol{R}_X \\ \boldsymbol{0} \end{bmatrix}$$

其中,矩阵 $\boldsymbol{G}$ 为 $N\times4$ 维几何矩阵;$\boldsymbol{Q}$ 为 $N\times N$ 维的正交矩阵;$\boldsymbol{R}$ 为 $N\times4$ 维的上三角矩阵。由于 N 往往大于 4,$\boldsymbol{R}$ 实际由 4×4 的上三角矩阵 $\boldsymbol{R}_X$ 与全零矩阵构成,与 $\boldsymbol{R}$ 的形式对应,将 $\boldsymbol{Q}^{\mathrm{T}}$ 矩阵前 4 行记为矩阵 $\boldsymbol{Q}_X$,其余 $N-4$ 行构成的矩阵记为 $\boldsymbol{Q}_P$。

将上式代入 $\Delta\boldsymbol{\rho} = \boldsymbol{G}\Delta\boldsymbol{X}_{\mathrm{r}}$,并在等式两边左乘 $\boldsymbol{Q}^{\mathrm{T}}$ 得

$$\boldsymbol{Q}^{\mathrm{T}}\Delta\boldsymbol{\rho} = \boldsymbol{R}\Delta\boldsymbol{X}_{\mathrm{r}}$$

$$\begin{bmatrix} \boldsymbol{Q}_X \\ \boldsymbol{Q}_P \end{bmatrix}\Delta\boldsymbol{\rho} = \begin{bmatrix} \boldsymbol{R}_X \\ \boldsymbol{0} \end{bmatrix}\Delta\boldsymbol{X}_{\mathrm{r}} \Rightarrow \begin{cases} \boldsymbol{Q}_X\Delta\boldsymbol{\rho} = \boldsymbol{R}_X\Delta\boldsymbol{X}_{\mathrm{r}} \\ \boldsymbol{Q}_P\Delta\boldsymbol{\rho} = \boldsymbol{0} \end{cases} \tag{6-25}$$

$\Delta\boldsymbol{X}_{\mathrm{r}}$ 的最小二乘解写为

$$\Delta\boldsymbol{X}_{\mathrm{r}} = \boldsymbol{R}_X^{-1}\boldsymbol{Q}_X\Delta\boldsymbol{\rho} \tag{6-26}$$

同时,$\boldsymbol{Q}_P\Delta\boldsymbol{\rho} = 0$,$\boldsymbol{Q}_P$ 为奇偶空间矩阵。若考虑伪距观测误差 $\boldsymbol{\varepsilon}_\rho$,记观测量 $\Delta\boldsymbol{\rho}_{\mathrm{mear}} = \Delta\boldsymbol{\rho} + \boldsymbol{\varepsilon}_\rho$,可以获得

$$\boldsymbol{p} = \boldsymbol{Q}_P\Delta\boldsymbol{\rho}_{\mathrm{mear}} = \boldsymbol{Q}_P\boldsymbol{\varepsilon}_\rho \tag{6-27}$$

式中,$\boldsymbol{p}$ 为 $N\times1$ 维奇偶空间矢量。若不存在误差,$\boldsymbol{p} = \boldsymbol{Q}_P\Delta\boldsymbol{\rho} = 0$;但实际中误差总是存在,$\boldsymbol{p}$ 非零,是误差矢量 $\boldsymbol{\varepsilon}_\rho$ 在 $\boldsymbol{Q}_P$ 的投影,可以利用 $\boldsymbol{p}^{\mathrm{T}}\boldsymbol{p}$ 构成检测统计量。具体地,记 $\mathrm{SSE} = \boldsymbol{p}^{\mathrm{T}}\boldsymbol{p}$,仍假设无故障卫星时,伪距误差向量 $\boldsymbol{\varepsilon}_\rho$ 中的各个分量是相互独立的,服从方差为 σ_0^2,均值为 0 的正态分布,SSE/σ_0^2 服从自由度为 $N-4$ 的卡方分布,而当存在卫星故障时,SSE/σ_0^2 服从自由度为 $N-4$ 的非中心卡方分布,可模仿式(6-16)~式(6-18)构建检测统计量,以及计算检测门限。

2. 故障检测与识别

根据矩阵乘法的计算方法,将式(6-27)写成列向量和的形式:

$$\boldsymbol{p} = \sum_{i=1}^{N}\boldsymbol{p}_i = \sum_{i=1}^{N}\boldsymbol{q}_{P,i}\varepsilon_{\rho,i} \tag{6-28}$$

式中,$\boldsymbol{p}_i$ 表示由第 i 行误差元素 $\boldsymbol{\varepsilon}_{\rho,i}$ 引起的奇偶空间矢量成分,注意这里的 $\boldsymbol{p}_i$ 并非 $\boldsymbol{p}$ 的列向量,它与 $\boldsymbol{p}$ 同维数;$\boldsymbol{q}_{P,i}$ 表示由 $\boldsymbol{Q}_P$ 矩阵第 i 列构成的 $(N-4)\times1$ 维列向量。若 $\boldsymbol{p}$ 完全由 $\boldsymbol{\varepsilon}_{\rho,i}$ 引起,则 $\boldsymbol{\varepsilon}_{\rho,i}$ 的值可以将奇偶矢量 $\boldsymbol{p}$ 用 $\boldsymbol{Q}_P$ 的第 i 列进行反投影获得,即 $\boldsymbol{p}^{\mathrm{T}}\boldsymbol{q}_{Pi}$。标准化 $\boldsymbol{p}^{\mathrm{T}}\boldsymbol{q}_{Pi}$,构建检测统计量:

$$T_i = \frac{|\boldsymbol{p}^{\mathrm{T}}\boldsymbol{q}_{Pi}|}{\sigma_0|\boldsymbol{q}_{Pi}|} \tag{6-29}$$

如果无卫星故障，T_i 服从标准正态分布，即 $T_i \sim N(0, 1)$ 反之，T_i 服从均值不为 0 的正态分布，即 $T_i \sim N(\mu_i, 1)$。类似式(6-20)，根据事前给定最大允许漏检率 P_{FA}，对 N 个统计量设计检测门限 T_r。故障检测时将每个统计量 T_i 与门限值 T_r 比较，当 $T_i > T_r$ 时，则判断此时第 i 颗卫星存在故障。

3. 奇偶空间矢量法的可用性

奇偶空间矢量法的可用性同样依据漏检率 P_{MD} 进行推导，获得 HPL 和 VPL。当存在卫星故障时，$T_i \sim N(\mu_i, 1)$，利用 $N(\mu_i, 1)$ 的概率密度函数以及漏检率 P_{MD}，获得均值 μ_i，则对第 i 个卫星而言，最小可检测伪距偏差 b_i 为

$$\mu_i = |\boldsymbol{q}_{Pi}| b_i \Rightarrow b_i = \frac{\mu_i}{|\boldsymbol{q}_{Pi}|} \tag{6-30}$$

将式(6-30)代入式(6-26)，获得由偏差 b_i 引入的定位误差，记为 $\delta \boldsymbol{X}_i = \boldsymbol{R}_X^{-1} \boldsymbol{Q}_X b_i$，取其最大值计算 HPL 与 VPL：

$$\mathrm{HPL} = \max_i \left(\sqrt{\delta x_i^2 + \delta y_i^2} \right) \tag{6-31}$$

$$\mathrm{VPL} = \max_i (| \delta z_i |) \tag{6-32}$$

当 HPL < HAL(VPL < VAL)时，认为此时的故障检测具有完好性的保障。

6.4 伪卫星增强技术

伪卫星(pseudo satellite, PL)是一种地面无线电发射器，通常发射类 GNSS 信号，这些信号与其他卫星导航信号相互兼容，能够由导航接收机接收并处理，以增强 GNSS 性能。伪卫星技术较好地解决了单纯卫星导航系统所面临的在复杂环境下导航精度无法达到要求的局限性，不仅能够用于增强传统的卫星导航系统性能，也能单独实施定位或与其他导航设备组成组合导航系统。

6.4.1 伪卫星技术分类

伪卫星增强技术可以分为室外增强和室内增强，室外增强又可以细分为辅助增强型和模拟验证型，而室内增强主要是基于室内具有独立导航与定位的伪卫星定位系统，伪卫星技术分类如图 6-4 所示。

伪卫星的概念出现在 GPS 正式建立之前。在 20 世纪 70 年代的 GPS 初期研究阶段，美国国防部发射第一颗 GPS 卫星之前，所有的概念测试和 GPS 接收机的原理验证工作都是通过布设于地面上的“模拟卫星”来完成的，这实际上就是一种伪卫星。

随着卫星导航的广泛应用，使得 GNSS 在定位中一些难以克服的弱点更加显著，比如

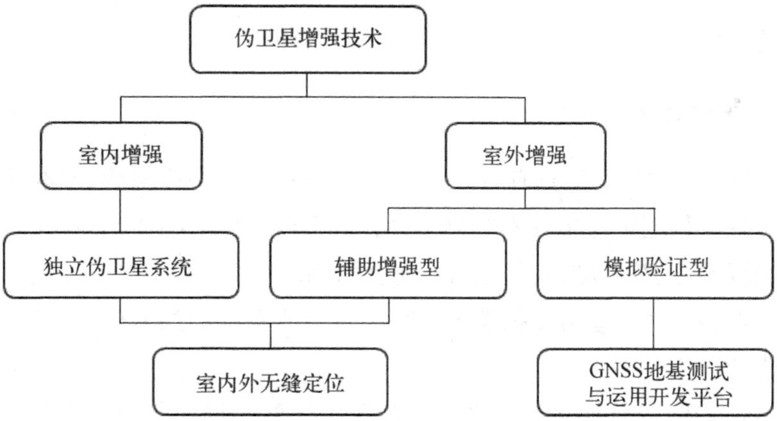

图 6－4　伪卫星技术分类

测量完全依赖于卫星信号的接收，在卫星分布不良或信号不佳时系统稳定性和可靠性会受到影响。为弥补单独使用 GNSS 卫星定位存在的缺陷，可以通过在地面或近地面布设伪卫星发射器，利用伪卫星与 GNSS 卫星共同组建面向区域的导航定位星座，以提高恶劣定位环境下系统的精度、连续性及可用性。如图 6－5 所示，在城市高楼密集区，GNSS 接收机天线受到遮挡，只有 2~3 颗甚至更少的可见卫星，几何精度因子很差，不能满足导航定位精度要求，通过利用灵活分布、低成本、低高度角的伪卫星，能够有效地改善几何定位图形结构，从而提高垂直方向的定位精度。此外，飞机的起飞及着陆对垂直方向的定位精度要求很高，单纯的 GPS 无法满足垂直方向的定位精度要求，采用伪卫星增强 GPS 技术可有效改善在垂直方向精度较差的缺陷。

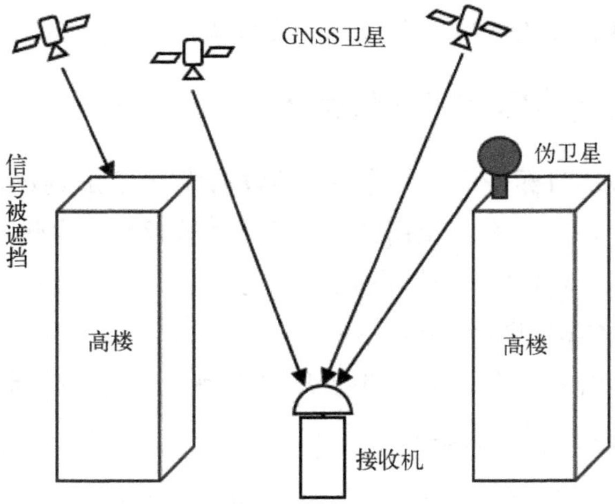

图 6－5　城市高楼峡谷

在一些室内场合，如地下车库、隧道等，伪卫星甚至可以完全替代 GNSS 而进行独立定位，弥补室内缺失 GNSS 信号的问题。伪卫星的本质是播发导航信号的无线电发射装置,定位原理与卫星导航定位原理相似,因此使用足够多颗的伪卫星就可以实现对室内或其服务区域的导航。

6.4.2 伪卫星技术特点

与 GNSS 卫星相比伪卫星具有卫星信号抗干扰能力强、布设灵活、成本低的特点。

(1) 抗干扰。伪卫星与接收机的距离比卫星到接收机的距离小得多,接收机收到的伪卫星信号强度要比卫星导航信号强,抗干扰性较好。

(2) 灵活性高。伪卫星可根据需要安装在固定或者移动的基座上,数量和相对位置关系可任意改变。

(3) 成本低。伪卫星不需要发射,也无需高精度的原子钟,维护费用比导航卫星便宜。

采用伪卫星增强 GNSS 技术,用户接收机能够接收多个额外的伪卫星的信号,一定意义上增加了用户定位可见卫星的数量,改善了卫星几何分布配置。此外,伪卫星提供了附加的伪距和载波相位观测量,这些附加的伪卫星伪距和载波相位观测量有利于 GNSS 载波相位模糊度的解算,从而可以提高定位精度。简言之,GNSS 与伪卫星组合定位的优势为:

(1) 提高了利用 GNSS 进行定位求解的速度和精度;

(2) 增强了系统的可靠性和可用性;

(3) 扩展了 GNSS 的定位区域和时段。

近年来,接收机水平的提高,伪卫星软硬件技术的发展,人们提出了各种新的伪卫星概念,虽然目前伪卫星定位技术尚有很多难题有待解决,但其前景广阔,并成为导航定位领域一个新的研究热点,在国际学术界受到广泛重视。

6.4.3 伪卫星信号结构及其发射强度分析

伪卫星设计的最初目标是希望尽可能少地改动普通商用接收机,就能使其接收和处理伪卫星信号,实现与 GPS 兼容,提高伪卫星使用的普及率。为此 GPS 伪卫星信号被设计成简化的卫星信号。以 GPS L1 单频伪卫星信号为例,它由三部分组成:导航数据、C/A 码和 L1 载波,其信号结构如图 6-6 所示。

单频伪卫星信号由 C/A 码及导航数据 D 码调制到 L1 载波上形成,产生方式与 GPS L1 C/A 信号类似,整个信号可表达为

$$S_{L1}(t) = A_c C_i(t) D_i(t) \cos(\omega_1 t + \varphi_{1i}) \tag{6-33}$$

式中,$S_{L1}(t)$ 表示 L1 载波;A_c 表示调制于 L1 的 C/A 码振幅;$C_i(t)$ 表示第 i 颗伪卫星的 C/A 码;$D_i(t)$ 表示第 i 颗伪卫星的电文;ω_1 表示载波 L1 的角频率;φ_{1i} 表示第 i 颗伪卫星在载波 L1 的初始相位。

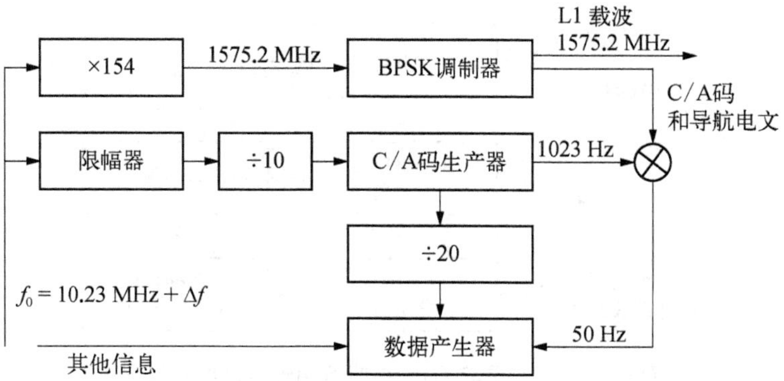

图 6-6　伪卫星信号结构

GPS 伪卫星的扩频调制码采用 C/A 码,其码长、周期和数码率均与 GPS 信号相同。

伪卫星的电文格式与 GPS 导航电文虽然基本一致,但由于伪卫星一般固定于地面某一已知位置点,不需要提供卫星轨道参数和摄动参数、电离层的延迟改正、卫星的星历等。因此,伪卫星的电文可以缺省关于卫星轨道参数和摄动参数之类的数据,并忽略电离层延时的影响。对于伪卫星而言,有关全部伪卫星星历的第三数据块可认为是空页作为备用。

在伪卫星信号功率方面,若信号功率太弱,接收机无法跟踪捕获信号,若信号功率太强,则会干扰 GPS 的信号。

由于伪卫星自身的特性,如通常都放置在地面上,其与接收机之间的距离相比 GPS 卫星来说要近得多,并不需要考虑其电离层和对流层延迟项,但是要考虑伪卫星观测方程中存在的非线性误差项等因素。

6.4.4　伪卫星增强技术相关问题

伪卫星技术研究过程中,遇到的主要问题是时间同步、远近效应和多路径效应。

1. 时间同步问题

在实时定位的应用中,伪卫星的时钟与 GPS 时钟同步是很重要的。由于伪卫星使用的时间基准为廉价的晶振时钟,因此无法直接与 GPS 原子时钟进行同步。为了解决该问题,在伪卫星上同时安置一个 GPS 接收器,以 GPS 接收机输出的 1 pps① 时钟信号作为伪卫星的时间基准,如图 6-7 所示。

2. 远近效应问题

在伪卫星实际应用中需要考虑 GPS 信号与伪卫星信号能量级的差别及与之相关的远近效应问题,如图 6-8 所示。

每颗 GPS 卫星发射的信号传播经过两万公里的距离,信号的衰减非常严重,非常容易受到外界的干扰。伪卫星则是放置在地面上,考虑单颗伪卫星的情况,距离接收机比较近,其信号如果太强将会阻塞接收机,致使无法正常接收 GPS 卫星信号;如果把伪卫星放

① pps:常用的网络吞吐率单位(即每秒发送多少个分组数据包)。

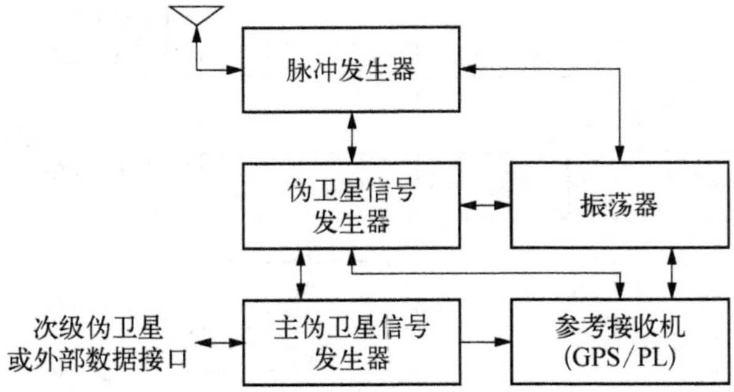

图 6-7 伪卫星与 GPS 接收机相连实现时钟同步

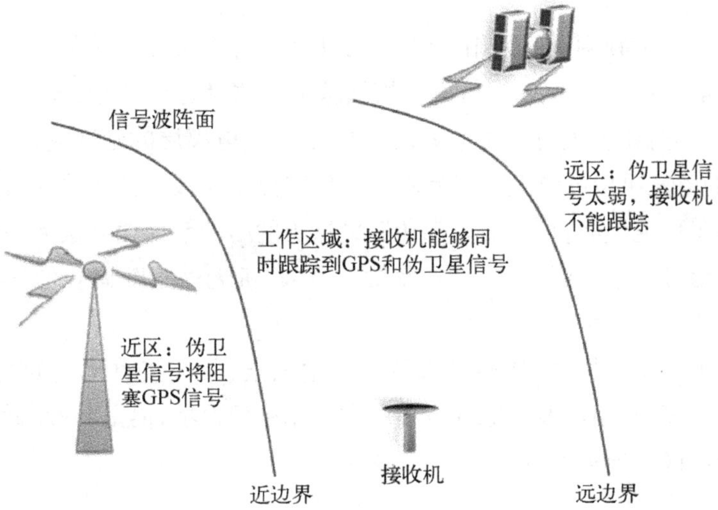

图 6-8 伪卫星远近效应示意图

置在距离接收机较远的位置，伪卫星的信号会变得太弱而无法被接收机所接收到。对于多颗伪卫星的情况来说，问题将会变得更加复杂，因为不仅要考虑伪卫星与 GPS 卫星的干扰，还要考虑到多颗伪卫星工作区域的重叠及相互干扰问题。这个矛盾就造成了伪卫星技术中的远近效应问题。理想的情况是伪卫星发射器既能在最大范围内提供足够强的伪卫星信号，又不干扰到 GPS 卫星信号，使接收机能够共视 GPS 卫星和伪卫星。

一般来说，解决远近效应问题应当从软件和硬件这两方面入手。硬件方面包括伪卫星发射器硬件结构、编码、频率、信号发射方式和发射天线等；而软件包括伪卫星与接收机的位置布设、用户接收机端的数据处理软件等方面。

3. 多路径效应问题

伪卫星信号与 GPS 信号相类似，在传播的过程中也会出现多路径问题。不同的地方是伪卫星与接收机之间是处于相对静止或准静止状态，所以伪卫星的多路径干扰信号会形成一个常量或近似于常量的偏差，不易消除，长时间的观测也无济于事。由于伪卫星的位置布设、信号强度、工作环境等均与 GPS 有所差别，它比 GPS 信号的多路径误差更强、

更为复杂也更加难以消除,这是伪卫星技术数据后处理阶段要考虑的重要因素,目前解决伪卫星多路径误差的主要方法有:

(1) 改进伪卫星信号结构、发射功率及发射方式方面,如采用超宽频技术发射极高频率的离散无线电信号来削弱多路径误差影响;

(2) 通过合理地布设伪卫星和接收机的位置来削弱多路径误差,尽量避开如水面、平坦光滑地面或平整建筑物,观测站不宜选择在山坡、山谷中,还应该远离具有强电磁辐射源的区域;

(3) 天线抗多路径,采用特殊设计的伪卫星发射天线,如螺旋天线和微带天线等,通过控制手工天线的螺旋长度来规范其信号的传播角度,可以很大程度削弱多路径效应;

(4) 在接收机方面,为减少多路径信号进入其接收端的可能性,应采用数据滤波与自适应处理抗多路径技术,对接收机固化软件进行升级来改进接收机的信号跟踪技术,从而削弱多路径效应。

6.5　GNSS/惯性组合导航技术

全球卫星导航系统也存在着一些不足,如易受载体机动影响、易受干扰、在遮挡的情况下不能使用(如室内、水下、地下、两边为高楼的狭窄街道等)。而惯性导航系统则是完全自主的导航系统,相较卫星导航系统,不仅可提供载体位置、速度信息,还可以提供载体的姿态信息,且导航信息输出频率远高于卫星导航系统,但其缺点是导航误差随着系统工作时间的延长而不断增大。

GNSS 可以辅助惯性仪表的校准、惯性导航系统的空中对准、惯性导航系统高度通道的稳定等,从而可以有效地提高惯性导航系统的性能。而对 GNSS 而言,惯性导航系统的辅助可以提高其跟踪卫星的能力,提高接收机的动态特性和抗干扰能力。另外,GNSS/惯性组合还可以实现 GNSS 接收机完整性的检测,从而提高其可靠性。如把 GNSS 接收机直接嵌入惯性导航系统中,可实现组合导航系统的一体化,使系统的体积、重量和成本都得以减小,便于实现惯性导航系统和 GNSS 接收机的实质性同步。

总之,GNSS/惯性组合可以构成一种比较理想的导航系统,克服各自缺点,取长补短,使组合后的导航性能优于两个系统单独工作,是目前组合导航系统的主要形式。

根据 GNSS 与惯性导航系统的耦合程度,GNSS/惯性组合导航系统可以分为松组合、紧组合和深组合(或超紧组合)三种形式。

6.5.1　GNSS/惯性松组合

松组合的主要特点是 GNSS 接收机和惯性导航系统仍独立工作,组合作用仅表现在用 GNSS 接收机输出的导航信息(通常是三维位置、速度信息),辅助惯性导航系统,它是一种相对容易实现的组合形式。

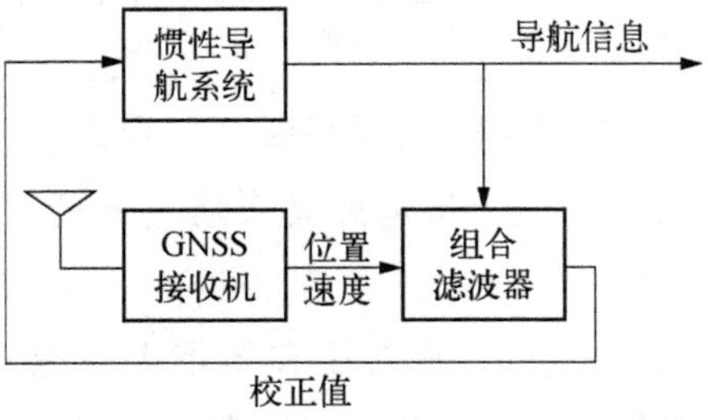

图 6-9　GNSS/惯性松组合原理示意图

GNSS/惯性松组合系统是 GNSS 接收机与惯性导航系统在位置、速度信息上的融合,基本组合原理如图 6-9 所示,GNSS 接收机输出的位置和速度信息与惯性导航系统输出的导航信息通过组合滤波进行融合,组合滤波器输出惯性导航系统误差校正值,经反馈修正惯性导航系统输出的位置、速度、姿态信息,以及惯性导航系统的器件误差,以维持惯性导航系统的导航精度。

随着近几年 GNSS 应用技术的发展,利用 GNSS 接收机的姿态测量技术已基本成熟,使位置、速度、姿态信息的 GNSS/惯性全信息组合导航系统的实现成为可能,并日益引起人们的重视。

GNSS/惯性松组合方式的优点是:组合工作比较简单,便于工程实现,而且两个系统仍独立工作,使导航信息有一定余度;其缺点是:GNSS 需要能够输出可用的位置与速度信息,当卫星星数不足时,GNSS 导航信息输出中断,组合导航会退回到纯惯性导航模式,此外若位置与速度信息误差较大,则会降低组合导航性能。

6.5.2　GNSS/惯性紧组合

紧组合是组合程度较深的组合方式,其主要特点是 GNSS 接收机的位置、速度与时间解算功能交由组合导航融合算法完成,与惯性导航系统相互辅助。

GNSS/惯性紧组合的基本方式是伪距、伪距率的组合,基本组合原理如图 6-10 所示。GNSS 接收机将伪距与伪距率输出,同时将伪距与伪距率对应的卫星星历输出,组合导航系统利用星历计算卫星位置与速度,与惯性导航系统输出的位置、速度信息生成惯性伪距与伪距率,组合滤波器则将卫星导航系统输出的伪距/伪距率与惯性伪距/伪距率进行融合,输出导航信息与惯性器件误差校正量,修正惯性导航系统。

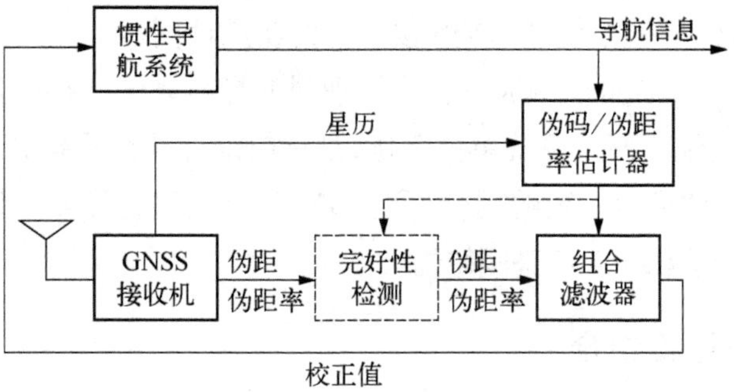

图 6-10　GNSS/惯性紧组合原理示意图

与 GNSS/惯性松组合方式相比，紧组合方式下，即使卫星导航系统当前可见星数不满足 PVT 解算需求，也可进行组合导航，以延缓惯性导航系统误差累积的速度；同时，在部分卫星信号受遮挡或干扰下，紧组合可以进行惯性辅助的完好性检测，剔除误差较大的伪距观测量，以维持组合导航输出信息的精度。但伪距、伪距率的使用，需要额外增加伪距/伪距率估计器，并且伪距与伪距率的数量也与 GNSS 接收机可观测卫星星数相关，融合时会出现观测量维数变化的情况，增加系统实施的复杂性。

6.5.3　GNSS/惯性深组合(超紧组合)

受卫星导航抗干扰需求的推动，20 世纪 90 年代中后期，提出了深组合技术，其核心是 GNSS/惯性组合导航中的导航算法与 GNSS 接收机信号跟踪环路耦合，由一个滤波器同时完成导航解算与信号跟踪功能。

GNSS/惯性深组合导航原理如图 6－11 所示，GNSS 接收机全部跟踪通道将鉴相结果或滤波后的鉴相结果输入主滤波器，通常为卡尔曼滤波器，惯性导航系统将导航信息也输入主滤波器，主滤波器模型直接建立鉴相结果与导航信息直接联系，完成导航信息的估计，生成码延时信息用于接收机更新环路码生成器，生成惯性导航信息校正数修正惯性导航系统的导航信息与器件误差。从图 6－11 的结构中可以看到，深组合不仅将导航解算与接收机环路跟踪耦合在一起，也将接收机原本独立工作的各个跟踪通道耦合在一起，这种跟踪方式也称矢量跟踪。

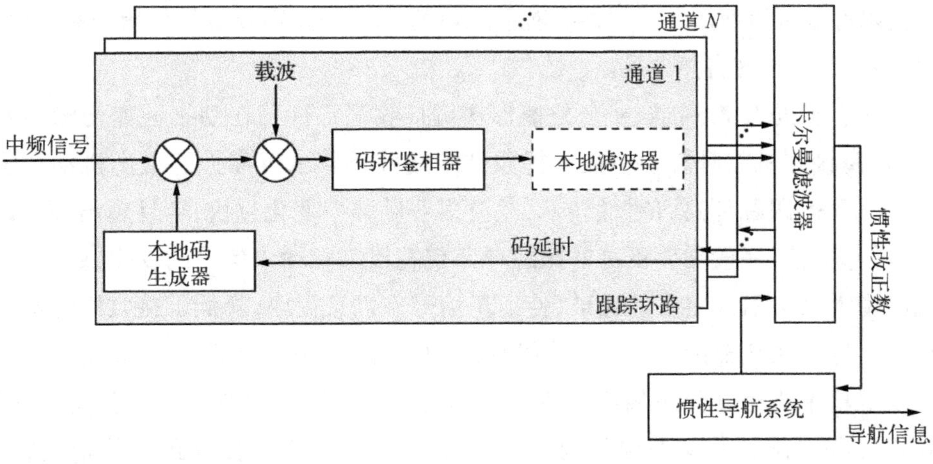

图 6－11　GNSS/惯性深组合导航原理示意图

与松组合和紧组合相比，深组合在组合机制上有突出的特点：深组合导航系统采用一个组合滤波器将 GNSS 接收机对卫星信号的跟踪和 GNSS/惯性的组合功能集成于一体，提高了 GNSS 接收机信号跟踪性能，尤其是在因为信号衰减、偶然干扰或有意干扰等因素导致的信噪比降低的环境中，深组合可以更好地改善卫星接收机的工作性能。此外，将惯性导航系统的信息引入 GPS 接收机，可提高卫星接收机对高动态运动载体的适应性。但深组合算法也是几种组合方式中复杂度最高、实现难度最大的算法。

为了保留深组合对接收机环路的辅助效果,并降低组合算法的复杂度,深组合的一种简化形式——惯性信息辅助 GNSS 接收机环路结构应运而生,如图 6-12 所示。GNSS 接收机内维持对接收信号的捕获与跟踪,输出位置、速度或伪距、伪距率与惯性导航系统输出进行融合,组合滤波器输出信息即包括惯性导航系统的校正值,用于修正惯性导航系统输出的导航信息和惯性导航系统器件误差,同时结合接收机输出的星历信息计算卫星位置与速度,进一步估计码延时与多普勒频率,并将其反馈至接收机,辅助接收机捕获和跟踪导航信号。

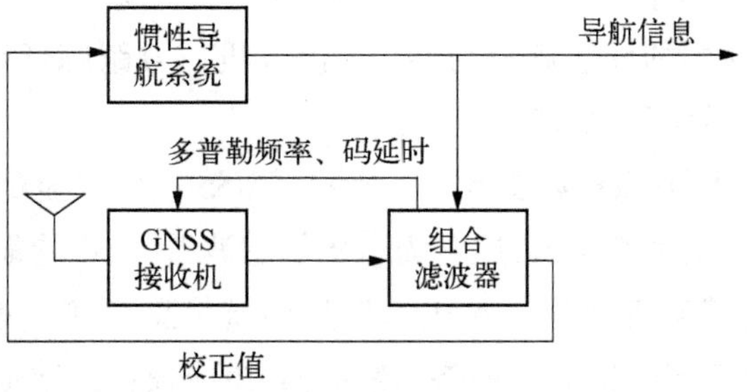

图 6-12 惯性信息辅助 GNSS 接收机组合示意图

惯性辅助信息并不唯一,可以分为速度辅助、加速度辅助与全信息辅助等。在理论上,只要接收机输出的信息足够,并接收外部输入的辅助信息,惯性导航系统辅助 GNSS 环路的技术都是可以使用的。惯性导航系统辅助 GPS 环路需要卫星星历信息,在紧组合和深组合中,这一条件自然满足。

惯性信息辅助 GNSS 接收机环路能够缓解接收跟踪环路在动态性能与噪声水平上的矛盾,提高接收机在高机动和强干扰条件下跟踪环路的可靠性。在高机动和强干扰的条件下,GNSS 跟踪环路可靠性较低,载波多普勒频率变化过快,容易超出环路跟踪能力,极易发生失锁,一般需要更高的跟踪环路带宽以跟踪输入信号的变化;然而,跟踪环路带宽的增大又会引入更多的噪声,使卫星信号难以被提取,降低了接收机的抗干扰能力。在惯性导航系统辅助 GNSS 接收机环路的情况下,根据惯性导航系统的速度和加速度以及卫星星历信息预测相应通道所跟踪的 GNSS 信号的载波频率及其变化量,进而接收机环路只需跟踪这种预测的误差即可,从而可以有效提高跟踪的精度,提高环路的等效带宽,提高 GNSS 的机动性能。此外,GNSS 接收机环路有了惯性导航系统信息辅助之后,环路本身的带宽可以很窄,从而抑制更多的噪声,起到了抗干扰的作用。

需要指出的是,采用了惯性导航系统辅助 GNSS,惯性导航系统的误差将直接影响 GNSS 环路的跟踪,惯性导航系统的故障甚至直接可能引起 GNSS 无法正常工作,因此需要设计相应的故障检测方法。

6.6 GNSS 增强系统

GNSS 增强系统有星基增强系统(SBAS)、地基增强系统(ground based augmentation systems, GBAS)、广域增强系统(WAAS)、区域增强系统(LAAS)、低轨导航增强系统等。这些增强系统一般同时涵盖多种增强技术,能够对 GNSS 多个性能进行增强。

6.6.1 星基增强系统

全球卫星导航系统虽然在大部分时间可以提供高精度的位置信息,但偶尔也会出现导航信息错误的情况,这种导航信息可能出错又不知何时出错的问题,在民用航空领域就是有可能诱发严重灾难的大问题。出于民航生命安全的需求,人们就考虑通过地面监测站网络,监测卫星向用户播发信号的完好性,若信号有错误,就向用户报警。这个监测站网络还可以播发差分改正数,以提高用户接收机的定位精度。差分改正数和警告信息可以通过地球静止轨道同步卫星广播给用户,那这颗 GEO 卫星的信号若与 GNSS 卫星信号类似,则又可以提供一路测距信息。这样一个三合一的系统就是星基增强系统。

6.6.1.1 星基增强系统功能与组成

星基增强系统(SBAS),是通过使用地球静止轨道(GEO)卫星播发增强信息,以提高广域范围内或区域范围内 GNSS 定位性能。所播发的增强信息可以分为三种: ① 差分改正数,用以增强用户接收机定位精度;② GNSS 卫星及差分改正数的完好性信息,用以增强 GNSS 完好性;③ GEO 卫星测距,用以增强 GNSS 连续性与可用性。

与 GNSS 类似,星基增强系统也包含空间星座部分、地面监控部分以及用户部分,如图 6-13 所示,此外还包括支持星基增强系统运行和维护的其他部分。

1. 空间星座部分

空间星座部分由具有导航载荷的地球静止卫星构成,负责转发差分改正数及完好性信息,所转发信号与 GNSS 信号类似。

2. 地面监控部分

地面监控部分主要包括参考站网络、中心站、注入站与通信网络。参考站网络监测 GNSS 性能,中心站接收和汇总参考站网络数据,生成发送给用户的差分改正数和完好性信息,注入站根据差分改正数与完好性信息产生类 GNSS 信号,并将其上传至 GEO 卫星。参考站、中心站及注入站间的数据传输则依靠通信网络实现。

3. 用户部分

用户部分指能够接收和使用 SBAS 信息的用户接收机。与 GNSS 接收机相比,用户接收机能够提取差分改正数,实现差分定位功能,提取完好性信息并播报给用户。

4. 支持部分

支持部分包括 SBAS 的设计、开发、维护、故障处理等,以维持星基增强系统的正常运

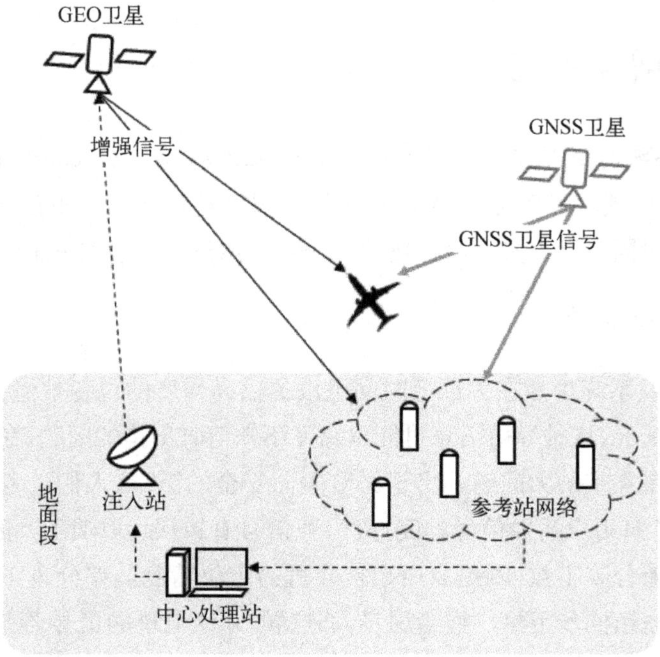

图 6-13　星基增强系统结构示意图

作,但并不直接提供星基增强服务。

6.6.1.2　典型星基增强系统简介

2003 年 7 月,美国星基增强系统——广域增强系统(WAAS)正式运行,其后,类似美国 WAAS,其他国家或地区也纷纷建设了各自独立的星基增强系统,包括欧洲地球静止导航重叠服务(EGNOS)、俄罗斯差分校正与监测系统(SDCM)、日本多功能卫星增强系统(MSAS)、印度 GPS 辅助型静地轨道增强导航(GAGAN)系统、韩国卫星导航增强系统(KASS)等。与上述星基增强系统不同,我国北斗星基增强系统(BeiDou satellite based augmentation system, BDSBAS)其实是北斗卫星导航系统的一部分,与北斗卫星导航系统进行一体化设计,通过 BDSBAS-B1C 和 BDSBAS-B2a 增强信号,向中国及周边地区用户提供增强服务。

1. 美国广域增强系统(WAAS)

广域增强系统(WAAS)是美国联邦航空管理局开发建立的 GPS 增强系统,通过通信卫星解决 GPS 广域差分数据的通信问题,提高全美范围内 GPS 的精度和可用性。

WAAS 系统主要由四部分组成:广域参考站(wide area reference station, WRS),广域主控站(wide area master station, WMS),上行注入站和地球静止轨道(GEO)卫星。参考站采集 GPS 卫星/WAAS 卫星的双频伪距、星历、对流层延迟等原始观测数据,实时传送到主控站,主控站处理后生成卫星位置、钟差等差分改正数、电离层分布栅格,以及完好性等级/告警数据等增强数据,通过上行注入站发送给 GEO 卫星,再通过 GEO 卫星快速转发给用户接收机,用户只要将 GPS 接收机留出一个通道,结合 GPS 和 WAAS 两种导航数据,加设 WAAS 导航电文提取和处理程序即可得到更高精度、更高安全性、更高可靠性的导航定位服务。

2. 中国北斗星基增强系统(BDSBAS)

北斗星基增强系统(BDSBAS)是北斗系统的重要组成部分,分别通过 BDSBAS - B1C 和 BDSBAS - B2a 增强信号,向中国及周边地区用户提供符合国际民用航空组织(International Civil Aviation Organization, ICAO)标准的单频(single frequency, SF)服务和双频多星座(dual-frequency multi-constellation, DFMC)服务。其中单频服务通过北斗卫星导航系统的三颗 GEO 卫星播发增强信号实现,增强信号为 B1C 信号,用户接收机可通过提取和解码电文获得完好性数据与改正数。

3. 欧洲地球静止导航重叠服务(EGNOS)

欧洲地球静止导航重叠服务(EGNOS)是由欧洲航天局全面负责的欧洲建设的星基增强系统,发射了 3 颗 GEO 卫星,播发测距增强信号、完备性信号、卫星轨道参数和钟差改正信号,以及伪距电离层改正信号,增强 GPS 与 GLONASS 两个系统。

4. 俄罗斯差分校正与监测系统(SDCM)

俄罗斯差分校正与监测系统(SDCM)是俄罗斯正在构建中的星基增强系统,通过 3 颗 GEO 卫星播发 GLONASS、GPS 和 GALILEO 的完好性数据、广域和局域差分改正数,增强俄罗斯境内 GLONASS、GPS 性能。

6.6.2　地基增强系统

星基增强系统对于局部地方的细节补偿方面不够细致,难以满足某些特殊应用环境下用户对导航服务更高精度与完好性的要求。地基增强系统(GBAS)在局部区域对卫星导航系统进行增强,如针对民用航空飞机精密进近、着陆和离场阶段对全球卫星导航系统的定位性能进行设计的区域增强系统。与星基增强系统类比,地基增强系统服务范围针对局部地区,不再通过 GEO 卫星播发信号,相应地,通过移动通信或互联网将差分改正数与完好性信息播发给用户接收机。

6.6.2.1　地基增强系统功能与组成

地基增强系统通过若干位置已知的地面参考站监测导航信号生成增强信息,再通过数据链路将这些增强信息播发给用户,应用局域差分增强、地面增强完好性监测等技术,以提高全球卫星导航系统的精度与完好性。广播的增强信息包括差分改正数、完整性参数信息和本地相关数据。

地基增强系统由地面设施部分和机载设备部分组成,如图 6 - 14 所示。

1. 地面设施部分

GBAS 地面设施皆位于机场或机场附近,通常包含多个 GNSS 参考站,一个中心处理站(即一台计算机)及数据通信链路,也可以补充伪卫星。

GNSS 参考站接收 GNSS 卫星信号与伪卫星信号,中心处理站通过数据通信链路获得参考站数据,生成伪距差分改正数及包含 GNSS 信号、伪卫星信号、地面站等工作状态的

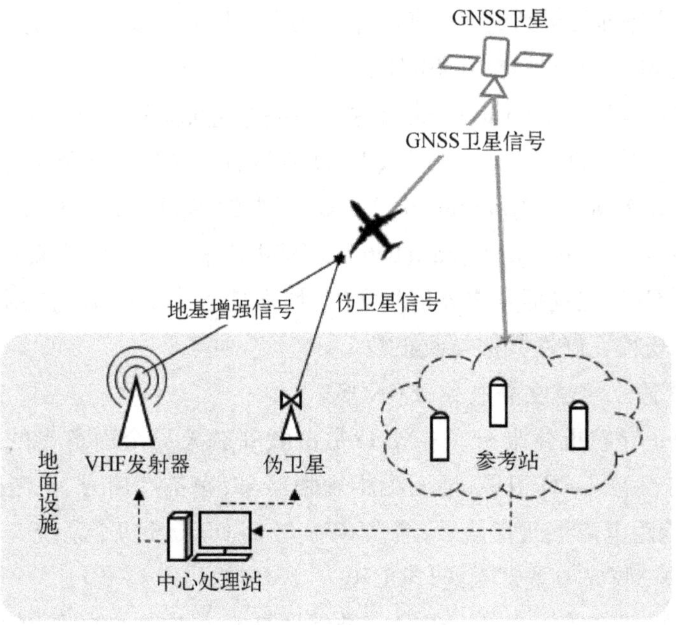

图 6-14 地基增强系统结构示意图

甚高频(very high frequency, VHF)

完好性信息,再通过数据通信链路向用户广播。从中心处理站向用户广播的信号是 GBAS 信号,可通过无线方式向用户广播。伪卫星发射的伪卫星信号是类 GNSS 信号,可以增加机场区域测距信号数量,改善卫星分布的几何结构,提高导航连续性和可用性。

2. 机载设备部分

GBAS 机载设备由 GNSS 天线、甚高频(VHF)天线和相关处理设备组成,为多模接收机,能够接收和处理 GNSS 信号、伪卫星信号与甚高频 GBAS 信号,根据差分原理修正自身的测量值,利用完好性信息判断定位结果是否可用。

6.6.2.2 典型地基增强系统简介

1. 美国区域增强系统(LAAS)

美国区域增强系统(LAAS)是基于 GPS 的实时差分增强系统,是为服务机场全天候飞机着陆的一套地基增强系统。LAAS 采用甚高频(VHF)无线电信号向机场及其附近广播增强信息,以提高周围民航飞机卫星导航的精度、完好性、连续性和可用性,使覆盖范围内的民航飞机获得 I 类(CAT-I)或以上精密进近标准的导航服务。

2. 中国北斗地基增强系统(GAS)

北斗地基增强系统也是北斗卫星导航系统的重要组成部分,服务范围为中国及周边地区移动通信覆盖的区域。GAS 包含增强站、通信网络系统、数据处理系统及播发系统,通过移动通信向用户提供广域增强数据、区域增强数据和后处理高精度数据,实现实时米级、分米级、厘米级和事后毫米级的高精度定位服务。其中广域增强数据仅支持北斗卫星导航系统,其他数据支持北斗、GPS 和 GLONASS 三系统。

6.6.3　低轨导航增强系统

低地球轨道(low earth orbit, LEO)卫星以其星座和信号的独特优势,逐步受到世界卫星导航领域的关注和青睐,有望成为新一代卫星导航系统发展的新增量。LEO 卫星(简称低轨卫星)可以增强卫星导航信号,作为 GNSS 的增强与补充;也可以通过通信系统和导航系统融合,播发独立测距信号,形成备份的定位导航能力。

6.6.3.1　低轨导航增强系统功能与组成

低轨星座大致可以从三方面实现对北斗等全球卫星导航系统性能的增强:

(1) 低轨卫星作为新的导航信号源,星上配置导航载荷,对地播发专用导航信号,实现“导航信号增强”;

(2) 低轨卫星信号调制导航增强信息,如北斗等导航系统的精密轨道、钟差等信息,用户接收机提取增强信息,增强北斗等卫星导航系统的精度;

(3) 低轨卫星上部署 GNSS 接收机,作为天基监测站,接收中、高轨导航卫星信号,并测定精密轨道和钟差,降低地面设施和地面计算需求。

此外,对于低轨通信卫星,可将其播发的通信信号视作机会信号,用户接收机无需知道通信信号的结构、编码方式等细节,只需从中提取多普勒频率观测量,进行机会信号定位,也可在导航信号缺失情况下提供一定精度的定位结果,但该方式定位精度往往较低。

低轨导航增强系统也可以分为空间段、地面段与用户段三个部分,如图 6－15 所示。

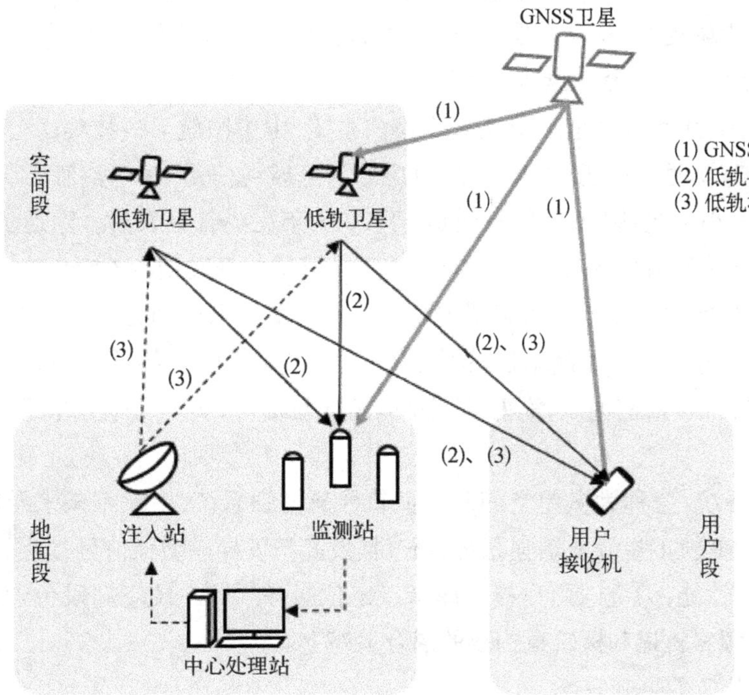

图 6－15　低轨导航增强系统结构示意图

空间段为低轨卫星星座，不同的低轨增强系统具有不同的卫星星座，用于向地面用户播发低轨增强信号或低轨导航信号，若配置 GNSS 接收机，低轨卫星可以对 GNSS 信号质量进行监测；地面段则主要包括监测站、中心处理站及注入站，一方面用于监测 GNSS 与低轨卫星，生成增强信息，另一方面对低轨卫星进行监控；用户段则需要具有兼容低轨卫星信号的接收机，能够接收和处理低轨增强信号或低轨导航信号，配合相应的增强算法，实现提高用户定位精度、完好性、连续性和可用性的目的。

6.6.3.2　典型低轨卫星增强系统简介

近年来，国内外均开始建设低轨卫星增强系统：一种建设思路是在低轨卫星通信系统基础上，增加导航增强功能，如美国铱星系统通过增加卫星授时与定位服务，已成为 GPS 的备份和补充，我国也将在“鸿雁”通信系统的基础上增加导航增强功能；另一种则针对全球卫星导航系统开发新的低轨增强系统，如我国正在建设的“微厘空间”系统与欧洲计划中的开普勒卫星导航系统中的低轨增强星座部分。

1. 美国铱星系统

美国铱星系统最初是一套全球移动卫星通信系统，由摩托罗拉公司受铱星卫星公司委托设计建造。铱星系统空间段由均匀分布于 6 条极地圆轨道之上的 66 颗低轨卫星构成，每条轨道均匀分布 11 颗卫星。2007 年，铱星公司开始铱星二代项目，并于 2019 年初完成系统升级。新一代铱星系统在提供全球移动通信业务以外，还通过专门的信号提供卫星授时与定位（satellites time and location，STL）服务，该服务定位精度为 30~50 m、授时精度约为 200 ns。由于铱星 STL 信号比 GPS 或 GNSS 信号强 1 000 倍左右，更容易穿透建筑物，室内可用性大幅提升，既可增强 GNSS 信号，也可作为 GNSS 信号缺失时的备份。

2. 中国“鸿雁”系统与“微厘空间”系统

“鸿雁”系统，全称为鸿雁全球卫星星座通信系统，由中国航天科技集团公司设计开发，为用户提供全球实时数据通信和综合信息服务的全球通信系统。“鸿雁”系统空间段由 300 多颗低轨道小卫星构成，采用极轨道，于 2018 年完成首星发射。除通信功能外，“鸿雁”系统也将支持导航增强功能：一方面“鸿雁”卫星配置高精度 GNSS 接收机，构成天基全球监测网，与地面监测网共同实现中高轨导航卫星与低轨通信卫星的联合精密定轨与钟差确定，解决我国海外监测站建站不足的难题；另一方面，“鸿雁”卫星搭载导航载荷，通过播发精密轨道、精密钟差、完好性信息以及导航信号，实现动态分米级、静态厘米级定位。

“微厘空间”系统，全称为微厘空间北斗低轨导航增强系统，由北京未来导航科技有限公司设计开发的低轨卫星导航增强系统，通过播发高精度导航增强信号，增强北斗等卫星导航系统的服务性能，为全球用户提供厘米级定位服务。该系统空间段包含 160 颗低轨卫星，分布在由倾斜轨道和极轨道构成的混合星座上。

3. 欧洲开普勒卫星导航系统

开普勒卫星导航系统是德国宇航中心（Deutsches Zentrum für Luft-und Raumfahrt，

DLR)构想的第三代卫星导航系统,其空间段包含一个 MEO 卫星星座和一个小型 LEO 卫星星座,前者类似伽利略系统空间星座,后者由 6 颗 LEO 卫星构成。开普勒卫星导航系统采用激光通信测距建立星间链路,实现全部导航卫星极高精度的时间同步与星间测距,MEO 卫星可不再配备原子钟,卫星定轨精度也有望达到毫米级;LEO 卫星作为天基监测站,接收到的 MEO 卫星信号不经过电离层与对流层,可监测无大气影响的 MEO 卫星信号质量,既可提升系统的完好性和精度,又能减少地面设施。

思　考　题

1. 简述 GNSS 在高楼密集区的“城市峡谷”所面临的问题。设计一个方案,以改善该区域 GNSS 的定位性能。

2. 什么是伪卫星增强技术? 举例说明伪卫星增强技术可以“增强”卫星导航系统在哪些环境的应用? 简述在使用伪卫星增强 GNSS 的应用中主要存在哪些问题?

3. 某部接收机连续测量了 10 s,数据输出频率为 1 Hz,东向误差与北向误差分别如下。

东向误差(m):

$e_E = \{0.082, -0.089, 0.011, -0.054, 0.030, -0.060, 0.050, 0.074, 0.171, -0.019\}$

北向误差(m):

$e_N = \{-0.214, -0.084, 0.135, -0.107, 0.096, 0.012, 0.143, -0.196, -0.019, -0.121\}$

计算该接收机水平位置的均方根误差及 CEP。

4. 根据本章所学内容,分析哪种增强方式可以抑制或削弱多径误差影响。

第7章 GNSS的各类应用

卫星导航的基本作用是结合通信技术，向各类用户和运动平台实时提供准确、连续的位置、速度和时间信息。卫星导航定位技术目前已基本取代无线电导航、天文导航、传统大地测量技术，并推动了全新的导航定位技术的发展，成为人类活动中普遍采用的导航定位技术，而且在精度、实时性、全天候等方面对这一领域产生了革命性的影响。全球卫星导航系统不仅广泛应用于航空、航海、陆地交通运输、搜救等领域，在精细农业、林业、渔业、土建工程、矿山、地球物理勘探、资源调查、陆地与海洋测绘、地理信息产业、海上石油作业、测绘、气象服务等领域也显示出巨大的应用潜力。GNSS 在各行各业的应用不胜枚举，本章仅对 GNSS 在部分行业、领域的应用进行简单介绍，希望以此为“砖”引读者对 GNSS 技术及应用的兴趣与想象力之“玉”。

7.1 GNSS在军事方面的应用

GNSS 的全球、全天候、无误差累积等特点，更是目前中、远程航线上最好的导航系统，在军事作战的多个方面起着重要作用。

1. 协助武器系统进行精确打击

提高武器系统打击精度是武器发展中的主要问题之一。1990 年海湾战争中，美国开始使用 GPS 精确制导技术，利用 GPS 进行定位及火力呼叫，由于当时 GPS 尚未部署完备，每天只能提供 15~19 h 的三维导航信息，虽然仅有少量武器系统采用 GPS 制导，但效果显著，利用 GPS 中段制导的导弹可将圆概率误差缩小到 16 m。到 1999 年科索沃战争中，仅在开战的前 15 天，美国使用的精确制导武器就占总弹药使用量的 90%，精度提高到 10 m，极大提高了空袭效率。在 2022 年俄乌冲突[①]以来，美制“海马斯”系统的 M30/M31 制导火箭弹、“亚瑟王神剑”制导炮弹和俄罗斯“天竺葵-2”巡飞弹均使用以 GPS 为主的制导方式，不同程度地对战况产生着重大影响。卫星制导方式赋予武器

① 本书中俄乌冲突仅为技术场景描述，不代表政治立场。

装备自主、高精度、低成本的特点，使得可以大量使用的制导武器改变着战争的格局。

2. 为作战人员和武器平台提供导航定位服务

应用GNSS导航卫星系统，作战人员及舰艇、飞机、车辆等武器平台能在全球任意区域得到全天候的三维导航定位服务。在海湾战争中，多国部队为了在没有地形特征的沙漠中作战而使用GPS信号接收机。除作战分队和单兵外，M1A1坦克等也装备了GPS信号接收机。在后续作战中，GPS的应用更为广泛，如炮兵利用GPS确定自己的当前位置，然后再进行炮击；M1A1坦克利用GPS接收机实现与加油车的快速对接。空军也在B-52轰炸机、KC-135加油机和F-16战机上试装了GPS信号接收机，主要用于协助空中管理。多国部队飞机需要穿越122个不同的空中加油航线、600个有限航区、312个导弹交战空域、78条攻击走廊和92个空中战斗巡逻点以及36个训练区，在这种复杂的情况下，利用GPS使得空军每天可出动数千架次飞机。海军则将GPS用于水上排雷和无人机定位等。卫星导航系统是无人机、无人车等无人作战平台能够自主独立或协同完成复杂作战任务的关键保障之一，能够为无人机长时间提供精确到米级的位置信息。

3. 支持救援行动

海湾战争中，多国部队于1991年1月在法国SA-330直升机上安装了GPS接收机，以增强其人员搜索和救援能力。1995年，美、英轰炸波黑，一架F-16战机在执行任务时被击落，飞行员落入塞族共和国控制区，美军利用GPS指示的位置信息，迅速救出了这位飞行员。在1999年对南联盟的空中打击行动中，一架美军F-117A隐身战斗机被击落，美军营救人员同样利用GPS指示的位置信息，在24小时内将飞行员救回美军营地。

4. 帮助部队规划进攻路线

在一体化作战中，参战部队间的协同工作是影响胜负的重要因素。在海湾战争中，多国部队处在陌生的沙漠地带，无论是在沙漠、科威特还是在伊拉克，都缺少足够的标识物，不利于部队的部署与协同，特别是进入科威特地区后，还要设法避开伊拉克的雷场。为此，地面部队根据给定的雷场信息，用GPS指示的位置信息标出了一条进攻通道。美国第24机械化步兵师主要在夜间行动，每位战士都配备了GPS信号接收机，取代了传统的标记路线的小棍。

海湾战争中GPS大放异彩，也使得全世界认识到卫星导航系统在军事上的价值，除上述应用外，卫星导航技术还可以用于航空母舰上飞机着舰/起飞导引系统、直升机临时起降导引、军用飞机的编队、航路规划与突防、空中加油、空中搜索与求援等。

7.2　GNSS在民航中的应用

全球卫星导航系统能够为民用客机提供具有精度、完好性、连续性和可用性保障的定位结果，在客机空域航路规划、终端区引导、进程与着陆以及机场场面监视和管理方面均有着广泛的应用,不仅提高了航班的运行效率和安全性,还促进了民用航空业的发展。

1. 航路规划

GNSS 结合完好性监测的技术能满足洋区与大陆空域航路对导航精度、完好性和可用性的要求。GNSS 精度甚至优于现有任何航路导航系统,这种精度提高和连续性服务的改善有助于有效利用空域,实现最佳的空域划分和管理、空中交通流量管理及飞行路径管理,为空中运输服务开辟了广阔的应用前景,同时也降低了营运成本,保证了空中交通管制的灵活性与可靠性。

2. 精密进近与着陆

机场仪表着陆系统可以有效地让飞行员在较低能见度下,依靠地面信标指引完成飞机的精密进近与着陆。基于 GNSS 的着陆系统,则无须复杂的地面支持,适合于任何机场,包括平原机场和山区机场。理论上,GNSS 着陆系统可以引导飞机沿着任意一条飞行剖面和进场路径着陆,极大增强了飞机着陆的灵活性和盲降能力。

3. 场面监视和管理

场面监视和管理的目的是减少飞机起飞和进场滞留时间,监视和调度机场的飞机、车辆和人员,最大效率地利用机场空间,并保证飞行安全。卫星导航技术结合数字地图、数字通信链为开发先进的场面导航、通信和监视系统提供了全新的技术,将为机场带来很大效益。

4. 航路监视

传统航路监视是一种非相关监视系统,主要是利用各种地面雷达系统监视飞机飞行状态。但这种监视系统地面和机载设备复杂、价格高、监视精度随距离增加而降低,监视距离有限,不可能实现全球覆盖和无间隙监视。基于 GNSS 和移动通信链路的自动相关监视(automatic dependent surveillance, ADS)系统,可以无须地面辅助设备,飞机可通过 GNSS 获得自身准确位置信息,再通过通信链将自身位置信息自动报告,特别在洋区和内陆偏远地区为实现空域监视业务提供了机会。

5. 飞行试验、测试及特种飞机的应用

在新机型、新机载设备、机载武器系统或地面服务系统设计、定型、测试中,基于 GNSS 的飞行状态参数测量系统作为基准,可以使飞行试验、数据处理和飞行测试变得简单,并节省了开支。

7.3 GNSS 在航海中的应用

卫星导航技术用于海上导航可以追溯到 20 世纪 60 年代的第一代卫星导航系统 Transit,但这种卫星导航系统最初设计主要服务于极区,不能连续导航,其定位的时间间隔随纬度而变化。在南北纬度 70°以上,平均定位间隔时间不超过 30 min,但在赤道附近则需要 90 min, 80 年代发射的第二代和第三代 Transit 卫星 Navars 和 Oscars 弥补了这种不足,但仍需要 10~15 min。此外采用的多普勒测速技术也难以提高定位精度(需要准确知道船舶的速度),主要用于二维导航。GPS 的出现克服了 Transit 系统的局限性,不仅精度高、可连续导航、有很强的抗干扰能力,而且能提供七维的时空位置速度信息,实现船舶航迹跟踪、航路交通管理、港口管理和进港引导、紧急救援等。

1. 船舶远航时,GNSS 导航仪监测和校正罗经

远洋航行航程长,时间久,为保证航行安全,必须要考虑罗经准确与否。为了船舶的安全,可利用 GNSS 导航仪的导航功能,正确地监测和校正罗经。船舶定向定速航行时,GNSS 导航仪能显示准确的对地航迹向,当显示的对地航迹向与罗经航向相差较大时,可能是风流、操舵的影响,也可能是罗经的误差。若剔除了风流、操舵的因素后,仍有较大的误差,此时则可认定是罗经误差。另外,当陀螺罗经故障及磁罗经指向不可靠时,也可用导航仪显示的对地航迹向,校正罗经的罗经差,供操舵使用。

2. 船舶海上遇险时,GNSS 导航仪提供准确船位

全球海上遇险与安全系统于 1999 年全面实施,该系统在船舶遇难时,能够让附近的搜寻救助机构和航行在遇难船附近的船舶迅速得到遇难船的报警,在最短时间内提供搜寻和救助。而远洋航行遇险时,船舶发出的遇险报警信息需要包括船舶识别码、遇险性质等必要内容,为得到及时的救助,还必须含有准确可靠的遇险船位置,这也是船舶在海上航行遇险时能够成功被救助的一个关键因素。GNSS 的广泛应用,使得船舶海上遇险时可以通过 GNSS 导航设备获取高精度的船舶位置,配合安全系统的通信功能,为海上遇险的精确救助提供有力保障。

3. 为航海提供准确的电子地图

随着科技的发展和进步,科学技术之间的联合应用变得越来越普遍。航海领域,联合多种科学技术应用的电子海图成为每艘船舶必备的智能设备,为航海的顺利安全提供了重要保障。航海中,电子海图与 GNSS 往往需要结合起来使用,GNSS 通过全球卫星信号为电子海图提供了准确的实时信息,以此保证电子海图的正确性、准确性和实时性,为指导航海航行的正确方向提供了核心支持。首先,GNSS 运行的连续性、精准性、实时性和多功能性,通过传递信息于电子海图即可提供平面、三维和矢量的航向、航线、航点和航迹图,这对船舶的统一管理、调度和航行分配有着非常重要的指导作用。其次,电子海图是航海的地图,在航行中有效指导船舶驾驶员调整航行。航行过程中,GNSS 能让船舶驾驶员实时掌握船舶航行的情况、周围环境情况和即将要进入的海域的情况,根据周围情况对船舶的航行做适当的调整,以此避免出现船舶碰撞、触礁,以及可能有极端恶劣环境出现的航线等,更安全地到达目的地。再次,电子海图是航海控制中心对每只船舶进行有效调度的核心依据,精准的电子海图能够帮助控制中心实时检测海上船舶的运行情况,当紧急情况出现时能够第一时间对其海域的船舶进行有效的调度,避免风险的出现,保证航海作业的顺利完成。

4. 高效的船舶交通管理

航海与其他交通系统一样有相应的交通管理中心对所有船舶的航行进行统一的管

理,以此促进船舶交通安全、提高交通效率,同时对环境进行保护。GNSS 在船舶交通管理中的应用不仅极大地降低了信息系统建设成本,同时显著提升了管理中识别的精准度。首先,船舶交通管理部门通过使用 GNSS 对港口的所有船舶的位置和所在航道进行准确的定位,从而科学合理地安排船舶的进出港口航道、顺序,以及特殊情况备用航道的开启。其次,通过 GNSS 的精准定位功能、沟通功能和实时功能对港口的交通密度进行梳理,尤其是遇到进出港口船舶比较多的情况,交通管理中心的调整就显得非常重要。GNSS 在船舶交通管理中的应用能够帮助指挥员根据目前的交通情况,开启最有效航行通道,快速梳理船舶,提高港口的使用效率,进行高效的交通管理。再次,船舶进港检查是港口管理的重点工作之一,工作内容多、范围广泛。GNSS 的应用能有效地帮助检查员高效地对船舶进行有害有毒物质的排查,全面提高了检查工作的效率和质量。

7.4 GNSS 在车辆交通系统中的应用

随着世界经济的发展,城市建设规模的不断扩大,作为城市交通工具的车辆日益增多,交通的经营管理与合理调度,各类车辆的指挥和安全管理已成为交通系统中的一个重要问题。GNSS 的出现给车辆、轮船等交通工具的导航定位提供了具体、实时的定位能力。通过车载 GNSS 接收机使驾驶员能够随时知道自己的具体位置,与数字地图结合可以快速生成最优路径。通过车载无线通信装置将 GNSS 定位信息发送给调度指挥中心,调度指挥中心便可及时掌握各车辆的具体位置,并在数字地图上显示出来。目前各类用于交通系统的 GNSS 都得到了发展应用。

1. 自动车辆定位导航(automatic vehicle positioning and navigation, AVLN)系统

自动车辆定位导航(AVLN)系统,是指可以对机动车辆的位置与速度进行自动测定,引导车辆按一定计划行驶的系统。AVLN 系统由车载 GNSS 自主定位,结合无线通信系统[如通用分组无线业务(general packet radio service, GPRS)、3G~5G]将定位信息发往监控中心(即调度指挥中心),地面监控中心和车辆之间可以相互通信,根据地理信息系统基础数据及软件对车辆进行调度、管理与跟踪。这就形成了简单的定位导航/交通管理系统。

GNSS 的出现和发展使得 AVLN 技术取得巨大进展。GNSS 为 AVLN 系统提供了全天时、全球、高精度位置信息,使得 AVLN 的概念,从单一的导航定位发展到“智能车辆高速公路系统”和“公路交通运输信息测量系统”,并且朝着“智能交通系统”发展。GNSS 辅助的 AVLN 系统能够广泛地应用于公路车辆监控、救护和报警系统等;应用于铁路运输管理信息系统,则可通过计算机网络,实时对数万公里的铁路网上的装有 GNSS 导航定位系统的列车、机车、车号、集装箱以及所运货物的位置动态信息实行编排、追踪管理,有效地提高铁路运输的安全性能和客货运能力。

2. GNSS 增强系统在智能交通应用发展

在国务院 2006 年发布的《国家中长期科学和技术发展规划纲要（2006—2020 年）》中，已经把智能交通管理系统列入了交通运输业优先发展的主题。这些年，国家将优先发展智能交通管理系统（物联网系统也可以认为是智能交通系统的一种精细化表现）。

在智能交通系统中，大量的传感器的精确位置（如交通信号灯、指路牌、摄像头、雷达测速仪等）信息的采集，也可以用 CORS 系统进行差分增强：车载接收机可以通过接收 CORS 系统的差分改正信息获得高精度车辆实时位置和速度，再通过无线数据传输将车辆的位置和速度信息实时传回控制中心；控制中心通过对多种信息的融合、处理和分析后，即时反馈给车辆终端，从而让车辆终端实时掌握路况和交通信息；而交通管理部门也可以通过其他传感器（如摄像头、射频感应卡等）发送回来的信息对车辆身份进行识别和管理，同时还可以通过网络实时监测和监控路况及车辆信息，甚至能够为车辆保险公司保存车主开车习惯（如高精度采集变道、急刹车、超车等详细记录），便于其业务的精确化管理，所有这些都将促进未来高精度智能交通导航系统的发展和完善。

7.5　GNSS 在电力系统中的应用

电力系统中，为了分析电力系统故障的情况，需要安装故障录波器、事件记录器、微机继电保护及安全自动装置、远动及微机监控系统，这些系统均需在同步的时钟下工作。电网调度自动化也要求主站端和远方终端的时间同步。GNSS 授时功能，能够为电力系统提供低成本的时间同步方案。此外，GNSS 的导航定位与通信功能，在山区等恶劣环境下，协助或代替人实现电力巡线、杆塔形变监测及信息采集等。下面以几个典型的应用，说明 GNSS 在电力系统中的重要作用。

1. GNSS 授时在电力系统中的应用

电力系统时间同步是保障电力系统调度控制和故障分析的重要基础，其核心功能是为暂态、动态、稳态数据采集和电网故障分析提供时间同步服务。GNSS 授时具有覆盖范围广、精度高的特点，授时精度为 20 ns（95%置信度），能够成为整个电网的可靠时钟源。GNSS 时间同步网由各级电网的时间同步系统（调度机构、变电站等）组成，在一定技术基础上，级与级之间通过有线时间基准信号实现全网同步。被授时设备/系统包括变电站监控系统，时间顺序记录装置、故障录波器、测控装置、电源管理单元（power management unit, PMU）、继电保护装置和安全自动装置等。

2. GNSS 定位导航在电力巡线中的应用

输电线路常因自然灾害、自身老化、人为外力破坏导致无法正常供电，作业人员巡线确定故障点需要耗费大量人力、物力，且周期长、效率较低，存在一定危险性。GNSS 定位配合无人机能够实现遥控或自动电力巡线：通过测定安装了 GNSS 接收机的无人机位置，计算无人机与塔台距离，距离较小时切换无人机到遥控模式，将无人机采集信息传回控制中心，控制中心判断有无安全隐患并做出相应措施。无人机结合卫星导航系统在巡线方面的应用，实现安全可靠的巡线作业，也使巡检操作更加简单，维护检修效率大大提高，约高出人工巡检40倍，降低了劳动强度，同时大大减少了成本损失。

3. GNSS高精度测量在杆塔形变监测中的应用

在输电过程中，杆塔起着支撑、安全保障的作用。日常情况下，当杆塔等较高电力设施持续向一个方向倾斜或扭曲1~2 cm/周（或天），将存在倒塔的危险性。为保证输电效率和质量，减少线路维修成本，解决杆塔沉降倾斜的安全隐患，可以建立基于GNSS的电力杆塔形变监测系统，对杆塔进行全天候在线监测。具体地，在杆塔被测点安装监测接收机，实时解算高精度位置，数据传回到数据中心。数据中心接收监测站数据与固定基准站数据，在基准站解算结果基础上对监测站传回的数据进行改正、纠偏，得到更精准的测点实时位置，与预设的初始位置比较，当超出某阈值时，表示形变较大，发布警报。

4. 北斗短报文在用电信息采集中的应用

在无公网覆盖地区，如小水电站、偏远山区的居民用户等，用电数据常无法远程回传，对数据无法实时采集、分析，使得电网管控不够灵活。而基于北斗短报文的用电信息采集，保证了数据的实时性，是现阶段北斗短报文在电力行业终端数量最多、成熟度最高的应用。目前，可使用北斗短报文采集的数据包括用电信息、配电网电压电流等，通过对电能数据的在线采集和分析，可以进一步实现实时线损监控、终端上线情况监控等功能，加强应急预警能力。

除上述介绍的典型业务外，北斗系统在配电网信息管理、移动智能巡检、车辆管理调度等均有应用，实现了电网的安全、稳定、高效运行。

7.6 GNSS在大地测量方面的应用

GNSS定位技术以其高精度、速度快、费用低、操作简便等优良特性被广泛应用于大地测量中，给测绘工程带来了很大的改善，极大地促进了测绘工程工作效率和质量的提升。

1. 卫星导航在建设工程中的应用

以公路建设工程为例，在建设过程中要对一些比例尺较大的地形图进行绘制，开展工程控制测量、公路的中线以及纵横切面测量，基于卫星导航的测绘技术可以促进相关工作效率的提升：在地形图的绘制中，传统的绘制方式由于技术的限制，使其所花费的时间较长，而且测量的工程量较大，测量效率和准确性也缺乏可靠的保障，使用卫星导航测绘技术，可以在短时间内获得更加准确的数据信息，从而促进绘图的完成；在对公路工程控制的测量方面，应用卫星导航动态测量技术，能够促进工作效率的提升；对于公路中线和纵横切线的测量，卫星导航测绘技术的应用，能够利用接收机有效地实现对公路中线坐标的测量和定位,中线桩点结合绘图软件可以获得公路纵横断面。

在建筑工程当中,对于一些放线测量要求较高,需要结合建筑工程的具体特征及建筑所在地周围环境的影响等综合因素进行考虑。卫星导航测绘技术几乎不受气候环境的限制,可以为建筑工程提供更加精确的测量结果,提升建筑工程的质量建设和工作效率。

此外,卫星导航系统在测绘中的应用也能开展工程变形监测。在工程建设的过程中,大型建筑工程无法避免地会出现各种变形的现象,这种现象必须要加以控制和管理,这就需要人们对其进行测量和监控。卫星导航测绘技术的高精度定位能力能够对建筑物的移动距离、变形程度进行准确测量,实现连续的高精度变形监测,为工程的安全性带来可靠的保障。

2. GNSS 在大地控制网中的应用

大地控制网又称大地网,可以简单理解成由一系列位置已知的大地点组成的网络,这些位置已知的大地点称为控制点,用于推算其他任意大地点的位置。大地控制网是测绘工作的基础,为各种测绘活动提供了基准和参考框架。大地测量的科研任务是研究地球的形状及其随时间的变化,因此大地测量工作者多年来一直试图解决的难题是如何建立覆盖全球的坐标系统之一的高精度大地控制网。直到空间技术和射电天文技术高度发达,才得以建立跨洲际的全球大地网,但由于基线干涉测量和卫星激光测距技术的设备昂贵而且十分笨重,因此在全球也只有少数高精度大地点。GPS 技术的逐步完善使全球覆盖的高精度 GPS 网得以实现,利用相对定位方法,可以使用若干台 GPS 接收机同步、全天候观测,观测时间短,且不要求各点之间相通视,点位选定灵活方便,数据处理自动化程度高。

通常将应用 GPS 卫星定位技术建立的控制网称为 GPS 网,归纳起来可以分为两大类:一类是全球或全国性的高精度 GPS 网,这类 GPS 网中相邻点的距离在数千公里至上万公里,其主要任务是作为全球高精度坐标框架或全国高精度坐标框架,为全球性地球动力学和空间科学方面的研究工作服务,或用以研究地区性的板块运动或地壳形变规律等问题;另一类是区域性的 GPS 网,包括城市或矿区 GPS 网、GPS 工程网等,这类网中的相邻点间的距离为几公里至几十公里,其主要的任务是直接为国民经济建设服务。

1992 年我国在全国范围内组织了一次盛况空前的“中国 92 GPS 会战”,目的是在全国范围内确定精确的地心坐标,建立起我国新一代的地心参考框架及其与国家坐标系的转换参数;以优于 10^{-8} 量级的相对精度确定站间基线向量,布设成国家 A 级网,随后在 1993 年和 1995 年又两次对 A 级网点进行了 GPS 复测,点位精度提高到厘米级,边长相对精度达 3×10^{-9}。作为我国高精度坐标框架的补充以及为满足国家建设的需要,在国家 A 级网的基础上建立了国家 B 级网(又称国家高精度 GPS 网)。布测工作从 1991 年开始,全网基本均匀布点,覆盖全国,经整体平差后,点位地心坐标精度达 ±0.1 m, GPS 基线边长相对误差可达 2.0×10^{-8}, 高程分量相对中误差为 3.0×10^{-8}。

区域 GPS 网是指国家 C、D、E 级 GPS 网或专为工程项目布测的工程 GPS 网。这类网的特点是控制区域有限(或一个市或一个地区)、边长短(一般从几百米到20 km)、观测时间短(从快速静态定位的几分钟到一两个小时)。由于GPS定位的高精度、快速度、省费用等优点,建立区域大地控制网的常规手段已经基本被GPS技术所取代,实现区域大地水准面拟合,对已有控制网进行加密、检核和改善已有控制网、建立新的地面控制网。

3. 航空摄影测量

摄影测量是利用摄影所得的相片,研究和确定被摄物体的形状、大小、位置、属性互相关系的一种技术。摄影测量的主要任务其中之一就是空中三角测量,即以航摄相片所测量的像点坐标或单元模型上的模型点为原始数据,以少量地面实测的控制点地面坐标为基础,用计算方法求解加密点的地面坐标。GPS测量不需要传统测量中要求的控制点间通视条件,而且测量精度高、速度快,因而GPS测量技术很快就取代了常规的测量技术成为航测地面控制点的测量的主要手段,但其总体上作业周期长、成本高。

GPS辅助航空摄影测量,是在航摄飞机上安置机载GPS接收机,在测区的已知地面点上安置基准站GPS接收机,进行差分动态定位,求定摄影瞬间航摄像机的三维坐标的一种航空摄影方法。在航空摄影过程中,最关键的是记录下曝光时刻摄影相机底片中心(摄站)的精确坐标值。理论研究和实践试验表明,差分GPS动态测量技术能够消除GPS测量的公共误差,可以将伪距解的实时位置精度提高到±10 m左右。如果采用GPS动态载波相位测量技术,则可以将实时点位精度提高到亚米级以内。进一步而言,为了达到厘米级精度的摄站精度,则需要采用差分动态载波相位测量技术。国内外的研究试验表明,差分GPS动态载波相位测量,可以获得摄站的二维位置达到厘米级精度,若辅以机载激光测距技术,摄站坐标的垂直分量亦能达到厘米级精度,它可以满足大比例尺航测制图的需要。

7.7 GNSS在其他领域的应用

除上述GNSS的应用外,GNSS还在农、林、牧、渔、气象领域等其他众多领域获得广泛的应用,这些应用不仅给人们带来了方便,而且拓宽了人们对GNSS的应用思路,可以说卫星导航系统的应用仅受限于人们的想象力。

7.7.1 GNSS在农、林、牧、渔业中的应用

1. GNSS在农业的应用

GNSS在农业领域已经有了非常广泛的应用,不仅可以极大地提高农业生产的效率和精准度,还能有效节约成本。GNSS的高精度定位能力,使得收割机、拖拉机、播种机、农业无人机等农业机械能够实现自动驾驶,精确作业范围界定,自动路径规划,进行精确耕作、播种、施肥、喷洒农药和收割,结合遥感(remote sensing, RS)技术和地理信息系统

(geographic information system, GIS),可以实现农作物产量分布、土壤成分和性质的监测,合理播种、施肥和喷洒农药,从而节约费用,降低成本,增加产量、提高效益,是农业机械智能化与自动化的基础。例如,在联合收割机上配置计算机、产量监视器和GNSS接收机,构成一个作物产量监视系统。在收割小麦作物时,监视器记录下小麦产量,同时GNSS接收机记录下收割该株小麦所在位置,综合土壤养分含量分布图进行分析,找出影响作物产量的相关因素,再利用这些信息进行田间管理工作。

2. GNSS在林业的应用

基于GNSS的测量技术应用在林业工作中,能够快速、高效、准确地提供点、线、面要素的精密坐标,完成森林资源调查与管理中各种境界线的勘测与放样落界,成为森林资源调查与动态监测的有力工具。例如,在森林中进行常规测量相当困难,而GNSS定位技术可以发挥它的优越性,精确测定森林位置和面积,测绘精确的森林分布图,估算木材量,计算可采伐木材面积。此外,还可利用GNSS进行飞机播种造林、天然林的病虫害防治与森林防火。防火飞机安装热红外系统和GNSS接收机,在巡飞时,热红外系统探测火情,GNSS确定火场位置,配合地面防火塔,迅速向地面接收站报告,可以及时地掌握林火的发生范围、面积,实现林火进展情况监测,为采取相应的扑救措施提供了依据。依靠GPS的导航功能,可实施飞机直接灭火措施。

3. GNSS在牧业的应用

GNSS可以为牧业生产和管理提供精确的位置信息,大大提高牧业生产的效率和质量,甚至正改变着传统的放牧方式。通过给牛、羊等牲畜配备装有卫星导航接收机的项圈,通过无线通信链路,牧民可以远距离通过手持终端设备实时监测牧群的位置,了解牧群的历史轨迹,也可以设置虚拟的电子围栏,当电子线圈测量的牲畜位置接近或超出设置的边界时,系统发出警告,在无须建立物理栅栏的条件下即可实现牧群活动范围的管理;结合其他传感器以及地理信息系统(GIS),还可以实现放牧强度监测、牧群采食量监测、牧场环境条件监测等功能更全面的牧场监测管理系统。

4. GNSS在渔业的应用

渔船出海作业往往需要几天或十几天的时间,在广阔的海洋中由于缺乏参照物,渔民往往难以获知自己的准确位置,容易迷航或进入非渔区,若遇到紧急情况,如恶劣天气或机械故障时,渔民也难以提供自身位置,造成搜救困难,此外由于无法搭建地面基站,出海渔船无法通过一般的无线电通信与地面联系,导致难以获得鱼群信息、气象警告等与航行有关的信息,也难以将自身的情况或救援信号对外播发。而卫星导航系统,特别是具有通信能力的北斗卫星导航系统,能够提供船舶实时的精确位置,有助于渔民快速找到富含鱼群的渔场,确保船只按照既定航线安全行驶,避免渔船闯入禁渔区或越过边境线,北斗卫星导航系统的双向通信能力进一步提升了渔船出海的安全性,一方面配置通信功能的北斗终端能够支持船舶向监控中心发送包含位置信息的遇险信息,及时向外求援,另一方面可以接收气象信息、海上安全信息、预警信息等,避开危险。

7.7.2 GNSS 在气象服务领域的应用

GNSS 定位精度受环境影响,对流层延时误差、电离层延时误差、多路径效应误差都对定位结果有害,是定位中需要消除或削弱和尽量避免的。然而,这些误差与对流层、电离层、反射面等环境相关,误差的大小又恰恰能反映出相关环境的变化,因此,又有研究人员创造性地变废为宝,利用环境对 GNSS 的影响,反过来利用 GNSS 监测环境的变化。

1. GNSS 测大气湿度

大气的温度、压力、密度和水汽含量,统称为气象参数。这些参数值及其变化又是气象预报的客观依据。水汽在气象、气候和水文循环中扮演着关键角色,不仅是重要的气象现象,也是气象变化的主要驱动因素之一,水汽的精确测量对气象预报起着至关重要的作用。传统的水汽测定方法有探空气球、卫星红外线探测法、气象雷达、湿度计等,但在精度、覆盖范围、时空分辨率、连续性、实时性、成本和维护等方面存在不同的限制。GNSS 可降水汽量(precipitable water vapor, PWV)通过监测大气中可降水量的变化,为降水监测和预报提供了新的途径和手段。与传统方法相结合,为水汽监测提供了更全面、更精确的数据。GNSS - PWV 技术是利用 GNSS 信号在大气中的传播特性来间接测量大气中的水汽含量。大气水汽主要集中于大气层中的对流层,GNSS 信号穿过对流层时,会产生信号传播延迟。在 GNSS 定位中,将其称为对流层延时误差,通常采用模型改正的方法来消除或削弱。如果 GNSS 观测站的位置已精确测定,则可以反过来推求对流层延迟量,其中湿分量与大气水汽含量直接相关。通过特定算法将干、湿分量分离,水汽含量越高,湿分量越大。因此,通过测量 GNSS 信号的对流层延时,再分离出湿延迟,可以推算出大气中的水汽含量,进而得到大气中的水汽总量。

2. GNSS 探测电离层变化

电离层探测技术是用来研究地球大气层中电离层时空变化规律的一种方法。电离层是地球大气层中的一部分,其中空气分子因太阳辐射而电离,形成带电的自由电子和正离子,描述电离层的重要参数也是总电子含量(TEC)。当无线电信号在电离层传播时,会受带电离子影响,产生折射、反射、衰落等现象,因此依据无线电信号经过电离层的变化,反演总电子密度可以进行电离层探测。传统电离层探测依靠探空气球、地面雷达等,但与水汽监测类似,在分辨率、覆盖范围、连续性等方面都受到不少的限制。GNSS 卫星众多,能够覆盖全球,提供实时且连续的电离层监测数据,不受地理位置限制,时间分辨率高,能够快速响应电离层变化。地面 GNSS 接收机可以通过双频载波相位计算 GNSS 卫星到接收机传播路径上的总电子含量——倾斜总电子含量,再通过几何关系映射至接收机天顶垂直方向获得 VTEC,大量的 GNSS 卫星提供了不同传播路径的倾斜总电子含量,可以精细化相应的 VTEC,而地面分布的大量 GNSS 接收机可以扩大测量范围。若 GNSS 接收机安装在低轨卫星上,则计算沿无线电传播路径的电离层总电子含量和无线电信号在电离层中偏折角度,再通过特定变换方法反演出电子密度和折射率。这两种方法,前者为地基

GNSS 电离层探测，后者为 GNSS 无线电掩星技术，综合利用可以获得更全面的电离层信息。

3. GNSS 监测海风海浪与海高

GNSS 反射信号是产生多路径误差的根源之一，而反射信号受反射面粗糙程度的影响、反射点与接收机距离的影响等，利用 GNSS 反射信号反演反射面，如海洋、植被、地表等特性参数的技术，被称为 GNSS 反射(GNSS - reflectometry, GNSS - R)技术。对于海面而言，风大浪大，表面越粗糙，反之海面越光滑，GNSS 信号反射越接近镜面反射。GNSS 经海面反射包括镜面反射信号和大量的散射信号，这些信号与直射信号结构类似，但具有不同的极性、强度、延时、频率等信息。通过专门的反射天线指向选定的镜面反射点，配合普通 GNSS 天线，同时接收直射与反射 GNSS 信号，通过专门的算法获得反射信号不同的多普勒频移和时延差，构建时延-多普勒图，海面粗糙程度不同，时延-多普勒图的特征也发生变化，利用这些特性提取反射面的特性参数，进而反演海浪海风大小。此外，通过测量同一 GNSS 卫星的镜面反射信号与直射信号之间的延时差值，再利用几何关系可以计算接收天线到海面的高度，从而实现海高的测量。GNSS - R 技术还可以应用于土壤湿度、植被变化、积雪深度、冰层厚度的测量中。

思 考 题

1. 讨论 GNSS 在生命安全方面的应用，以及其相关要求。
2. 分析 GNSS 在室内定位的可行性，以及研究思路。
3. 分析 GNSS 掩星法进行气象预测的原理。
4. 分析在月球上利用 GNSS 定位的难点及技术可行性。

主要参考文献

蔡昌盛,戴吾蛟,匡翠林,2011. GPS/GLONASS 组合系统的 PDOP 计算和分析[J]. 测绘通报(11): 5-7.

陈俊勇,党亚民,张鹏,2009. 建设我国现代化测绘基准体系的思考[J]. 测绘通报(7): 1-5.

陈向东,郑瑞锋,陈洪卿,等,2016. 北斗授时终端及其检测技术[M]. 北京: 电子工业出版社.

刁文婷,郑戈,王冬冬,等,2024. 低轨导航增强系统技术发展综述[C]. 第十四届中国卫星导航年会,济南.

董大南,陈俊平,王解先,2018. GNSS 高精度定位原理[M]. 北京: 科学出版社.

方秀花,尹志忠,2016. 2015 年国外卫星军事应用装备和技术发展综述[J]. 卫星应用(2): 20-26.

高猛,徐爱功,祝会忠,等,2018. BDS 多频非组合伪距单点定位方法[J]. 辽宁工程技术大学学报(自然科学版),37(2): 381-388.

龚明杰,2022. GPS 与 GLONASS 多频组合伪距单点定位精度分析[J]. 测绘与空间地理信息,45(2): 115-122.

韩志凤,2018. 高灵敏度北斗卫星导航接收机基带信号处理关键技术研究[D]. 南京: 南京航空航天大学.

江旭东,陈潇,马满帅,等,2021. 典型低轨卫星星座导航增强性能对比性评估研究[J]. 全球定位系统,46(2): 49-55.

赖思维,2017. 北斗导航接收机信号捕获技术研究与实现[D]. 南京: 南京航空航天大学.

李怀建,韦彦伯,杜小菁,2021. 低轨星座与低轨卫星导航算法发展现状[J]. 战术导弹技术(3): 57-66.

李敏,黄腾达,李文文,等,2024. 低轨导航增强技术发展综述[J]. 测绘地理信息,49(1): 10-19.

李鑫,展昕,陈亮,等,2023. 北斗 RDSS 授时性能分析[J]. 无线电工程,53(1): 140-147.

李秀滢,王宇辰,孙宜悦,等,2021. 无人机导航系统攻击技术概述[J]. 人工智能(4): 40-47.

李子申,王宁波,袁运斌,2020. 多模多频卫星导航系统码偏差统一定义与处理方法[J]. 导航定位与授时,7(5): 10-20.

蔺文彬,战兴华,李厚朴,2013. 中国新一代大地基准—2000 国家大地坐标系[J]. 舰船电子工程,19(8): 19-21.

刘基余,2015. 全球导航卫星系统及其应用[M]. 北京: 测绘出版社.

刘建业,曾庆化,赵伟,等,2010. 导航系统理论与应用[M]. 西安: 西北工业大学出版社.

刘经南, 2013. 大地测量与导航拾微:刘经南院士学术文选[M]. 北京: 测绘出版社.

刘利,王冬霞,刘治君,等,2021. BDS-3 多种授时方法精度试验及比较分析[J]. 导航定位与授时,8(4):29-37.

卢虎,廉保旺,2016. 新一代 GNSS 信号处理及评估技术[M]. 北京: 国防工业出版社.

卢献健,晏红波,任超,2010. 常用对流层区域拟合模型的比较分析[J]. 全球定位系统,35(2):26-29.

鲁郁,2016. 北斗/GPS 双模软件接收机原理与实现技术[M]. 北京: 电子工业出版社.

罗凯,2023. B1C/L1C 软件接收机关键技术研究与实现[D]. 南京: 南京航空航天大学.

蒙艳松,边朗,王瑛,等,2018. 基于"鸿雁"星座的全球导航增强系统[J]. 国际太空(10): 20-27.

苗剑峰,2009. 抗差自适应 GPS 软件接收机的关键技术研究[D]. 南京: 南京航空航天大学.

秦红磊,丛丽,金天,2019. 全球卫星导航系统原理、进展及应用[M]. 北京: 高等教育出版社.

石磊,孙祥福,李腾,2017. 北斗授时原理及终端性能检测技术[J]. 环境技术,35(2): 11-14.

舒炳江,2009. 高精度双向时间比对同步技术原理与应用[J]. 电讯技术,49(1):63-66.

苏珂,吴忠望,焦国强,等,2024. GPS 导航战综述: 进展与启示[J]. 全球定位系统,49(6):127-134.

孙家栋,杨长风,李祖洪,等,2017. 北斗二号卫星工程系统工程管理[M]. 北京: 国防工业出版社.

孙晓波,李冶天,2010. 多模 GNSS 高精度授时在电力系统中的应用分析: 经济发展方式转变与自主创新[C]. 第十二届中国科学技术协会年会,福州.

孙永航,2022. BDS-3 双频伪距单点定位精度分析[J]. 测绘与空间地理信息,45(12): 191-194.

唐成盼,宿晨庚,胡小工,等,2020. 北斗卫星伪距偏差标定及对用户定位精度影响[J]. 测绘学报,49(9): 1131-1138.

唐瑞琪,2021. 北斗 B1C 信号的捕获跟踪算法技术研究[D]. 南京: 南京航空航天大学.

王磊,李德仁,陈锐志,等,2020. 低轨卫星导航增强技术——机遇与挑战[J]. 中国工程科学,22(2):144-152.

王敏,岳彩亚,张建红,2023. GNSS 频间钟偏差时变特征分析及非组合 PPP 应用[J]. 测绘科学,48(1):23-31.

王平利,程华军,林思佳,等,2012. 基于 GNSS CV 的精密时间服务系统的设计与实现[J]. 时间频率学报,35(3):137-142.

王天,2014. 北斗卫星导航系统授时性能评估研究[D]. 西安: 长安大学.

魏蒸,李景伟,王春雷,等,2023. 美军导航战运用浅析及思考[J]. 广东通信技术,43(1): 63-68.

文立,2011. 基于环路卡尔曼估计的惯性/GPS 深组合算法研究[D]. 南京: 南京航空航天大学.

吴德伟,陈树新,卢虎,等,2020. 导航原理[M]. 2 版. 北京: 电子工业出版社.

吴玲,2009. 多星座卫星组合导航技术研究[D]. 南京: 南京航空航天大学.

吴燕,李川,2022. 欧洲开普勒卫星导航系统发展探析[J]. 现代导航,13(4):247-250.

谢非,2014. 北斗软件接收机及惯性/卫星超紧组合导航关键技术研究[D]. 南京：南京航空航天大学.
谢钢,2015. 全球导航卫星系统原理——GPS、格洛纳斯和伽利略系统[M]. 北京：电子工业出版社.
徐琦,祝会忠,王艺希,等,2022. BDS－3/GPS/GLONASS 多系统融合定位算法研究[J]. 测绘科学,47(10)：82－88.
许龙霞,李孝辉,陈婧亚,2016. 一种高精度 GNSS 单向授时方法实现研究[J]. 时间频率学报,39(4)：290－300.
杨长风,陈谷仓,郑恒,等,2020. 北斗卫星导航系统智能运行维护理论与实践[M]. 北京：中国宇航出版社.
杨旭海,李孝辉,华宇,等,2021. 卫星授时与时间传递技术进展[J]. 导航定位与授时,8(4)：1－10.
杨元喜,2009. 2000 中国大地坐标系[J]. 科学通报,54(16)：2271－2276.
杨元喜,郭海荣,何海波,等,2021. 卫星导航定位原理[M]. 北京：国防工业出版社.
阴冠澎,徐爱功,猛高,等,2023. BDS－3 多频精密单点定位模型及性能分析[J]. 测绘科学,48(2)：36－44.
于杰,周艳波,唐振朝,等,2021. 基于北斗卫星船位监控系统数据的南海双拖渔船作业特征研究[J]. 海洋科学,45(10)：40－48.
余文坤,戴吾蛟,蔡昌盛,等,2012. GPS/GLONASS 组合标准单点定位性能分析[J]. 全球定位系统,37(1)：21－24.
虞嘉禄,朱勇,2023. 我国海洋渔船北斗卫星应用现状与发展建议[J]. 卫星应用(11)：51－55.
曾庆化,刘建业,赵伟,等,2014. 全球导航卫星系统[M]. 北京：国防工业出版社.
张浩,2024. 工程测量领域中 GNSS 技术的应用探究[J]. 中国建筑金属结构,23(5)：57－59.
张晶宇,吴美平,唐康华,等,2020. GNSS 整数模糊度估计与检验的理论和方法研究[M]. 北京：国防工业出版社.
张西光,2009. 地球参考框架的理论与方法[D]. 郑州：解放军信息工程大学.
章繁,柴洪洲,王敏,等,2024. 组合 GPS/GLONASS 三频观测值的非差非组合 PPP 模糊度快速固定[J]. 武汉大学学报(信息科学版),49(10)：1900－1910.
中国卫星导航系统管理办公室,2020. 北斗卫星导航系统地基增强服务接口控制文件(1.0 版)[EB/OL]. (2020－08－03)[2024－12－01]. http://www.beidou.gov.cn/xt/gfxz/202008/P020200803362070320926.pdf.
中国卫星导航系统管理办公室,2020. 北斗卫星导航系统空间信号接口控制文件星基增强服务信号 BDSBAS－B1C(1.0 版)[EB/OL]. (2020－08－03)[2024－12－01]. http://www.beidou.gov.cn/xt/gfxz/202008/P020200803362063969518.pdf.
中国卫星导航系统管理办公室,2021. 北斗卫星导航系统公开服务性能规范(3.0 版)[EB/OL]. (2021－05－26)[2024－12－01]. http://www.beidou.gov.cn/xt/gfxz/202105/P020210526215541444683.pdf.
周雁,2019. 北斗系统中“三”的奥秘[EB/OL]. (2019－12－24)[2024－02－09]. http://www.beidou.gov.cn/zy/kpyd/201912/t20191226_19774.html.

朱琳,张慧君,李孝辉,等,2023.北斗/GNSS授时性能评估及结果比较分析[J].时间频率学报,46(4):289-297.

Babel J, Beauchamp S, Casler S, et al., 2014. Local area augmentation system performance analysis/activities report[R]. Federal Aviation Administration.

Morton Y T J, van Diggelen F, Spilker J J, et al., 2021. Position, navigation, and timing technologies in the 21st century[M]. Hoboken: John Wiley & Sons, Inc.

NOAA, 2017. GPS modernization[EB/OL]. (2017-11-30) [2024-10-14]. https://www.gps.gov/systems/gps/modernization/.

NOAA, 2022. Space segment[EB/OL]. (2022-06-28) [2024-10-14]. https://www.gps.gov/systems/gps/space/.

Zhang Q, Zhao L, Zhou J, 2019. A novel weighting approach for variance component estimation in GPS/BDS PPP[J]. IEEE Sensors Journal, 10(19): 3763-3771.

Zhang Q, Zhao L, Zhou J, 2022. A resilient adjustment method to weigh pseudorange observation in precise point positioning[J]. Satellite Navigation, 3(16): 1-15.